中国科学技术大学数学丛书

代数学 III

代数学进阶

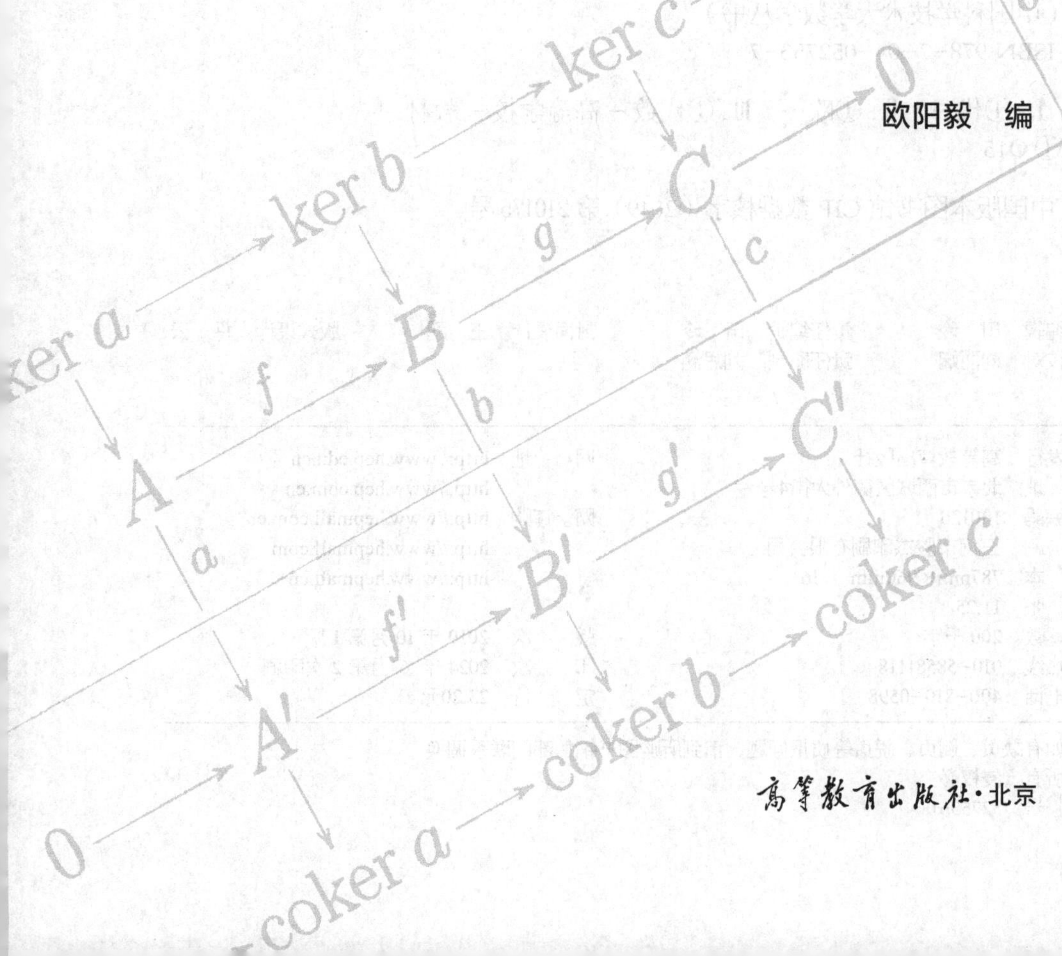

欧阳毅 编

高等教育出版社·北京

内容简介

本书紧接《代数学Ⅰ：代数学基础》和《代数学Ⅱ：近世代数》，是代数系列教材三部曲的最后一部，是中国科学技术大学数学科学学院研究生和高年级本科生数学核心课程“代数学”的教材。本书重点参考了 Artin, Lang，Hungerford, Dummit-Foote 等的著名英文教材，特别是 Rotman 的 *Advanced Modern Algebra*, 介绍模论、交换代数初步和有限群表示理论基本知识，并附有选编的数字资源，请见配套的数字课程网站（数字课程说明见书末郑重声明页）。

本书适用于高等学校数学类专业的本科生和研究生，以及其他对代数思想、方法感兴趣的学生和学者。修读本教材的一个主要目的，是让读者具备基本代数素养，能够顺利进入交换代数、同调代数、代数数论、代数几何和李代数等专门数学理论的学习。

图书在版编目（CIP）数据

代数学．Ⅲ，代数学进阶 / 欧阳毅编．-- 北京：高等教育出版社，2019.10（2024.6重印）
（中国科学技术大学数学丛书）
ISBN 978-7-04-052753-7

Ⅰ.①代…　Ⅱ.①欧…　Ⅲ.①代数 - 高等学校 - 教材
Ⅳ.① O15

中国版本图书馆 CIP 数据核字（2019）第 210175 号

策划编辑　田　玲　　责任编辑　田　玲　　封面设计　王　鹏　　版式设计　马　云
责任校对　刘丽娴　　责任印制　刘思涵

出版发行　高等教育出版社
社　　址　北京市西城区德外大街4号
邮政编码　100120
印　　刷　三河市骏杰印刷有限公司
开　　本　787mm×960mm　1/16
印　　张　11.25
字　　数　200 千字
购书热线　010-58581118
咨询电话　400-810-0598
网　　址　http://www.hep.edu.cn
　　　　　http://www.hep.com.cn
网上订购　http://www.hepmall.com.cn
　　　　　http://www.hepmall.com
　　　　　http://www.hepmall.cn
版　　次　2019 年 10 月第 1 版
印　　次　2024 年 6 月第 2 次印刷
定　　价　23.20元

物 料 号　52753-00

“中国科学技术大学数学丛书”

编审委员会

“中国科学技术大学数学丛书”
总　序

建设世界一流大学的一个首要目标是培养世界一流的学生，一直以来中国科学技术大学（以下简称科大）都把实现这一目标作为我们的崇高使命。教材建设是教书育人的重要方面。为培养适合于现代科技发展的优秀人才，就需要有既尊重教学规律又面向科学前沿的一流教材。本套丛书是我们为中国科学技术大学数学科学学院学生，特别是华罗庚科技英才班学生准备的教材。

本套丛书凝聚科大数学系（学院）数代科大人的心血。华罗庚、关肇直、吴文俊诸先生在科大创校之初教导 58 级、59 级、60 级学生（即著名的华龙、关龙和吴龙）之时，就十分重视教材建设。华罗庚先生编著的《高等数学引论》是高水平数学教材的不朽名著，值得当今每位高等数学教育工作者学习和借鉴。在大师引领之下，科大数学系前辈出版了许多带有鲜明科大特色并受到国内外同行高度认可的教材，比如陈希孺先生的《数理统计学教程》，龚昇先生的《简明微积分》，常庚哲、史济怀先生的《数学分析》，冯克勤等教授的《近世代数引论》，李尚志教授的《线性代数》等。这些教材至今广为使用，为科大带来了崇高声誉。我们这套丛书，就是在科大前辈教材基础上编写而成的。

新世纪以来，特别是 2009 年华罗庚科技英才班创建以来，由于学生基础、兴趣和爱好有所变化，前沿数学发展日新月异，为更好实践数学优秀人才的培养，数学科学学院对数学核心课程教学内容和方式进行调整。为配合这一调整，我们组织教学和科研第一线老师编写了这套教材。

教材建设是为教学服务的。一部好的教材将给学生打开一扇大门，引领学生遨游科学知识的海洋，而坏的教材，则往往粗制滥造，错误极多，非但没有教书育人的作用，而常常有误人子弟的后果。基于此，我们在教材建设上是战战兢兢，如履薄冰，不敢有丝毫马虎。我们的教学内容，经学院全体教授反复讨论达两年时间。编写讲义之时，大量参考了之前的科大教材，甚至直接征询前辈老师的意见。讲义编写好之后，也几经试用，反复修改增删，接受老师、同学的批评建议，历经数年方成书出版。即便如此，教材一定还有不足之处，祈望读者诸君不吝指出，以便我们提高。

古人有云：“百年之计，莫如树人。”我们希望这套丛书能为培养中国数学拔尖人才略尽绵薄之力，希望中国数学之树“亭亭如盖”。

马志明

2015 年 9 月

序

近世代数（或叫抽象代数）研究群、环、域和模等各种代数结构。它不仅是一个基本的数学分支，而且也是物理学、力学和化学等其他科学的重要数学工具。20 世纪 50 年代以来由于数字通信和数字计算技术的飞速发展，近世代数在信息科学和计算机科学中也发挥愈来愈大的作用。更广一点来说，近世代数中所体现的数学思维方式（共性和个性，比较和分类，局部和整体 ……）对于人们从事任何社会活动都是有益的。

中国科学技术大学（以下简称科大）1958 年建校以来，数学系一向重视近世代数的教学。20 世纪 60 年代，老一辈数学家华罗庚、万哲先、王元和曾肯成培养了不少从事代数教学、研究和应用领域的人才。我本人有幸聆听过王元的“数论导引”，万哲先和曾肯成的“抽象代数”（用 van der Waerden 的《代数学》一书），华罗庚和万哲先的“典型群”以及吴文俊先生的“代数几何”课。我们不仅学到了知识，更重要的是受到他们对学问的理解方式和研究经验的感染。他们风格各异的讲授方式对于年轻学生成长的影响是至关重要的，是由所谓量化条件和单一标准约束出来的“名师”无可比拟的。半个世纪以来，科大教师一直努力继承这个传统。20 世纪 80 年代至 90 年代，我和李尚志、查建国、余红兵、章璞等志同道合者在近世代数教学、教材建设和人才培养方面做过一些努力。现在为了适应我国高等教育和数学发展的新形势，科大数学系欧阳毅、叶郁等人对于近世代数的教学做进一步的改革，编写这套新的教材，这是令人高兴的。

教学经验有以下三点体会：

(1) 把初等数论作为近世代数教学的有机组成部分。科大从 20 世纪 70 年代起，一直把初等数论作为本科生一年级的必修课，其目的不仅是传授整数性质和方程整数解方面的基本知识，更不是训练做数论难题，而是把初等数论视为近世代数的一个源头。18 世纪和 19 世纪，伟大数学家欧拉（Euler）和高斯（Gauss）对于费马（Fermat）关于整数和素数的一系列猜想产生浓厚的兴趣。他们花了不少精力研究整数的性质，得到一系列关于整除性和同余性的重要结果，所创造的一系列深刻的数学思想成为近世代数的源头，而初等数论本身也提供了近世代数中抽象代数结构的第一批具体例子。整数模 m 的同余类全体 $\mathbb{Z}/m\mathbb{Z}$ 给出有限交换群和交换环的简单例子，中国剩余定理是交换环直和分解的原始模型。模素数 p 的原根 g 就是循环群 $\mathbb{F}_p^\times$ 的生成元，而 $\mathbb{F}_p$ 给出第一批有限域。费马小定理和更一般的欧拉定理在近世代数中推广成有限群的拉格朗日 (Lagrange) 定理。而高斯的二次互反律在后来的二百年中不断增添新的视野而得到最现代的形式。高斯在研究整数的二平方和问题时，考虑整数的推广 (高斯整数)，而为了证明任何数域中的代数整数形成环，戴德金 (Dedekind) 采用了一种新的代数概念，这就是“模”。库默尔 (Kummer) 在研究费马猜想时发明了“理想数” (ideal number)。后人发现这个概念本质上不是一个数，而是环中的一类十分重要的集合，即环中的理想 (ideal)。这些数学家在研究初等数论时所产生的深刻数学思想和结果，很值得后人学习和欣赏。

(2) 充分讲授域的扩张理论，特别是域扩张的伽罗瓦 (Galois) 理论。目前高校的近世代数课程，由于学时所限无法讲授伽罗瓦理论，实在令人惋惜。这不仅是由于这个理论非常漂亮，也因为它作为数学发展史上一个精彩的例子，表明数学家们为追求数学自身的完善而对人类文明所做的贡献。为了证明 n 次 $(n \geqslant 5)$ 的一般代数方程是根式不可解的，阿贝尔 (Abel) 和伽罗瓦考虑此方程所有根之间的置换，由此产生了群的概念，并且揭示出这类方程根式不可解的深层次原因：方程所有 n 个根允许一个最大可能的置换群 S_n，而当 $n \geqslant 5$ 时这个群的结构过于复杂 (用现在的语言，S_n 是不可解群)。后来人们逐渐认识到，群是研究各种事物对称性的有力工具。从而群论 (特别是群表示理论) 在物理学、力学、化学等各个领域中均起到重要作用。群的产生和非欧几何等许多思想一样源于数学内部问题的探究，我们不能低估人们追求真理和美对人类文明所起的作用。

(3) 增加了传统近世代数课以外的许多内容。相对于分析课程，代数和几何教学在中国高校非常薄弱，这是一个长期存在的问题，它直接影响我国数学研究的水平。当前的代数组合学研究需要交换代数和群表示理论工具，多复变和微分几何研究要求上同调理论，控制理论需要模论。本世纪初，我和清华大学数学科学系的同人文志英、欧阳毅、姚家燕和印林生等，与法国数学家合作，从一年级初等数论讲起至法国数学家为高年级讲现代代数几何。培养了几届具有现代代数素质的学生。记得我们与 Illusie (Grothendieck 的关门弟子) 讨论法国数学家来华前我们需要对清华学生的前期准备时，他说只需要线性代数即可。进一步交流才知，他把群的线性表示、模论 (环上的线性代数) 以及交换代数中的许多内容均看做是线性代数。我们和法国对于代数学作用和地位在认识上有很大差距。所以，这套教材增加了群表示理论和模论的初步内容，把这些内容看做是大学生应当掌握的知识，是非常必要的。

教学事业其实并不如有些人所搞得那么复杂，不需要花样翻新的标语和口号。只需要设计好教学内容，并且有好的老师，坚持至少五年，就会培养出好的学生，因为中国不缺乏勤奋能吃苦的学生。说到根本，只需要老师和学生都有一点精神。老师具有培养学生的热情，而学生要有对数学的热爱和提高数学素质非功利主义的动力。我预祝并且相信，在科大数学系师生共同努力之下，这套教材一定能培养出新一代年青代数学人才。

冯克勤

2015 年 12 月 11 日

于

香港科技大学

前　言

代数方法和分析方法是数学研究中两种最基本的方法，也是高等学校数学类专业学生数学教育的重点。中国科学技术大学（以下简称科大）从创校伊始就受到华罗庚、王元、万哲先、曾肯成等前辈数论和代数大家的谆谆教导，代数和数论方面人才辈出。20 世纪 80 年代以来，在冯克勤教授和李尚志教授等领导下，科大的代数教学一直维持在较高水平，培养的代数和数论人才受到国内外同行高度称许。科大之所以能够在代数教学方面取得较好成果，一方面原因是学生们受到严格的“线性代数”基础训练；另一方面科大一直坚持为数学系学生开设“初等数论”和“近世代数”基础课程，并在高年级和研究生阶段开设“群表示论”“交换代数”等课程，并配备有《整数与多项式》（冯克勤、余红兵编著），《近世代数引论》（冯克勤、李尚志、查建国、章璞编著），《群与代数表示论》（冯克勤、章璞、李尚志编著）等著名教材。

进入新世纪以来，新一代科大学生入学时的数学基础和 20 世纪八九十年代学生有较大区别。这里面一部分原因是高中新课标和高考指挥棒的影响，大部分学生在高中时代受到题海战术的锤炼，但独立探索和抽象思维能力受到压制。他们更早接触到微积分的思想，对于高考中出现的各种题型十分熟练，但在平面几何、因式分解和三角函数等方面的基本训练远不如以前，在数学证明和逻辑严格性方面的训练也不如以前。还有一部分原因是这一代学生或多或少参加过数学竞赛，而其中最体现抽象思维能力的初等数论问题常常是他们最头疼的问题类型。当同学们在大一开始接触“初等数论”课程时，上述两方面的原因就让同学们对于课程学习产生畏难情绪。到大二开始学习“近世代数”课程时，扑面而来的抽象代数思想，特别是群论思想和方法更让不少学生感到无所适从。因此科大的代数教学在前些年受到比较严重的挑战。另一方面，我们的教材没有及时体现新时期学生的最新情况，需要得到及时更新。从教学本身来看，通过多年教学和科研实践，我们发现各代数课程之间的衔接以及对应教材之间衔接不是特别流畅（各数学核心课程的衔接亦是如此），在统一的框架下对代数课程教学和教材建设进行规划成为必要。

2011 年，在编者的组织下，数学科学学院全体教授对于代数系列课程的教学大纲和教学内容进行了热烈讨论,《代数系列课程纲要》数易其稿，最终得到通过。我们对代数方面涉及的 6 门课程进行全面改革和优化。原来的“初等数论”课程由“代数学基础”课程替代，与“近世代数”“代数学”一起构成代数教学三门核心课程。它们由浅入深，目标是为数学科学学院学生奠定扎实的代数基础。基于课程改革的需要，我们当即着手对应的教材建设，计划在原来教材的基础上编写代数学三部系列教材 ——《代数学 I: 代数学基础》《代数学 Ⅱ: 近世代数》和《代数学 Ⅲ: 代数学进阶》。

本书是代数系列教材三部曲的最后一部，是研究生和高年级本科生数学核心课程“代数学”的教材。我们重点参考了阿廷 (Artin), 兰格 (Lang)，亨格福德 (Hungerford)，达米特和富特 (Dummit-Foote) 等的著名英文教材，特别是罗特曼 (Rotman) 的 *Advanced Modern Algebra*, 介绍模论、交换代数初步和有限群表示理论基本知识。本书共分三章。第一章是模论，介绍模论基本性质与基本定理，范畴与函子，自由模、投射模与内射模，张量积与平坦模，主理想整环上有限生成模的结构定理等。第二章是交换代数初步，介绍诺特环与诺特模，阿廷环与阿廷模，希尔伯特 (Hilbert) 基定理，局部化，整性，根式理想与准素理想，仿射代数几何初步，希尔伯特零点定理，格罗布纳 (Gröbner) 基和结式等内容。第三章是半单代数与有限群的线性表示，包括群的表示与群代数的模，舒尔 (Schur) 引理，完全可约性和马施克 (Maschke) 定理，半单代数与韦德伯恩 (Wedderburn) 定理，表示的特征标，特征标表的计算及应用，伯恩赛德 (Burnside) 定理，诱导表示，弗罗贝尼乌斯 (Frobenius) 互反律等知识。另附有选编的数字资源，请见配套的数字课程网站 (数字课程说明见书末郑重声明页)。

本书适用于高等学校数学类专业的本科生和研究生，以及其他对代数思想、方法感兴趣的学生和学者。修读本教材的一个主要目的，是让读者具备基本代数素养，能够顺利进入交换代数、同调代数、代数数论、代数几何和李代数等专门数学理论的学习。

本书初稿 2016 年秋到 2018 年秋相继在科大“代数学”课程中试用。编者向这些年来对代数课程体系调整和本书初稿提供宝贵意见的叶郁、陈小伍、陈洪佳、申伊塃、宋光天、郭文彬、盛茂等教授表示深深感谢。编者特别感谢: 冯克勤教授对代数系列教材三部曲编写的关心和指导，梁永祺教授对本书初稿的仔细阅读和勘误, 申伊塃副教授提供的 2016 年春季课程的讲义，课程助教徐铮和李梦炜、胡益榕等对课程讲义提供的宝贵意见和修改建议，许跃、李宋宋和刘洋等输入讲义初稿, 以及代数系列教材三部曲责任编辑杨波先生和田玲女士的细致工作。编者欢迎读者继续提供宝贵意见。

编　者

2019 年 3 月 17 日

目 录

第一章　模论

在本书中, 所有的环均是含幺环. 若无特别约定, 本章考虑的环 R 均是含幺交换环.

1.1　模的定义, 例子与基本性质

1.1.1　定义与例子

线性代数学习中最重要的一个概念是线性空间. 对于域 k, k–线性空间 V 是一个非空集合, 并配备加法和 k 在 V 上的数乘, 使得 V 在加法意义下是阿贝尔群, 数乘满足结合律和与加法的分配律, 且 $1v = v$ 对任意 $v \in V$ 成立.

所谓模, 即是环上的线性空间. 也就是说, 在线性空间的定义中, 将域的数乘改为环的数乘.

定义 1.1. 设 R 是含幺交换环. 非空集合 M 称为 R–**模** (module) 是指 M 是加法阿贝尔群, 且其上存在**数乘** (scalar multiplication, 或称标量乘法)

$$R \times M \to M, \quad (r, m) \mapsto rm,$$

使得对所有 $m, m' \in M$ 和 $r, r' \in R$, 下列性质成立:

(1) **恒等元**: 若 $1 = 1_R$ 是 R 的幺元, 则 $1m = m$.

(2) **分配律**: $r(m + m') = rm + rm'$, $(r + r')m = rm + r'm$.

(3) **结合律**: $(rr')m = r(r'm)$.

注记. 设 R 是非交换环, 我们称满足如上定义的 M 为左 R–模, 称满足上述性质的数乘为左乘. 在本章我们主要考虑 R 为交换环的情形, R 为非交换环的情形将在第三章中讨论.

由模的定义立知 $0_R m = 0_M$. 事实上,

$$0_R m = (0_R + 0_R)m = 0_R m + 0_R m,$$

再由加法消去律即知 $0_R m = 0_M$.

例 1.2. 此处我们给出模的一些具体例子.

(1) 域 k 的模即 k–线性空间.

(2) 阿贝尔群均有自然的 $\mathbb{Z}$–模结构, 数乘 na 即 n 个 a 之和 (如 $n \geqslant 0$), 或者 $-n$ 个 $-a$ 之和 (如 $n < 0$).

(3) 如果定义数乘 $R \times R \to R$ 为 R 上的乘法, 那么每个交换环 R 均可视为它自身的模. 更一般地, R 的理想 I 均是 R–模, 这是因为对于任意 $r \in R$ 及 $a \in I$, 均有 $ra \in I$.

(4) 若环 S 是交换环 R 的子环, 则 R 可视为 S–模. 此时数乘 $S \times R \to R$ 即环的乘法 $(s, r) \mapsto sr$. 特别地, R 的多项式环 $R[x]$ 是 R–模.

(5) 设 V 是域 k 上的有限维线性空间, $T : V \to V$ 是线性变换. 我们定义数乘

$$k[x] \times V \to V, \quad \left(\sum_{i=0}^{n} c_i x^i, v\right) \mapsto \sum_{i=0}^{n} c_i T^i(v),$$

此处 $T^0 = 1_V$, $T^i = T \circ T \circ \cdots \circ T$ (i 次复合, 如 $i \geqslant 1$). 换言之, 数乘 $f(x) \cdot v = f(T)(v)$. 根据这个数乘, 我们可以将 V 看作是 $k[x]$–模, 记之为 V^T.

我们来讨论一个特殊情况. 设 $V = k^n$ 是 k 上的 n 维列向量空间, A 是 k 上的一个 n 阶方阵. 记 $T : k^n \to k^n$ 为线性变换 $v \mapsto Av$. 则 k^n 在数乘

$$k[x] \times k^n \to k^n, \quad (f(x), v) \mapsto f(A)v$$

下成为 $k[x]$–模, 我们记之为 $(k^n)^A$.

定义 1.3. 设 M 是 R–模, M 的**子模** (submodule) 是指 M 的一个加法子群 N 且其在数乘意义下封闭, 即对任意 $n \in N$ 和 $r \in R$, 均有 $rn \in N$. 此时记为 $N \subseteq M$.

M 的**真子模** (proper submodule) 是指 N 是 M 的子模且 $N \neq M$. 此时记为 $N \subsetneqq M$.

例 1.4. 我们给出子模的一些例子.

(1) $\{0\}$ 和 M 均是 M 的子模. 它们称为 M 的**平凡子模** (trivial submodule). 我们记 $0 = \{0\}$.

(2) 将交换环 R 视为自身的模, 则 R 的子模即 R 的理想, R 的真子模即 R 的真理想.

(3) $\mathbb{Z}$–模的子模即阿贝尔群的子群. 线性空间的子模即线性子空间.

(4) 设 $T: V \to V$ 是线性变换. 模 V^T 的子模即 T 的不变子空间. 事实上, 若 $W \subseteq V^T$ 为子模, 则显然有 $T(W) \subseteq W$. 反过来, 若 $T(W) \subseteq W$, 则对任意 $w \in W$ 有 $xw = T(w) \in W$. 由数学归纳法知 $f(x)w \in W$. 即 W 对 $k[x]$ 的数乘封闭.

(5) 设 M 是 R–模. 若 $r \in R$, 则

$$rM = \{rm \mid m \in M\}$$

是 M 的子模. 若 J 为 R 的理想, 则

$$JM = \left\{ \sum_{\text{有限和}} \alpha_i m_i \;\middle|\; \alpha_i \in J, m_i \in M \right\}$$

是 M 的子模.

(6) 若 S 和 T 是 M 的子模, 则 S 与 T 的**和**

$$S + T = \{s + t \mid s \in S, t \in T\}$$

是 M 的子模. 显见 S 与 T 均是 $S+T$ 的子模.

(7) 若 $\{S_i \mid i \in I\}$ 是 M 的一族子模, 则它们的**交** $\bigcap_{i\in I} S_i$ 也是 M 的子模.

(8) 设 M 是 R–模, $m \in M$. 则由 m 生成的子模, 记为 $\langle m \rangle$, 是指 $\langle m \rangle = Rm = \{rm \mid r \in R\}$. 若 N 是 M 的子模并且 $m \in N$, 则 $\langle m \rangle \subseteq N$, 故 $\langle m \rangle$ 是包含元素 m 的最小子模.

更进一步地, 若 X 是 R–模 M 的子集, 则 X 中元素的所有线性组合构成的集合

$$\langle X \rangle = \left\{ \sum_{\text{有限和}} r_i x_i \;\middle|\; r_i \in R, x_i \in X \right\}$$

是由 X 生成的子模. 同样, $\langle X \rangle$ 是包含集合 X 的最小子模.

定义 1.5. 模 M 称为**有限生成模** (finitely generated module), 是指 M 由有限子集生成. 即存在 $X = \{x_1, \cdots, x_n\}$ 使得 $M = \langle X \rangle$. 特别地, 若 M 由一个元素生成, 则称 M 为**循环模** (cyclic module).

例 1.6. 线性空间是有限生成的当且仅当它的维数有限.

1.1.2 同态与同构

定义 1.7. 设 R 是交换环, M 和 N 是 R–模. 映射 $f: M \to N$ 称为 **R–模同态** (module homomorphism, 亦称 **R–模映射**或 **R–同态**, 或者简称同态), 是指对任意 $m, m' \in M$ 和 $r \in R$, 均有

(1) $f(m+m')=f(m)+f(m')$.

(2) $f(rm)=rf(m)$.

若 R–模同态 f 作为集合映射是单射, 则称 f 为**单同态** (monomorphism); 若 f 是满射, 则称 f 为**满同态** (epimorphism); 若 f 既是单同态也是满同态, 则称 f 为 R–**模同构** (module isomorphism, 亦称 R–**同构**或简称同构), 此时记 $f: M \xrightarrow{\sim} N$ 或 $M \cong N$, 亦称 M 与 N 同构.

模到自身的同态称为**自同态** (endomorphism), 模到自身的同构称为**自同构** (automorphism).

根据定义, 我们首先注意到:

(1) R–模同态的复合是 R–模同态.

(2) 若 f 是 R–模同构, 则它的逆映射 f^{-1} 也是 R–模同构.

例 1.8. 我们来看模同态和同构的一些例子.

(1) 若 R 是域 k, 则模同态、模同构、自同态和自同构分别是线性代数课程中定义的 k–线性映射、可逆线性映射、线性变换和可逆线性变换.

(2) $\mathbb{Z}$–模同态即阿贝尔群之间的群同态.

(3) 若 M 是 R–模, 对于 $r \in R$, 则 r 乘映射 $\mu_r: M \to M, m \mapsto rm$ 是 R–模自同态. 这是因为 R 是交换环, 故对任意 $a \in R$ 和 $m \in M$, 均有$\mu_r(am) = ram = arm = a\mu_r(m)$.

(4) 设 V 是域 k 上的 n 维线性空间, $\{v_1, v_2, \cdots, v_n\}$ 是 V 的一组基. 设 $T: V \to V$ 是线性变换, A 是 T 在上述基下的矩阵. 令 $e_i \in k^n$, 它的第 i 个分量是 1 而其余分量等于 0. 则 $\{e_1, e_2, \cdots, e_n\}$ 是 k^n 的一组基. 线性映射

$$\varphi: V \to k^n, \quad v_i \mapsto e_i$$

是线性空间 V 与 k^n 之间的同构.

我们来考虑对应的 $k[x]$–模映射. 由于

$$T(v_1, \cdots, v_n) = (v_1, \cdots, v_n)A,$$

故 $T(v_i) = \sum\limits_{j=1}^{n} a_{ji}v_j$. 我们有

$$\varphi(xv_i) = \varphi(T(v_i)) = \varphi\left(\sum_{j=1}^{n} a_{ji}v_j\right) = \sum_{j=1}^{n} a_{ji}e_j,$$

而

$$x\varphi(v_i) = A\varphi(v_i) = Ae_i = \sum_{j=1}^{n} a_{ji}e_j,$$

所以 $\varphi(xv_i) = x\varphi(v_i)$. 由数学归纳法即知 $\varphi(f(x)v) = f(x)\varphi(v)$ 对任意多项式 $f(x) \in k[x]$ 成立. 因此 $\varphi: V^T \to (k^n)^A$ 是 $k[x]$–模同态. 由于 φ 是线性空间同构, 故它也是 $k[x]$–模同构.

命题 1.9. 设 V 是 k–线性空间, T 与 S 是 V 上的线性变换. 则 $V^T \cong V^S$ 当且仅当存在线性空间的同构映射 $\varphi: V \to V$ 使得 $S = \varphi T \varphi^{-1}$.

证明. 若 $\varphi: V^T \to V^S$ 是 $k[x]$–模同构, 则 $\varphi: V \to V$ 是线性空间的同构, 且 $\varphi(f(x)v) = f(x)\varphi(v)$ 对于任意 $f(x) \in k[x]$ 成立. 特别地, 取 $f(x) = x$, 则 $\varphi(xv) = x\varphi(v)$. 但 $\varphi(xv) = \varphi(T(v))$ 而 $x\varphi(v) = S\varphi(v)$, 故 $S = \varphi T \varphi^{-1}$.

反过来, 若 $S = \varphi T \varphi^{-1}$, 则 $\varphi T = S\varphi$. 我们有 $\varphi(xv) = x\varphi(v)$. 再由数学归纳法即知 $\varphi(f(x)v) = f(x)\varphi(v)$ 对于任意 $f(x) \in k[x]$ 成立. 故 $\varphi: V^T \to V^S$ 是 $k[x]$–模同构. □

推论 1.10. 若 k 是域, A 与 B 是 k 上的 n 阶方阵, 则 $(k^n)^A \cong (k^n)^B$ 当且仅当 A 与 B 相似.

证明. 定义

$$T: k^n \to k^n, \quad T(y) = Ay,$$
$$S: k^n \to k^n, \quad S(y) = By.$$

则 $(k^n)^A = (k^n)^T, (k^n)^B = (k^n)^S$. 由命题 1.9 立得推论. □

定义 1.11. 设 M 和 N 是 R–模. 定义集合

$$\mathrm{Hom}_R(M, N) = \{f: M \to N \text{为 } R\text{–模同态}\}.$$

如 $f, g \in \mathrm{Hom}_R(M, N)$, 定义它们的和 $f + g: M \to N$ 为映射

$$(f + g)(m) = f(m) + g(m).$$

记 0 为模同态 $M \to M, m \mapsto 0$.

特别地, 定义 $\mathrm{End}_R(M) = \mathrm{Hom}_R(M, M)$.

命题 1.12. 若 R 是交换环, M 和 N 是 R–模, 则 $\mathrm{Hom}_R(M, N)$ 也是 R–模, 其加法如上定义, 数乘则由

$$rf: m \mapsto f(rm)$$

给出. 更进一步, 若 $p: M' \to M$ 和 $q: N \to N'$ 是 R–模同态, 则对所有 $f, g \in \mathrm{Hom}_R(M, N)$, 如下分配律成立:

$$(f + g)p = fp + gp, \quad q(f + g) = qf + qg.$$

特别地, 以映射复合作为乘法, $\mathrm{End}_R(M)$ 构成环, 零元是 $0: M \to M$, 幺元是恒等映射.

证明. 我们验证 $(rr')f = r(r'f)$, 其余结论的证明留给读者.

若 $m \in M$, 则 $((rr')f)(m) = f(rr'm) = f(r'rm) = (r'f)(rm) = (r(r'f))(m)$. 即 $(rr')f = r(r'f)$. □

注记. 环 $\mathrm{End}_R(M)$ 称为 M 的 R–**自同态环**. 这个环一般而言不是交换环. 上述命题实际上说明了 $\mathrm{Hom}_R(M, N)$ 是 $\mathrm{End}_R(M)$–右模和 $\mathrm{End}_R(N)$–左模.

例 1.13. 在线性代数中, 域 k 上的线性空间 V 的**线性泛函**是指线性映射 $\varphi: V \to k$. 例如, 设 $V = \{$闭区间$[0,1]$到 $\mathbb{R}$ 上的连续函数$\}$, 则 V 是 $\mathbb{R}$–线性空间, 积分 $f \mapsto \int_0^1 f(t)\mathrm{d}t$ 是 V 的一个线性泛函.

线性空间 V 的**对偶空间** (dual space)

$$V^* = \mathrm{Hom}_k(V, k)$$

即是 V 上所有线性泛函构成的集合. 由命题 1.12 即知 V^* 也是 k–模, 即 k–线性空间.

1.1.3 模论基本定理

定义 1.14. 设 $f: M \to N$ 是 R–模同态. 则 f 的**核** (kernel) 即

$$\ker f = f^{-1}(0) = \{m \in M \mid f(m) = 0\},$$

f 的**像** (image) 即

$$\mathrm{im}\, f = f(M) = \{f(m) \mid m \in M\}.$$

容易验证 $\ker f$ 是 M 的子模, $\mathrm{im}\, f$ 是 N 的子模.

定义 1.15. 设 N 是 R–模 M 的子模, 则**商模** (quotient module) M/N 是指对应的商群 M/N, 并配备数乘映射

$$r(m + N) = rm + N.$$

我们说明 M/N 上的数乘是定义良好的. 事实上, 若 $m + N = m' + N$, 则 $m - m' \in N$, 故 $rm - rm' \in N$. 所以 $rm + N = rm' + N$.

易验证上述数乘的确给出了阿贝尔群 M/N 的 R–模结构, 并且自然映射

$$\pi: M \to M/N, \quad m \mapsto m + N$$

是 R–模满同态, 其核 $\ker \pi = N$.

定理 1.16 (同态基本定理). *若 $f: M \to N$ 是 R–模同态, 则 f 诱导 R–模同构*

$$\overline{f}: M/\ker f \to \mathrm{im}\, f, \quad m + \ker f \mapsto f(m).$$

证明. 由群的同态基本定理, 我们知道 $\overline{f}$ 是定义良好的阿贝尔群间的同构. 又由于

$$r\overline{f}(m+\ker f)=rf(m)=f(rm),$$

而

$$\overline{f}(r(m+\ker f))=\overline{f}(rm+\ker f)=f(rm),$$

故 $\overline{f}$ 是 R–模同态. □

注记. 同态基本定理又称**第一同构定理**. 它是说模同态 $f:M\to N$ 可以分解为 $f=i\circ\overline{f}\circ\pi$:

$$M\xrightarrow{\pi}M/\ker f\xrightarrow{\overline{f}}\operatorname{im}f\xrightarrow{i}N,$$

其中 π 是自然的商映射 (满同态), $\overline{f}$ 是诱导的同构, i 是自然的包含映射 (单同态).

定理 1.17 (第二同构定理). 若 S 和 T 是模 M 的子模, 则存在自然的 R–模同构

$$S/(S\cap T)\to(S+T)/T,\quad s+(S\cap T)\mapsto s+T.$$

证明. 令 h 为复合映射 $S\to S+T\to(S+T)/T$. 则 h 为满同态且 $\ker h=S\cap T$. 故由同态基本定理即得欲证. □

定理 1.18 (第三同构定理). 设模 $T\subseteq S\subseteq M$. 则映射 $M/T\to M/S$, $m+T\mapsto m+S$ 诱导 R–模同构

$$\frac{M/T}{S/T}\to M/S.$$

证明. 令 $g:M/T\to M/S, m+T\mapsto m+S$. 首先 g 是定义良好的: 若 $m+T=m'+T$, 则 $m-m'\in T\subseteq S$. 故 $m+S=m'+S$. 其次 $rg(m+T)=rm+S=g(r(m+T))$. 故 g 是模同态. 更进一步地, $\ker g=\{m+T\mid m\in S\}=S/T$ 且 $\operatorname{im}g=M/S$. 故由同态基本定理即得欲证. □

如 $f:M\to N$ 是模同态且 S 是 N 的子模, 容易验证

$$f^{-1}(S)=\{m\in M\mid f(m)\in S\}$$

是 M 的子模, 它包含 f 的核 $\ker f=f^{-1}(0)$.

定理 1.19 (对应定理). 设 T 是模 M 的子模, $\pi:M\to M/T$ 是自然商映射. 则存在一一对应

$$\varphi:\{M\text{ 中包含 }T\text{ 的中间模}\}\longrightarrow\{M/T\text{的子模}\}$$
$$S\longmapsto S/T,$$

其逆映射为 $\overline{S}\mapsto\pi^{-1}(\overline{S})$. 更进一步地, $S\subseteq S'$ 当且仅当 $S/T\subseteq S'/T$.

证明. 如 S 是 T 与 M 之间的一个中间模, 由于 S/T 对数乘封闭, 故 S/T 是 M/T 的子模, 因此 φ 是定义良好的.

考虑群的对应定理, 则映射

$$\begin{aligned}\varPhi:\{M\text{ 中包含 }T\text{ 的中间群}\}&\longrightarrow\{M/T\text{的子群}\},\\ A&\longmapsto A/T\end{aligned}$$

是一一对应, 其逆映射为

$$\varPhi^{-1}(\overline{A})=\pi^{-1}(\overline{A})=\{m\in M\mid m+T\in\overline{A}\}.$$

故 φ 是单射. 对于 M/T 的子模 $\overline{S}$,

$$\pi^{-1}(\overline{S})\supseteq\pi^{-1}(0)=T$$

且对数乘封闭, 故它是 M 与 T 之间的中间模. 由于 $\varphi(\pi^{-1}(\overline{S}))=\varPhi(\pi^{-1}(\overline{S}))=\overline{S}$, 故 φ 也是满射. 至于 $S\subseteq S'$ 当且仅当 $S/T\subseteq S'/T$, 这由群的对应定理立得. □

1.1.4 单模与合成列

命题 1.20. *R–模 M 是循环模当且仅当 $M\cong R/I$, 其中 I 是 R 的理想.*

证明. 若 $M=\langle m\rangle$ 为循环模, 定义映射

$$f:R\to M,\quad r\mapsto rm.$$

则 f 是满同态且 $\ker f\subseteq R$ 是 R 的子模, 即是 R 的理想. 故由同态基本定理即得 $R/\ker f\cong M$.

反过来, $R/I=\langle 1+I\rangle$ 是循环模, 故若 $M\cong R/I$, 则 M 也是循环模. □

定义 1.21. 非零模 M 称为**单模** (simple module) 或者**不可约模** (irreducible module) 是指它没有非平凡子模, 即它的子模只有 0 和 M.

例 1.22. $\mathbb{Z}$–模 M 为单模当且仅当阿贝尔群 M 是单群, 这等价于 $M\cong\mathbb{F}_p=\mathbb{Z}/p\mathbb{Z}$, 其中 p 为素数.

域 k 上的单模即 1 维线性空间, 它们均同构于 k.

容易看出, 若 M 为单模, m 是 M 中的任意非零元, 则 $\langle m\rangle=M$. 故单模均是循环模.

推论 1.23. *R–模 M 是单模当且仅当 $M\cong R/\mathfrak{m}$, 其中 $\mathfrak{m}$ 是 R 的极大理想.*

证明. 这由对应定理立得. □

注记. 由上述推论知, 单模的存在性等价于极大理想的存在性, 而后者的证明需要用到佐恩 (Zorn) 引理, 参见 [4, 命题 3.67].

定义 1.24. 对于 R–模 M, M 的一个**合成列** (composition series) 是指如下的 R–模链:

$$M = M_0 \supseteq M_1 \supseteq \cdots \supseteq M_n = 0,$$

其中 M_i/M_{i+1} 是单模, n 称为该合成列的长度.

命题 1.25. 设 N 是 M 的子模. 若 M 存在一个长度是 n 的合成列, 则 N 的任意合成列长度均不大于 n. 特别地, M 的任意合成列的长度均等于 n.

证明. 我们对 n 做归纳.

若 $n = 1$, 则 M 是单模, 故 $N = 0$ 或者 $N = M$, 它的合成列长度不超过 1.

现在设 $n \geqslant 2$, $M = M_0 \supseteq M_1 \supseteq \cdots \supseteq M_n = 0$ 是 M 的长度为 n 的合成列. 则 M_{n-1} 是单模, $M/M_{n-1} = M_0/M_{n-1} \supseteq M_1/M_{n-1} \supseteq \cdots \supseteq M_{n-1}/M_{n-1} = 0$ 是 M/M_{n-1} 的长度为 $n-1$ 的合成列.

设 $N = N_0 \supseteq N_1 \supseteq \cdots \supseteq N_r = 0$ 是 N 的长度为 r 的合成列. 由于 M_{n-1} 是单模, $N \cap M_{n-1} = 0$ 或者 M_{n-1}. 如果 $N \cap M_{n-1} = 0$, 则 $N = N/(N \cap M_{n-1}) \cong (N + M_{n-1})/M_{n-1}$ 是 M/M_{n-1} 的子模, 由归纳假设 $r \leqslant n-1 < n$. 如果 $N \cap M_{n-1} = M_{n-1}$, 设 $0 \leqslant t < r$ 是最大的整数使得 $N_t \cap M_{n-1} = M_{n-1}$. 由于 N_t/N_{t+1} 是单模, $N_{t+1} + M_{n-1} = N_t$. 从而对于 $i \leqslant t$,

$$(N_i + M_{n-1})/M_{n-1} = N_i/M_{n-1},$$

对于 $i \geqslant t+1$,

$$(N_i + M_{n-1})/M_{n-1} \cong N_i/(N_i \cap M_{n-1}) = N_i,$$

而

$$(N_t + M_{n-1})/M_{n-1} = (N_{t+1} + M_{n-1})/M_{n-1}.$$

所以模 N/M_{n-1} 有合成列

$$N/M_{n-1} \supseteq \cdots \supseteq N_t/M_{n-1} = (N_{t+1} + M_{n-1})/M_{n-1} \cong N_{t+1} \supseteq \cdots \supseteq N_r = 0,$$

其长度是 $r-1$. 由归纳假设, $(N + M_{n-1})/M_{n-1}$ 作为 M/M_{n-1} 的子模合成列其长度 $r - 1 \leqslant n - 1$, 所以 $r \leqslant n$. □

定义 1.26. 模 M 的**长度** (length), 记为 $\ell(M) = \ell_R(M)$, 是指它的合成列的长度. 若 M 不存在有限长度的合成列, 则记 $\ell(M) = +\infty$.

容易看出, 长度有限的模都是有限生成模. 我们将在命题 2.20 中给出长度有限模的另外一种刻画.

1.1.5 直积与直和

在群论和环论中, 我们学习过群和环的直积和直和. 对于模论, 同样有类似的概念. 下面我们来定义模的直积与直和.

定义 1.27. 设 R 是交换环, S 与 T 是 R–模. S 与 T 的**直积** (direct product) 就是它们的笛卡儿积 $S\times T$, 并配备如下运算:

(1) 加法运算: $(s,t)+(s',t')=(s+s',t+t')$.

(2) 数乘运算: $r(s,t)=(rs,rt)$.

容易验证 $S\times T$ 是 R–模.

定义 1.28. 设 S 与 T 是 R–模 M 的子模, 且满足条件

$$S+T=M,\quad S\cap T=\{0\},$$

则称 M 是 S 与 T 的**直和** (direct sum), 记为 $S\oplus T$.

由直和的定义可以看出, $M=S\oplus T$ 当且仅当 M 中的元素 m 均可唯一表示成 $m=s+t$ 的形式, 其中 $s\in S, t\in T$.

命题 1.29. 对于 R–模 S,T 和 M, 下列条件等价:

(1) $M\cong S\times T$.

(2) 存在单同态 $i:S\to M$ 和 $j:T\to M$, 使得

$$M=\operatorname{im} i\oplus\operatorname{im} j.$$

(3) 存在同态 $i:S\to M$ 和 $j:T\to M$, 使得对任意 $m\in M$, 都有唯一的 $s\in S$ 与 $t\in T$, 使得

$$m=i(s)+j(t).$$

(4) 存在同态 $i:S\to M, j:T\to M, p:M\to S$ 和 $q:M\to T$, 使得

$$pi=1_S,\quad qj=1_T,\quad pj=0,\quad qi=0,\quad 及\ ip+jq=1_M.$$

证明. (1) $\Rightarrow$ (2). 不妨设 $M=S\times T$. 令 $i:S\to M, s\mapsto(s,0)$ 及 $j:T\to M, t\mapsto(0,t)$. 则 (2) 显然成立.

(2) $\Rightarrow$ (3). 显然.

(3) $\Rightarrow$ (4). 对于 $m=i(s)+j(t)$, 令 $p(m)=s, q(m)=t$. 则易验证 p 与 q 均为模同态且满足 (4) 的条件.

(4) $\Rightarrow$ (1). 定义

$$\varphi:S\times T\to M,\quad (s,t)\mapsto i(s)+j(t).$$

则 φ 是 R–模同态. 由 $1_M = ip + jq$, 可知 $\varphi(p(m), q(m)) = m$, 故 φ 是满同态. 若 $\varphi(s,t) = 0$, 则 $i(s) = -j(t)$, 于是

$$s = pi(s) = -pj(t) = 0, \quad t = qj(t) = -qi(s) = 0,$$

故 φ 是单同态. 所以 φ 是同构. □

注记. 由上述命题可知 $S \times T$ 与 $S \oplus T$ 是典范同构的.

下面我们用另外一个观点来看直积与直和.

定义 1.30. 设 S 和 T 是 R–模. 三元组 $(M; p, q)$, 其中 M 是 R–模, $M \xrightarrow{p} S$ 和 $M \xrightarrow{q} T$ 是模同态, 称为 S 与 T 的**直积**是指对任意三元组 $(N; f, g)$, 其中 N 是 R–模, $N \xrightarrow{f} S$ 和 $N \xrightarrow{g} T$ 是模同态, 存在唯一的模同态 $\varphi: N \to M$ 使得图表

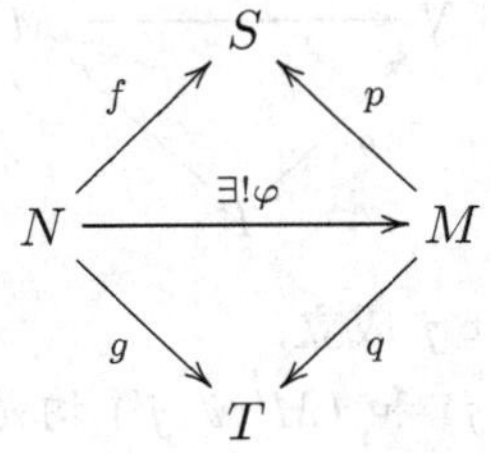

交换, 即等式 $f = p \circ \varphi, g = q \circ \varphi$ 成立.

命题 1.31. (1) 若 $(M; p, q)$ 和 $(M'; p', q')$ 均是 R–模 S 与 T 的直积, 则存在唯一的同构 $\varphi_{M'M}: M' \to M$, 使得 $p' = p \circ \varphi_{M'M}, q' = q \circ \varphi_{M'M}$.

(2) $(S \times T; p: (s,t) \mapsto s, q: (s,t) \mapsto t)$ 是 S 与 T 的直积.

证明. (1) 由直积的定义, 存在同态 $\varphi_{M'M}: M' \to M$ 和 $\varphi_{MM'}: M \to M'$, 使得

$$p' = p \circ \varphi_{M'M}, \quad q' = q \circ \varphi_{M'M};$$
$$p = p' \circ \varphi_{MM'}, \quad q = q' \circ \varphi_{MM'}.$$

故

$$p = p \circ (\varphi_{M'M} \circ \varphi_{MM'}), \quad q = q \circ (\varphi_{M'M} \circ \varphi_{MM'}).$$

取 $(N; f, g) = (M; p, q)$, 则存在唯一的 $\varphi: M \to M$ 使得

$$p = p \circ \varphi, \quad q = q \circ \varphi.$$

显然 $\varphi = 1_M$ 满足条件, 故 $\varphi_{M'M} \circ \varphi_{MM'} = 1_M$. 同理 $\varphi_{MM'} \circ \varphi_{M'M} = 1_{M'}$. 所以 $\varphi_{M'M}: M' \to M$ 是模同构.

(2) 对任意三元组 $(N;f,g)$, 令 $\varphi: N \to S \times T$ 为映射

$$n \mapsto (f(n), g(n)).$$

容易验证 φ 满足定义 1.30 中的交换图表. 另一方面, 若 $\varphi(n) = (s,t)$, 则 $p\varphi(n) = s = f(n)$, $q\varphi(n) = t = g(n)$. 故 φ 唯一. □

定义 1.32. 设 S 与 T 是 R–模. 三元组 $(M;i,j)$, 其中 M 是 R–模, $S \xrightarrow{i} M$ 和 $T \xrightarrow{j} M$ 是模同态, 称为 S 与 T 的**直和**是指对任意三元组 $(N;f,g)$, 其中 N 是模, $S \xrightarrow{f} N$ 和 $T \xrightarrow{g} N$ 是模同态, 存在唯一的模同态 $\psi: M \to N$ 使得图表

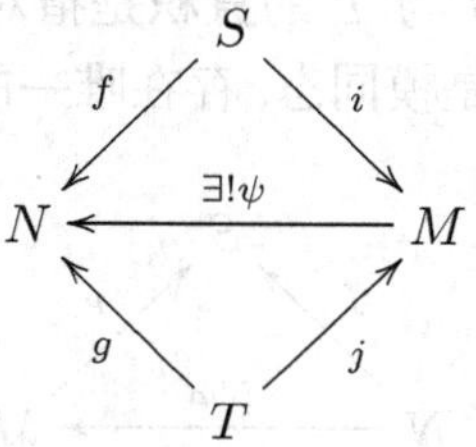

交换, 即等式 $f = \psi \circ i, g = \psi \circ j$ 成立.

命题 1.33. (1) 若 $(M;i,j)$ 和 $(M';i',j')$ 均是 S 与 T 的直和, 则存在唯一的同构 $\psi_{MM'}: M \to M'$, 使得 $i' = \psi_{MM'} \circ i, j' = \psi_{MM'} \circ j$.

(2) $(S \times T; i: s \mapsto (s,0), j: t \mapsto (0,t))$ 是 S 与 T 的直和.

(3) $(S \oplus T; i,j)$ 是 S 与 T 的直和.

证明. 与命题 1.31 的证明类似, 留给读者. □

注记. 上述三命题说明 $S \times T$ 既可以视为 S 与 T 的直积, 也可以视为它们的直和. 我们称满同态 $p: S \times T \to S, (s,t) \mapsto s$ 与 $q: S \times T \to T, (s,t) \mapsto t$ 为**典范投射** (canonical projection), 称单同态 $i: S \to S \times T, s \mapsto (s,0)$ 与 $j: T \to S \times T, t \mapsto (0,t)$ 为**典范嵌入映射** (canonical injection).

事实上, 直积与直和的定义可以推广到任意多个模的情形.

定义 1.34. 设 $\{S_\alpha\}_{\alpha \in I}$ 是 R–模集合.

(1) 数组 $(M; M \xrightarrow{\pi_\alpha} S_\alpha, \alpha \in I)$ 称为 $\{S_\alpha\}_{\alpha \in I}$ 的**直积**是指对任意模同态族 $\{f_\alpha: N \to S_\alpha\}_{\alpha \in I}$, 存在唯一的同态 $\varphi: N \to M$ 使得 $f_\alpha = \pi_\alpha \circ \varphi$ 对任意 $\alpha \in I$ 成立.

(2) 数组 $(M; S_\alpha \xrightarrow{\iota_\alpha} M, \alpha \in I)$ 称为 $\{S_\alpha\}_{\alpha \in I}$ 的**直和**是指对任意模同态族 $\{g_\alpha: S_\alpha \to N\}_{\alpha \in I}$, 存在唯一的同态 $\psi: M \to N$ 使得 $g_\alpha = \psi \circ \iota_\alpha$ 对任意 $\alpha \in I$ 成立.

命题 1.35. (1) $\{S_\alpha\}_{\alpha \in I}$ 的直积（或直和）若存在, 则必在同构的意义下唯一.

(2) $\prod_{\alpha\in I} S_\alpha$, 即 $\{S_\alpha\}_{\alpha\in I}$ 的笛卡儿积是它的直积, 典范投射 $\pi_\alpha : \prod_{\alpha\in I} S_\alpha \to S_\alpha$ 是满同态 $(s_j)_{j\in I} \mapsto s_\alpha$.

(3) 令

$$\bigoplus_{\alpha\in I} S_\alpha = \left\{ (s_\alpha)_{\alpha\in I} \in \prod_{\alpha\in I} S_\alpha \,\middle|\, s_\alpha = 0 \text{对几乎所有 } \alpha \text{ 成立} \right\}.$$

则 $\bigoplus_{\alpha\in I} S_\alpha$ 是 $\prod_{\alpha\in I} S_\alpha$ 的子模, 且是 $\{S_\alpha\}_{\alpha\in I}$ 的直和, 典范嵌入映射 ι_j 是单同态 $S_j \to \bigoplus_{\alpha\in I} S_\alpha, s_j \mapsto (0,\cdots,s_j,\cdots,0)$.

证明. (1) 的证明与命题 1.31 (1) 的证明类似, (2) 和 (3) 容易验证. □

注记. (1) 由上述命题可以看出, 有限多个模的直积与直和是典范同构的, 而无限多个模的直积与直和是不一样的.

(2) 自此以后, 如不做特别说明, 我们记笛卡儿积 $\prod_{\alpha\in I} S_\alpha$ 为 $\{S_\alpha\}_{\alpha\in I}$ 的直积, 命题中定义的 $\bigoplus_{\alpha\in I} S_\alpha$ 为它的直和.

命题 1.36. 设 $M_\alpha(\alpha \in I)$ 和 N 为 R–模, 则

(1) $\mathrm{Hom}\Big(\bigoplus_{\alpha\in I} M_\alpha, N\Big) \cong \prod_{\alpha\in I} \mathrm{Hom}(M_\alpha, N)$.

(2) $\mathrm{Hom}\Big(N, \prod_{\alpha\in I} M_\alpha\Big) \cong \prod_{\alpha\in I} \mathrm{Hom}(N, M_\alpha)$.

证明. (1) 对于 $\varphi \in \mathrm{Hom}\Big(\bigoplus_{\alpha\in I} M_\alpha, N\Big)$, 定义 $\varphi_\alpha = \varphi\circ\iota_\alpha$, 则 $(\varphi_\alpha)_{\alpha\in I} \in \prod_{\alpha\in I} \mathrm{Hom}(M_\alpha, N)$. 现在只要根据直和的定义验证 $\varphi \mapsto (\varphi_\alpha)_{\alpha\in I}$ 是模同构即可.

(2) 对于 $\psi \in \mathrm{Hom}\Big(N, \prod_{\alpha\in I} M_\alpha\Big)$, 定义 $\psi_\alpha = \pi_\alpha \circ \psi$, 则

$$(\psi_\alpha)_{\alpha\in I} \in \prod_{\alpha\in I} \mathrm{Hom}(N, M_\alpha).$$

现在只要根据直积的定义验证 $\psi \mapsto (\psi_\alpha)_{\alpha\in I}$ 是模同构即可. □

定义 1.37. 模 M 的子模 S 称为 M 的**直和项** (direct summand) 是指存在 M 的子模 T 使得 $M = S \oplus T$.

命题 1.38. 子模 S 是模 M 的直和项当且仅当存在 R–模同态 $p : M \to S$ 使得 $p\,|_S = 1_S$.

注记. 上述同态 p 称为 M 到 S 的**收缩** (retraction, 也称为**保核收缩**).

证明. $\Rightarrow$. 显然.

$\Leftarrow$. 令 $T = \ker p$. 一方面因为 $m = m - p(m) + p(m)$, 而 $p(m - p(m)) =$

$p(m)-p(p(m))=0$, 所以 $M=S+T$. 另一方面若 $m\in S\cap T$, 则 $m=p(m)=0$, 故 $S\cap T=0$. 所以 $M=S\oplus T$. □

推论 1.39. 若 $M=S\oplus T$ 而 A 是 S 和 M 之间的一个中间模, 则 $A=S\oplus(A\cap T)$.

证明. 令 $p:M\to S$ 是 M 到 S 的收缩 $s+t\mapsto s$. 由 $A\supseteq S$, 故 $p|_A: A\to S$ 为 A 到 S 的收缩, 此时 $\ker p|_A=A\cap\ker p=A\cap T$. □

命题 1.40. 设 $\{S_i\}_{i=1}^n$ 是 R–模 M 的子模族. 则 M 是此子模族的直和当且仅当 M 中任意元素 m 均可唯一分解为 $m=s_1+\cdots+s_n, s_i\in S_i$ 的形式.

证明. 若 M 为直和, 令 $\varphi:\prod\limits_{i=1}^n S_i\xrightarrow{\sim}M$ 为对应的同构映射. 令 $\iota_i:S_i\to\prod\limits_{i=1}^n S_i$ 为典范嵌入映射, 则 $\varphi\iota_i:S_i\to M$ 是典范嵌入映射. 对于 $s\in\prod\limits_{i=1}^n S_i$, $s=\sum\limits_{i=1}^n\iota_i(s_i)$ 的分解式唯一, 故 $m=\varphi(s)=\sum\limits_{i=1}^n(\varphi\iota_i)(s_i)=\sum\limits_{i=1}^n s_i$ 的分解式也唯一.

反过来, 若 m 可唯一表示为 $m=s_1+\cdots+s_n$ 的形式, 令 $\psi:M\to\prod\limits_{i=1}^n S_i$ 为映射

$$\psi(m)=\sum_{i=1}^n\iota_i(s_i)=(s_1,\cdots,s_n).$$

则容易验证 ψ 为同构. □

推论 1.41. 令 $M=S_1+\cdots+S_n$. 则 $M\cong S_1\oplus\cdots\oplus S_n$ 当且仅当对每个 i, $S_i\cap(S_1+\cdots+\widehat{S_i}+\cdots+S_n)=0$, 这里 $\widehat{S_i}$ 表示去除 S_i 项.

证明. 若 $M\cong S_1\oplus\cdots\oplus S_n$, 则对任意 $m\in M$, m 可以唯一写为 $s_1+\cdots+s_n$ 的形式, 其中 $s_i\in S_i$. 故对任意 $s_i\in S_i$, $s_i=0+\cdots+s_i+\cdots+0\in M$. 若 $s_i\in S_1+\cdots+\widehat{S_i}+\cdots+S_n$, 则 $s_i=\sum\limits_{j\neq i}s_j, s_j\in S_j$. 由唯一性知 $s_j=0$ 和 $s_i=0$, 即 $S_i\cap(S_1+\cdots+\widehat{S_i}+\cdots+S_n)=0$.

反过来, 若对每个 i, $S_i\cap(S_1+\cdots+\widehat{S_i}+\cdots+S_n)=0$. 任取 $m\in M=S_1+\cdots+S_n$. 假设 $m=s_1+\cdots+s_n=s_1'+\cdots+s_n'$, $s_i,s_i'\in S_i$. 则对每个 i, $s_i-s_i'=\sum\limits_{j\neq i}(s_j'-s_j)\in S_i\cap(S_1+\cdots+\widehat{S_i}+\cdots+S_n)=0$, 即 $s_i=s_i'$. 故 m 的表示是唯一的, 所以 M 是直和. □

1.1.6 正合列

正合是同调代数最重要的概念. 我们首先介绍一下模论里的正合.

定义 1.42. 设 M_i 是 R–模, $f_i:M_i\to M_{i-1}$ 是模同态. 序列

$$\cdots\longrightarrow M_{n+1}\xrightarrow{f_{n+1}}M_n\xrightarrow{f_n}M_{n-1}\longrightarrow\cdots$$

称为**在 M_n 处正合** (exact) 是指 $\operatorname{im} f_{n+1} = \ker f_n$; 序列称为**正合列** (exact sequence) 是指它在任意 M_n 处均正合; 称为**复形** (complex) 是指对任意 n, 均有 $f_n \circ f_{n+1} = 0$, 即 $\operatorname{im} f_{n+1} \subseteq \ker f_n$.

由正合的定义, 下述命题显然成立:

命题 1.43. (1) 序列 $0 \longrightarrow A \xrightarrow{f} B$ 正合当且仅当 f 是单射.

(2) 序列 $A \xrightarrow{g} B \longrightarrow 0$ 正合当且仅当 g 是满射.

(3) 序列 $0 \longrightarrow A \xrightarrow{h} B \longrightarrow 0$ 正合当且仅当 h 为同构.

定义 1.44. 形如 $0 \longrightarrow A \xrightarrow{f} B \xrightarrow{g} C \longrightarrow 0$ 的正合列称为**短正合列** (short exact sequence). 我们也称此正合列为 **A 到 C 的扩展** (extension of A by C).

命题 1.45. 若序列 $0 \longrightarrow A \xrightarrow{f} B \xrightarrow{g} C \longrightarrow 0$ 是短正合列, 则

$$A \cong \operatorname{im} f, \quad B/\operatorname{im} f \cong C.$$

证明. 由于 f 是单射, g 是满射而且 $\ker g = \operatorname{im} f$, 由同态基本定理即得需要证的两同构. □

注记. 我们看一个特例. 若 A 是 B 的子模, $f : A \hookrightarrow B$ 是包含映射, 则 $0 \longrightarrow A \xrightarrow{f} B \xrightarrow{g} C \longrightarrow 0$ 正合即是说 g 诱导同构 $B/A \cong C$. 例如, 对于模链 $T \subseteq S \subseteq M$, 由第三同构定理即得到短正合列

$$0 \longrightarrow S/T \xrightarrow{f} M/T \xrightarrow{g} M/S \longrightarrow 0.$$

定义 1.46. 短正合列 $0 \longrightarrow A \xrightarrow{i} B \xrightarrow{p} C \longrightarrow 0$ 称为**分裂的** (splitting) 是指存在同态 $j : C \to B$ 使得 $p \circ j = 1_C$.

命题 1.47. 若正合列 $0 \longrightarrow A \xrightarrow{i} B \xrightarrow{p} C \longrightarrow 0$ 分裂, 则 $B \cong A \oplus C$.

证明. 对于 $b \in B$, 由于 $p(b - jp(b)) = p(b) - pjp(b) = 0$, 故 $b - jp(b) \in A$. 我们定义映射

$$\varphi : B \to A \oplus C,\ b \mapsto (b - jp(b), p(b)).$$

容易验证 φ 为同态. 若 $\varphi(b) = 0$, 则 $p(b) = 0$, 且 $b - jp(b) = b - j(0) = 0$, 所以 $b = 0$, 即 φ 为单射. 又 $\varphi(a + j(c)) = (a, c)$, 故 φ 为满射. □

命题 1.48. 序列 $M' \xrightarrow{i} M \xrightarrow{p} M'' \to 0$ 是 R–模正合列当且仅当对任意模 N, 序列 $0 \to \operatorname{Hom}_R(M'', N) \xrightarrow{p^*} \operatorname{Hom}_R(M, N) \xrightarrow{i^*} \operatorname{Hom}_R(M', N)$ 是正合列, 这里记号 $*$ 表示 $f^*(h) = hf$.

证明. $\Leftarrow$. 首先证明 p 是满射. 取 $N = M''/\operatorname{im} p$, $f : M'' \to N$ 为自然商映射. 则 $p^*(f) = fp = 0$. 由于 p^* 是单同态, 故 $f = 0$ 是零映射, 所以 $N = 0$, 即 p 为满射.

取 $N = M''$, $g = 1_N$. 则 $g \in \mathrm{Hom}_R(M'', N)$ 且 $0 = (pi)^*(g) = pi$. 所以 $\mathrm{im}\, i \subseteq \ker p$.

取 $N = M/\mathrm{im}\, i$, $h : M \to N$ 为自然商映射. 则 $i^*(h) = hi = 0$. 故 $h \in \ker i^* = \mathrm{im}\, p^*$, 即存在 $h' \in \mathrm{Hom}_R(M'', N)$ 使得 $h = p^*(h') = h'p$. 若 $\mathrm{im}\, i \neq \ker p$, 则存在 $b \in \ker p$ 但 $b \notin \mathrm{im}\, i$, 故 $p(b) = 0$ 且 $h(b) \neq 0$. 但 $h(b) = h'p(b) = 0$, 矛盾. 所以 $\mathrm{im}\, i = \ker p$.

$\Rightarrow$. 对于 $f \in \mathrm{Hom}_R(M'', N)$, $p^*(f) = fp$; $g \in \mathrm{Hom}_R(M, N)$, $i^*(g) = gi$. 故 $i^*p^*(f) = fpi = 0$. 所以 $\mathrm{im}\, p^* \subseteq \ker i^*$. 若 $p^*(h) = hp = 0$, 由 p 是满射, 故 $h = 0$, 所以 p^* 是单射.

要证明 $\mathrm{im}\, p^* = \ker i^*$, 只要证对任意 $g \in \ker i^*$, 存在 $f \in \mathrm{Hom}_R(M'', N)$ 使得 $g = p^*(f)$. 若 $g \in \ker i^*$, 则 $gi = 0$, 即对任意 $x' \in M'$, 均有 $gi(x') = 0$. 对于 $x'' \in M''$, 令 $x \in M$ 使得 $x'' = p(x)$. 定义 $f(x'') = g(x)$. 我们首先验证 f 是定义良好的: 若 $p(x_1) = x''$, 则 $p(x_1 - x) = 0$, 所以存在 $x' \in M'$, $x_1 - x = i(x')$, 因此 $g(x_1 - x) = 0$, 即 $g(x_1) = g(x)$. 其次验证 f 是 R–模映射: 若 $p(x) = x''$, 则 $p(rx) = rx''$, 所以 $f(rx'') = g(rx) = rg(x) = rf(x'')$. 由 f 的定义即知 $g = p^*(f)$. □

同理我们有

命题 1.49. 序列 $0 \to M' \xrightarrow{i} M \xrightarrow{p} M''$ 是 R–模正合列当且仅当对任意模 N, 序列 $0 \to \mathrm{Hom}_R(N, M') \xrightarrow{i_*} \mathrm{Hom}_R(N, M) \xrightarrow{p_*} \mathrm{Hom}_R(N, M'')$ 是正合列, 这里记号 $_*$ 表示 $f_*(h) = fh$.

定义 1.50. 设 $f : M \to N$ 是模同态. f 的**余核** (cokernel), 记为 $\mathrm{coker}\, f$, 即商模 $N/\mathrm{im}\, f$.

由定义, 任意模同态 $f : M \to N$ 诱导正合列

$$0 \to \ker f \to M \xrightarrow{f} N \to \mathrm{coker}\, f \to 0.$$

给定 R–模交换图表

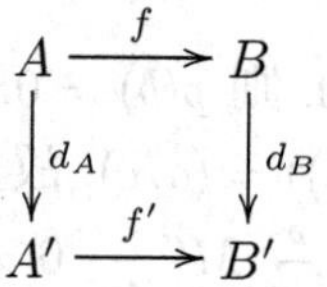

我们有如下的交换图表:

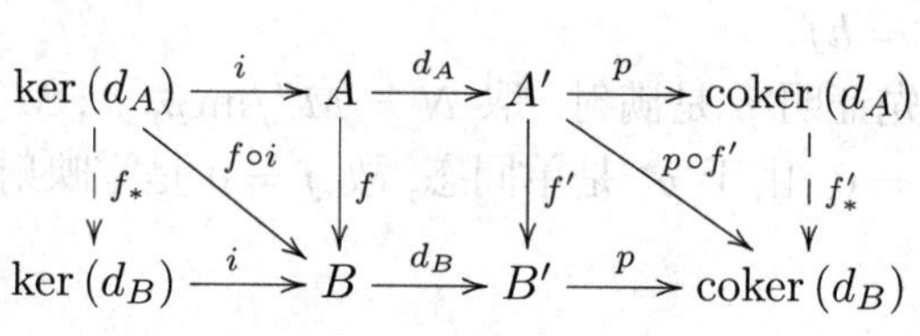

对于 $m' \in \ker(d_A)$, $d_B(f(m')) = f'(d_A(m')) = 0$, 所以 $f(m') \in \ker(d_B)$, 我们得到映射 $f_* : \ker(d_A) \to \ker(d_B)$, $m' \mapsto f(m')$. 若 $n'_1 - n' \in d_A(A)$, 记 $n'_1 - n' = d_A(m')$, 则 $f'(n'_1 - n') = f'(d'(m')) = d(f(m')) \in d_B(B)$. 由此可知映射 $f'_* : \operatorname{coker}(d_A) \to \operatorname{coker}(d_B)$, $n' + d_A(A) \mapsto f'(n') + d_B(B)$, 是定义良好的. 容易验证 f_* 和 f'_* 是使得上述图表交换的唯一的模同态.

定理 1.51 (蛇形引理, Snake Lemma). 行正合交换图表

$$\begin{array}{ccccccc}
 & & X' & \xrightarrow{f} & X & \xrightarrow{g} & X'' & \longrightarrow & 0 \\
 & & \downarrow{\scriptstyle d'} & & \downarrow{\scriptstyle d} & & \downarrow{\scriptstyle d''} & & \\
0 & \longrightarrow & Y' & \xrightarrow{p} & Y & \xrightarrow{q} & Y'' & &
\end{array}$$

诱导正合列

$$\ker(d') \xrightarrow{f_*} \ker d \xrightarrow{g_*} \ker(d'') \xrightarrow{\delta} \operatorname{coker}(d') \xrightarrow{p_*} \operatorname{coker} d \xrightarrow{q_*} \operatorname{coker}(d'').$$

证明. 首先连接映射 $\delta : \ker(d'') \to \operatorname{coker}(d')$ 如下给出: 对于 $m'' \in \ker(d'')$, 取 $m \in X$ 使得 $g(m) = m''$. 则 $qd(m) = d''g(m) = 0$. 故 $d(m) = p(n')$ 对某个唯一的 $n' \in Y'$ 成立. 我们定义 $\delta(m'') = n' + d'(X')$.

我们证明 δ 是定义良好的: 若 $m_0 \in X$ 也满足 $g(m_0) = m''$, 则 $m - m_0 = f(m')$. 故 $d(m - m_0) = df(m') = pd'(m')$. 所以 $p^{-1}(d(m - m_0)) \in d'(X')$. 故 δ 是定义良好的.

我们证明序列在 $\ker d$ 处正合. 一方面由于 $g_*f_*(m') = gf(m') = 0$, 所以 $\operatorname{im}(f_*) \subseteq \ker(g_*)$. 反之, 若 $g_*(m) = 0$, 则 $g(m) = 0$. 故存在 $m' \in X'$ 使得 $m = f(m')$. 令 $n' = d'(m')$, 则 $p(n') = df(m') = d(m) = 0$. 由于第二行是正合列, 故 $n' = 0, m' \in \ker(d')$. 故有 $m = f_*(m')$, 即 $\operatorname{im}(f_*) \supseteq \ker(g_*)$.

我们证明序列在 $\ker(d'')$ 处正合. 由 δ 的定义 $\delta g_*(m) = \delta g(m) = p^{-1}(d(m)) = 0$. 所以 $\ker\delta \supseteq \operatorname{im}(g_*)$. 反之, 若 $\delta(m'') = 0$, 令 m 为 m'' 的原像. 则 $d(m) = p(n')$ 对于某个 $n' \in d'(X')$ 成立. 即 $d(m) = pd'(m')$. 令 $m_0 = m - f(m')$, 则 m_0 也是 m'' 的原像, 且 $d(m_0) = d(m) - df(m') = d(m) - pd'(m') = 0$, 即 $m_0 \in \ker d$, $m'' = g_*(m_0)$. 所以 $\ker\delta \subseteq \operatorname{im}(g_*)$.

我们证明序列在 $\operatorname{coker}(d')$ 处正合. 一方面 $p_*\delta(m'') = p_*(n' + d'(X')) = p(n') + d(X)$. 但 $p(n') = d(m) \in d(X)$, 这里 m 是 m'' 的原像. 故 $p_*\delta = 0$, $\operatorname{im}\delta \subseteq \ker(p_*)$. 反过来, 若 $p(n') = d(m)$ 对某个 $m \in X$ 成立, 则 $d''g(m) = qd(m) = qp(n') = 0$, 故 $g(m) = m'' \in \ker(d'')$. 此时 $\delta(m'') = n' + d'(X') \in \ker(p_*)$, 因此 $\operatorname{im}\delta \supseteq \ker(p_*)$.

最后证明序列在 $\operatorname{coker} d$ 处正合. 一方面对于 $n'+d'(X') \in \operatorname{coker}(d')$, $q_*p_*(n'+d'(X')) = qp(n') + d''(X'') = 0$. 故 $\operatorname{im}(p_*) \subseteq \ker(q_*)$. 反之, 若 $n + d(X) \in \operatorname{coker} d$ 且 $q_*(n+d(X)) = q(n)+d''(X'') = 0$, 则 $q(n) = d''(m'')$. 取 $m \in X$, $g(m) = m''$, 则 $q(n-d(m)) = d''(m'')-d''g(m) = 0$. 由第二行的正合性, 存在 $n' \in Y', n-d(m) = p(n')$. 所以 $p_*(n'+d'(X')) = n+d(X)$, 故 $\operatorname{im}(p_*) \supseteq \ker(q_*)$. □

1.2 范畴与函子

1.2.1 范畴

所谓范畴是指由**对象**和**对象间的态射**构成的数学系统. 这是现代数学研究中应用范围极广泛的数学概念之一. 详言之, 我们有如下定义:

定义 1.52. 所谓**范畴** (category) 是指这样的数学系统 $\mathcal{C}$, 它包含如下两组数据:

(1) **对象** (object): 通常用 $A, B, C, \cdots$ 表示. 所有对象构成的类记为 $\operatorname{ob}(\mathcal{C})$.

(2) **态射** (morphism): 对于对象 A 和 B, 有态射集 $\operatorname{Hom}(A, B)$, 其中元素记为 $f: A \to B$, 称为 A 到 B 的态射. 所有态射集构成的集合类记为 $\operatorname{Ar}(\mathcal{C})$.

对于 $A, B, C \in \operatorname{ob}(\mathcal{C})$, 存在复合态射

$$\operatorname{Hom}(B, C) \times \operatorname{Hom}(A, B) \to \operatorname{Hom}(A, C), \quad (g, f) \mapsto gf$$

且满足如下公理:

(A1) **两两不交性**: 态射集 $\operatorname{Hom}(A, B)$ 与 $\operatorname{Hom}(A', B')$ 互不相交, 除非 $A = A'$ 且 $B = B'$.

(A2) **恒等态射存在性**: 对于每个对象 $A \in \operatorname{ob}(\mathcal{C})$, 存在态射 $1_A \in \operatorname{Hom}(A, A)$, 使得对任意态射 $f: A \to B$ 和 $g: C \to A$, 有

$$f1_A = f, \quad 1_A g = g.$$

1_A 称为 A 的**恒等态射**.

(A3) **结合律**: 对于态射 $f: A \to B$, $g: B \to C$ 和 $h: C \to D$, 有

$$h(gf) = (hg)f.$$

注记. (1) 范畴里的对象可以是点集, 也可以不是.

(2) 容易看出, 恒等态射 1_A 是唯一确定的: 若 $\varepsilon \in \mathrm{Hom}(A, A)$ 也满足公理 (A2), 则 $\varepsilon = \varepsilon 1_A = 1_A$.

(3) 我们常记 $\mathrm{Hom}(A, A)$ 为 $\mathrm{End}(A)$. 公理 (A2) 和 (A3) 说明在态射的复合作为乘法的意义下, $\mathrm{End}(A)$ 是含幺半群, 其幺元是 1_A.

定义 1.53. 对于态射 $f: A \to B$, 若存在态射 $g: B \to A$ 使得

$$gf = 1_A \quad 且 \quad fg = 1_B,$$

则称 f 为**同构**, 称 g 是 f 的**逆**. 也称 A 与 B 同构.

例 1.54. 此处我们列举一些熟悉的范畴的例子.

(1) $\mathcal{S}$ets 是 (某给定宇宙下) 所有集合构成的范畴. 它的对象是集合, 态射即集合间的映射, 恒等态射即恒等映射, 同构即集合间的一一对应.

(2) $\mathcal{G}$roups 是所有群构成的范畴. 它的对象是群, 态射即群同态, 同构即群同构.

(3) $\mathcal{R}$ings 是所有环构成的范畴. 它的对象是环, 态射是环同态. 同样, $\mathcal{C}$omRings 是所有交换环构成的范畴, 它的对象是交换环, 态射还是环同态.

(4) 设 R 是含幺交换环. $\mathcal{R}$–mod 是所有 R–模构成的范畴. 它的对象是 R–模, 态射即 R–模同态. 这是我们主要研究的范畴.

特别地, 如 $R = \mathbb{Z}$, 所有阿贝尔群构成的范畴通常记为 $\mathcal{A}$b.

(5) 设 X 是 $\mathbb{R}^n$ 中的开集. X 上的连续函数范畴 $C^0(X)$ 和 C^∞ 函数范畴 $C^\infty(X)$ 的对象是 X 的开子集, 态射分别是开集间的连续和 C^∞ 映射.

(6) 设 U 是复平面 $\mathbb{C}$ 中的开集. U 上的全纯映射范畴 $H(U)$ 的对象是 U 中的开子集, 态射是开集间的全纯映射.

定义 1.55. 设 $\mathcal{C}$ 为范畴, X 是 $\mathcal{C}$ 中的一固定对象. 令范畴 $\mathcal{C}_X$ 如下给出: $\mathcal{C}_X$ 的对象是态射 $Y \xrightarrow{f_Y} X$, 两对象间的态射集

$$\mathrm{Hom}(Y \xrightarrow{f_Y} X, Y' \xrightarrow{f_{Y'}} X) = \{g \in \mathrm{Hom}(Y, Y') \mid f_{Y'} g = f_Y\},$$

即 $\mathcal{C}_X$ 的态射是 $\mathcal{C}$ 中的态射 $g: Y \to Y'$, 使得图表

$$\begin{array}{ccc} Y & \xrightarrow{\quad g \quad} & Y' \\ & {\scriptstyle f_Y}\searrow \qquad \swarrow{\scriptstyle f_{Y'}} & \\ & X & \end{array}$$

交换. 容易验证 $\mathcal{C}_X$ 的确满足范畴定义的公理.

定义 1.56. 设 $\mathcal{C}$ 为范畴. $\mathcal{C}$ 的**反范畴** (opposite category) 是指范畴 $\mathcal{C}^{\mathrm{op}}$, 它的对象是 $\mathcal{C}$ 的对象, 但态射集

$$\mathrm{Hom}_{\mathcal{C}^{\mathrm{op}}}(A, B) = \mathrm{Hom}_{\mathcal{C}}(B, A),$$

即 $\mathcal{C}^{\mathrm{op}}$ 的态射 $f: A \to B$ 是 $\mathcal{C}$ 中的态射 $f: B \to A$.

定义 1.57. 设 $\mathcal{C}$ 为范畴. $\mathcal{C}$ 中的对象 P 称为**始对象** (initial object) 是指对任意 $A \in \mathrm{ob}(\mathcal{C})$, 存在唯一的态射 $P \xrightarrow{i_A} A$.

$\mathcal{C}$ 中的对象 P 称为**终对象** (final object) 是指对任意 $A \in \mathrm{ob}(\mathcal{C})$, 存在唯一的态射 $A \xrightarrow{p_A} P$.

如 P 既是始对象又是终对象, 称 P 为**零对象** (zero object), 记为 0.

命题 1.58. (1) 始对象 (终对象) 若存在, 则必唯一, 即两始对象 (终对象) 间存在唯一的同构.

(2) 若 P 是范畴 $\mathcal{C}$ 的始对象 (终对象), 则 P 是范畴 $\mathcal{C}^{\mathrm{op}}$ 的终对象 (始对象).

(3) $X \xrightarrow{1_X} X$ 是范畴 $\mathcal{C}_X$ 的终对象.

证明. (1) 若 P 和 P' 均是始对象, 则 $\mathrm{Hom}(P,P') = \{i_{PP'}\}$, $\mathrm{Hom}(P',P) = \{i_{P'P}\}$, $\mathrm{Hom}(P,P) = \{1_P\}$ 和 $\mathrm{Hom}(P',P') = \{1_{P'}\}$ 都是一元集. 由复合映射的性质即知 $i_{PP'}i_{P'P} = 1_{P'}, i_{P'P}i_{PP'} = 1_P$. 故 P 与 P' 同构. 对于 P 与 P' 均是终对象的情形, 证明类似.

(2) 与 (3) 由定义立知. □

例 1.59. (1) 对于群范畴 $\mathcal{G}$roups, $\{1\}$ 既是始对象又是终对象, 即是零对象.

(2) 对于集合范畴 $\mathcal{S}$ets, 空集是始对象而独点集是终对象, 它没有零对象.

(3) 对于环范畴 $\mathcal{R}$ings, 整数环 $\mathbb{Z}$ 是始对象, 零环是终对象, 它没有零对象.

定义 1.60. 设 $\mathcal{C}$ 为范畴, X 与 Y 是 $\mathcal{C}$ 中的对象. X 与 Y 的**乘积** (product) 是指三元组 $(X \times Y; p, q)$, 其中 $X \times Y$ 是 $\mathcal{C}$ 中的对象, $p: X \times Y \to X$ 和 $q: X \times Y \to Y$ 是态射, 常称为投射, 满足如下条件:

对于任何三元组 $(Z; f, g)$, 其中 $Z \in \mathrm{ob}(\mathcal{C})$, $f: Z \to X$ 和 $g: Z \to Y$ 是态射, 存在唯一的态射 $\theta: Z \to X \times Y$ 使得图表

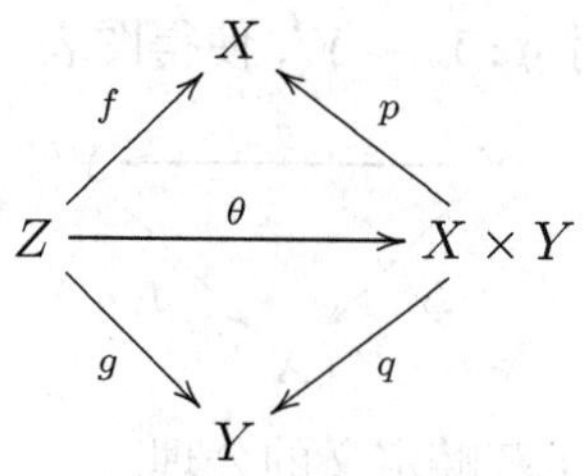

交换, 即 $f = p\theta$ 和 $g = q\theta$.

我们令 $\mathcal{C}'$ 的对象为三元组 $(Z; f, g)$, 其中 $Z \in \mathrm{ob}(\mathcal{C})$, $f: Z \to X$ 和 $g: Z \to Y$ 为态射, 而 $\mathcal{C}'$ 的态射 $h: (Z; f, g) \to (Z'; f', g')$ 是 $\mathcal{C}$ 中的态射 $h: Z \to Z'$ 使得

图表

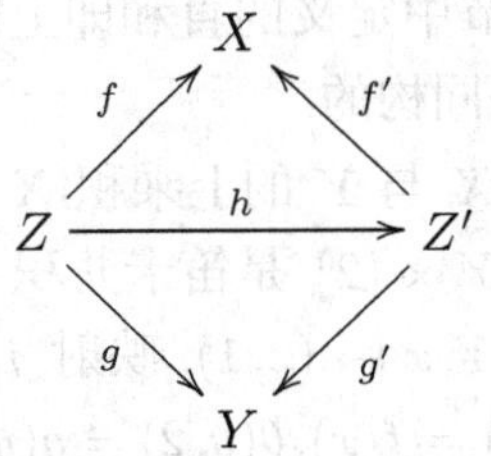

交换, 即 $f'h = f$ 和 $g'h = g$. 则容易验证 $\mathcal{C}'$ 的确是范畴. 那么 X 与 Y 的乘积就是范畴 $\mathcal{C}'$ 中的终对象. 由命题 1.58 知 X 与 Y 的乘积在同构意义下唯一.

定义 1.61. 设 $\mathcal{C}$ 为范畴, X 与 Y 是 $\mathcal{C}$ 中的对象. X 与 Y 的**上乘积** (coproduct) 是指三元组 $(X \amalg Y; i, j)$, 其中 $X \amalg Y \in \mathrm{ob}(\mathcal{C})$, $i : X \to X \amalg Y$ 与 $j : Y \to X \amalg Y$ 为态射, 称为内射, 满足如下条件:

对于任意三元组 $(Z; f, g)$, 其中 $Z \in \mathrm{ob}(\mathcal{C})$, $f : X \to Z$ 和 $g : Y \to Z$ 为态射. 存在唯一的态射 $\theta : X \amalg Y \to Z$ 使得 $\theta i = f$ 和 $\theta j = g$. 即图表

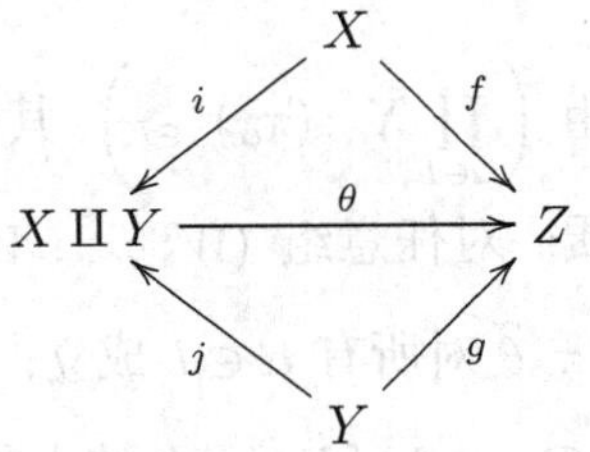

交换.

与乘积的情形一样, 如果我们令范畴 $\mathcal{D}'$ 的对象是三元组 $(Z; f, g)$, 其中 $Z \in \mathrm{ob}(\mathcal{C})$, $f : X \to Z$ 和 $g : Y \to Z$ 为态射, $\mathcal{D}'$ 的态射 $h : (Z; f, g) \to (Z'; f', g')$ 是 $\mathcal{C}$ 中的态射 $h : Z \to Z'$ 使得图表

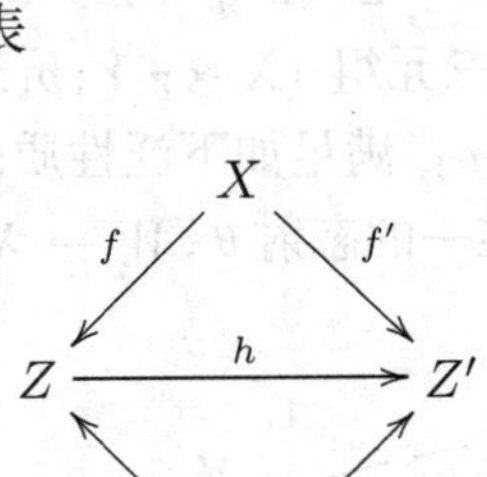

交换, 即 $f' = hf$ 和 $g' = hg$. 则 X 与 Y 的上乘积即是范畴 $\mathcal{D}'$ 中的始对象, 故在同构意义下它是唯一的. 事实上容易看出 $\mathcal{D}' = (\mathcal{C}')^{\mathrm{op}} = (\mathcal{C}^{\mathrm{op}})'$.

例 1.62. (1) 对于模范畴 $\mathcal{R}$–mod, 则 1.1.5 小节中定义的模 M 与 N 的直积即本节定义的乘积, 1.1.5 小节中定义的直和即上面定义的上乘积. 我们知道 M 与 N 的直积与直和本质上是同构的.

(2) 对于集合范畴 $\mathcal{S}$ets, X 与 Y 的上乘积 $X \amalg Y$ 是集合的不交并 $X' \sqcup Y'$, 其中 $X' = X \times \{1\}$ 与 $Y' = Y \times \{2\}$ 是笛卡儿积 $X \times Y$ 的子集合. 事实上只要定义映射 $i : X \to X' \subset X \amalg Y, x \mapsto (x, 1)$, 映射 $j : Y \to Y' \subset X \amalg Y, y \mapsto (y, 2)$, 而映射 $\theta : X \amalg Y \to Z, \theta(x, 1) = f(x), \theta(y, 2) = g(y)$ 即可.

集合 X 与 Y 的乘积, 就是它们的笛卡儿积, 此时映射 $p : X \times Y \to X, (x, y) \mapsto x$, 映射 $q : X \times Y \to Y, (x, y) \mapsto y$.

同样可以定义任意多个对象的乘积与上乘积.

定义 1.63. 设 $\mathcal{C}$ 为范畴, $\{X_\alpha\}_{\alpha\in I}$ 是 $\mathcal{C}$ 的一组对象.

$\{X_\alpha\}_{\alpha\in I}$ 的**上乘积**是指组 $\left(\coprod\limits_{\alpha\in I} X_\alpha; (\iota_\alpha)_{\alpha\in I}\right)$, 其中 $\coprod\limits_{\alpha\in I} X_\alpha \in \mathrm{ob}(\mathcal{C})$, 态射 $\iota_\alpha : X_\alpha \to \coprod\limits_{\alpha\in I} X_\alpha$, 满足如下泛性质: 对任意组 $(Z; f_\alpha : X_\alpha \to Z)$, 存在唯一的态射 $\theta : \coprod\limits_{\alpha\in I} X_\alpha \to Z$ 使得 $\theta\iota_\alpha = f_\alpha$ 对所有 $\alpha \in I$ 成立.

$\{X_\alpha\}_{\alpha\in I}$ 的**乘积**是指组 $\left(\prod\limits_{\alpha\in I} X_\alpha; (\pi_\alpha)_{\alpha\in I}\right)$, 其中 $\prod\limits_{\alpha\in I} X_\alpha \in \mathrm{ob}(\mathcal{C})$, 态射 $\pi_\alpha : \prod\limits_{\alpha\in I} X_\alpha \to X_\alpha$, 满足泛性质: 对任意组 $(W; g_\alpha : W \to X_\alpha)$, 存在唯一的态射 $\widetilde{\theta} : W \to \prod\limits_{\alpha\in I} X_\alpha$ 使得 $g_\alpha = \pi_\alpha\widetilde{\theta}$ 对所有 $\alpha \in I$ 成立.

例 1.64. 对于模范畴 $\mathcal{R}$–mod, $\{X_\alpha\}_{\alpha\in I}$ 的上乘积 $\coprod\limits_{\alpha\in I} X_\alpha = \bigoplus\limits_{\alpha\in I} X_\alpha$, 乘积 $\prod\limits_{\alpha\in I} X_\alpha$ 即 $\{X_\alpha\}_{\alpha\in I}$ 的笛卡儿积.

现在假设 $\mathcal{C}$ 是范畴, Z 是 $\mathcal{C}$ 中一个对象.

定义 1.65. 态射 $f : X \to Z$ 和 $g : Y \to Z$ 的**拉回** (pullback), 又称**纤维积** (fibered product), 是指三元组 $(X \times_Z Y; p_1, p_2)$, 其中 $p_1 : X \times_Z Y \to X$, $p_2 : X \times_Z Y \to Y$ 且 $fp_1 = gp_2$, 满足如下泛性质: 对任意 $(W; p_1' : W \to X, p_2' : W \to Y)$ 且 $fp_1' = gp_2'$, 存在唯一的态射 $\theta : W \to X \times_Z Y$ 使得 $p_1' = p_1\theta, p_2' = p_2\theta$, 即图表

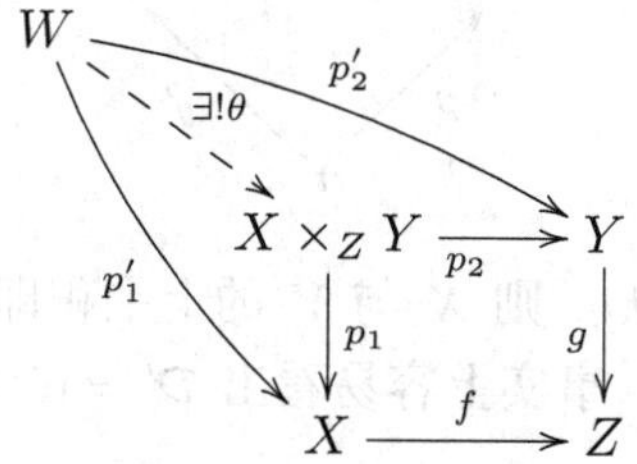

交换. 换言之, $(X\times_Z Y;p_1,p_2)$ 是范畴 $\mathcal{C}_Z$ 的乘积. 我们常简称 $X\times_Z Y$ 为 X 与 Y 在 Z 上的纤维积.

定义 1.66. 态射 $f:Z\to X$ 和 $g:Z\to Y$ 的**推出** (pushout), 又称**纤维上积** (fibered coproduct) 或**纤维和** (fibered sum), 是指 $(X\amalg_Z Y;\alpha_1,\alpha_2)$, 其中 $\alpha_1:X\to X\amalg_Z Y,\alpha_2:Y\to X\amalg_Z Y$ 且 $\alpha_1 f=\alpha_2 g$, 满足泛性质: 对任意 $(W;\alpha_1':X\to W,\alpha_2':Y\to W)$ 且 $\alpha_1' f=\alpha_2' g$, 存在唯一的态射 $\theta:X\amalg_Z Y\to W$ 使得 $\alpha_1'=\theta\alpha_1,\alpha_2'=\theta\alpha_2$, 即图表

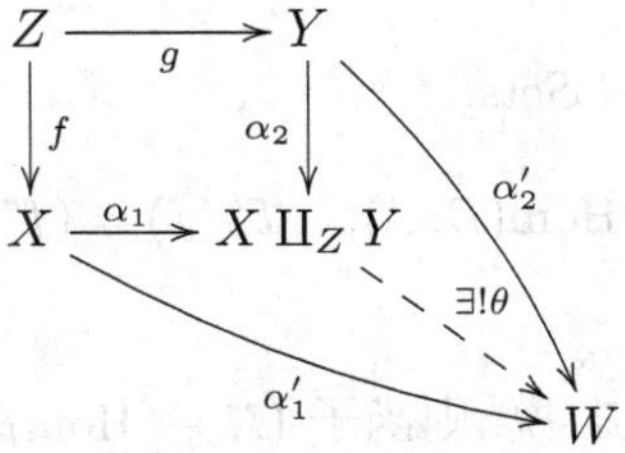

交换. 换言之, $(X\amalg_Z Y;\alpha_1,\alpha_2)$ 是范畴 $\mathcal{C}_Z^{\mathrm{op}}$ 的乘积. 我们常简称 $X\amalg_Z Y$ 为 X 与 Y 在 Z 上的纤维上积.

例 1.67. (1) 设 $f:X\to Z$ 与 $g:Y\to Z$ 是群同态, 则在群范畴 $\mathcal{G}\mathrm{roups}$ 里, $X\times_Z Y=\{(x,y)\in X\times Y\mid f(x)=g(y)\}$.

(2) 设 $f:B\to A$ 与 $g:C\to A$ 是模同态, 则在模范畴 $\mathcal{R}$–mod 里, $B\times_A C=\{(b,c)\in B\oplus C\mid f(b)=g(c)\}$.

(3) 反过来, 设 $f:A\to B$ 与 $g:A\to C$ 是模同态. 则在 $\mathcal{R}$–mod 里, $B\amalg_A C=(B\oplus C)/S$, 这里 $S=\{(f(a),-g(a))\in B\oplus C\mid a\in A\}$.

证明. 留作练习. □

1.2.2 函子

函子就是范畴间的映射.

定义 1.68. 设 $\mathcal{A}$ 与 $\mathcal{B}$ 是范畴.

对应 $F:\mathcal{A}\to\mathcal{B}$ 称为**协变函子**或**共变函子** (covariant functor) 是指对于 $\mathcal{A}$ 中的任意对象 A, $F(A)$ 是 $\mathcal{B}$ 中的对象, 对于 $\mathcal{A}$ 中的任意态射 $A\xrightarrow{f}B$, $F(A)\xrightarrow{F(f)}F(B)$ 是 $\mathcal{B}$ 中的态射, 且满足条件 $F(1_A)=1_{F(A)}$ 和 $F(gf)=F(g)F(f)$.

对应 $F:\mathcal{A}\to\mathcal{B}$ 称为**反变函子**或**逆变函子** (contravariant functor) 是指对于 $\mathcal{A}$ 中的任意对象 A, $F(A)$ 是 $\mathcal{B}$ 中的对象, 对于 $\mathcal{A}$ 中的任意态射 $A\xrightarrow{f}B$, $F(B)\xrightarrow{F(f)}F(A)$ 是 $\mathcal{B}$ 中的态射, 且满足条件 $F(1_A)=1_{F(A)}$ 和 $F(gf)=F(f)F(g)$. 换言之, F 是 $\mathcal{A}^{\mathrm{op}}$ 到 $\mathcal{B}$ 的协变函子.

例 1.69. (1) 恒等函子 (identity functor) 和常函子 (constant functor):

$$\mathrm{Id}:\mathcal{C}\to\mathcal{C},\quad A\mapsto A \text{且} f\mapsto f;$$

$$C_A:\mathcal{C}\to\mathcal{C},\quad C_A(B)=A,\quad C_A(f)=1_A.$$

它们都是协变函子.

(2) 设 $A\in\mathrm{ob}(\mathcal{C})$. 函子 $T_A:\mathcal{C}\to\mathcal{S}\mathrm{ets}$,

$$T_A(B)=\mathrm{Hom}(A,B),\quad T_A(f)=(f_*:h\mapsto fh)$$

是协变函子. 函子 $T'_A:\mathcal{C}\to\mathcal{S}\mathrm{ets}$,

$$T'_A(B)=\mathrm{Hom}(B,A),\quad T'_A(f)=(f^*:h\mapsto hf)$$

是反变函子.

(3) 特别地, 设 M 为 R–模, 则函子 $(N\mapsto\mathrm{Hom}_R(M,N), f\mapsto f_*)$ 是 $\mathcal{R}$–mod 上的协变函子, 而函子 $(N\mapsto\mathrm{Hom}_R(N,M), f\mapsto f^*)$ 是 $\mathcal{R}$–mod 上的反变函子.

1.2.3 阿贝尔范畴

模论中的很多结果都可以推广到一般阿贝尔范畴中. 这里给出阿贝尔范畴的概念和简单性质.

定义 1.70. 范畴 $\mathcal{C}$ 称为**加性范畴** (additive category) 是指 $\mathcal{C}$ 满足如下三条件:

(1) 对于 $\mathcal{C}$ 中任意对象 A 和 B, 集合 $\mathrm{Hom}(A,B)$ 具备 (加法) 阿贝尔群结构且复合态射

$$\mathrm{Hom}(B,C)\times\mathrm{Hom}(A,B)\to\mathrm{Hom}(A,C)$$

是 $\mathbb{Z}$–双线性映射.

(2) $\mathcal{C}$ 中有零对象.

(3) 对任意对象 A 和 B, 上乘积 $A\amalg B$ 与乘积 $A\times B$ 均存在.

对于加性范畴, 复合映射 $A\to 0\to B$, 记为 0, 称为 A 到 B 的**零映射**.

命题 1.71. 加性范畴中 $A\amalg B\cong A\times B$.

证明. 考虑态射 $A\xrightarrow{1_A}A$ 与 $B\xrightarrow{0}A$, 则由上乘积的泛性质, 存在态射 $p':A\amalg B\to A$ 使得 $p'i=1_A$, $p'j=0$. 考虑态射 $B\xrightarrow{1_B}B$ 与 $A\xrightarrow{0}B$, 则由上乘积的泛性质, 存在态射 $q':A\amalg B\to B$ 使得 $q'i=0$, $q'j=1_B$. 故 $(ip'+jq')i=i$, $(ip'+jq')j=j$. 再由上乘积的泛性质知 $ip'+jq'=1_{A\oplus B}$.

类似地, 利用乘积的泛性质, 我们有态射 $i':A\to A\times B$ 和 $j':B\to A\times B$ 使得 $pi'=1_A$, $pj'=0$, $qi'=0$, $qj'=1_B$. 故 $i'p+j'q=1_{A\times B}$.

现在令 $\Phi = ip + jq : A \times B \to A \amalg B$, $\Psi = i'p' + j'q' : A \amalg B \to A \times B$. 容易验证 Φ 和 Ψ 互为逆态射. □

注记. 常记上乘积 $A \amalg B$ 为 $A \oplus B$, 称之为 A 与 B 的直和, 称乘积为直积.

定义 1.72. 设 $\mathcal{C}$ 是范畴, $f : A \to B$ 是 $\mathcal{C}$ 中的态射.

若对任意态射 $g_1, g_2 : C \to A$ 满足条件 $fg_1 = fg_2$, 均有 $g_1 = g_2$ 成立, 则称 f 为**单射** (monomorphism).

若对任意态射 $h_1, h_2 : B \to D$ 满足条件 $h_1 f = h_2 f$, 均有 $h_1 = h_2$ 成立, 则称 f 为**满射** (epimorphism).

若态射既是单射, 又是满射, 则称其为**双射** (bijection).

注记. 双射不一定是同构. 例如在环范畴 $\mathcal{R}$ings 中, $\mathbb{Z} \hookrightarrow \mathbb{Q}$ 既是单射又是满射, 但它不是同构.

反过来, 可以证明, 同构一定是双射.

命题 1.73. 设 $\mathcal{C}$ 是加性范畴, $f : A \to B$ 是 $\mathcal{C}$ 中的态射.

(1) f 是单射当且仅当对于任意 $g : C \to A$, $fg = 0$ 推出 $g = 0$.

(2) f 是满射当且仅当对于任意 $h : B \to D$, $hf = 0$ 推出 $h = 0$.

证明. 由定义立得. □

命题 1.74. 对于加性范畴中的对象集合 $\{X_\alpha\}_{\alpha \in I}$, 若它的乘积 $\prod\limits_{\alpha \in I} X_\alpha$ 存在, 则

$$\pi_\alpha : \prod_{\alpha \in I} X_\alpha \to X_\alpha$$

是满射. 若它的上乘积 $\coprod\limits_{\alpha \in I} X_\alpha$ 存在, 则 $\iota_\alpha : X_\alpha \to \coprod\limits_{\alpha \in I} X_\alpha$ 是单射.

证明. 令 $\varphi_\alpha = 1_{X_\alpha} : X_\alpha \to X_\alpha$, $\varphi_\beta = 0 : X_\alpha \to X_\beta$ (如 $\beta \neq \alpha$), 则它们诱导态射 $i_\alpha : X_\alpha \to \prod\limits_{\alpha \in I} X_\alpha$, 使得 $\pi_\alpha \circ i_\alpha = \varphi_\alpha = 1_{X_\alpha}$. 由此易见 π_α 是满射. 同理可证 ι_α 是单射. □

定义 1.75. 设 $f : A \to B$ 为加性范畴 $\mathcal{C}$ 中的态射.

(1) f 的**核**, 记为 $\ker f$, 是指对象 $K \in \mathrm{ob}(\mathcal{C})$, $i : K \to A$ 为单射, $fi = 0$ 且满足泛性质: 对任意 $u : L \to A$, $fu = 0$, 存在唯一的态射 $u' : L \to K$, 使得 $u = iu'$, 即图表

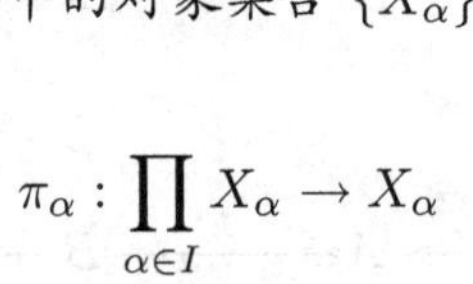

交换.

(2) f 的**余核**, 记为 $\operatorname{coker} f$, 是指对象 $Z \in \operatorname{ob}(\mathcal{C})$, $p : B \to Z$ 为满射, $pf = 0$ 且满足泛性质: 对任意 $u : B \to L$, $uf = 0$, 存在唯一的态射 $u' : Z \to L$ 使得 $u'p = u$, 即下面图表交换:

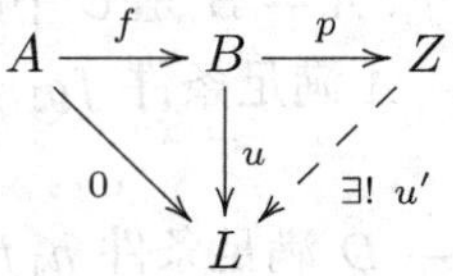

注记. 由定义知, 态射的核和余核若存在, 则 (在同构意义下) 必唯一. 另外, 核的定义中的条件 "i 是单射" 不是必要的, 它由泛性质直接给出. 同样, 余核的定义中的条件 "p 是满射" 也不是必要的.

现在假设 $\mathcal{C}$ 为加性范畴且对任意 $f : A \to B$, f 的核与余核均存在. 我们定义

$$\operatorname{coim} f = \operatorname{coker}(\ker f \xrightarrow{i} A),$$
$$\operatorname{im} f = \ker(B \xrightarrow{p} \operatorname{coker} f).$$

命题 1.76. *若 $\mathcal{C}$ 是加性范畴且其上态射的核和余核均存在, 则 $\mathcal{C}$ 中态射 f 诱导态射 $\overline{f} : \operatorname{coim} f \to \operatorname{im} f$.*

证明. 我们有交换图表:

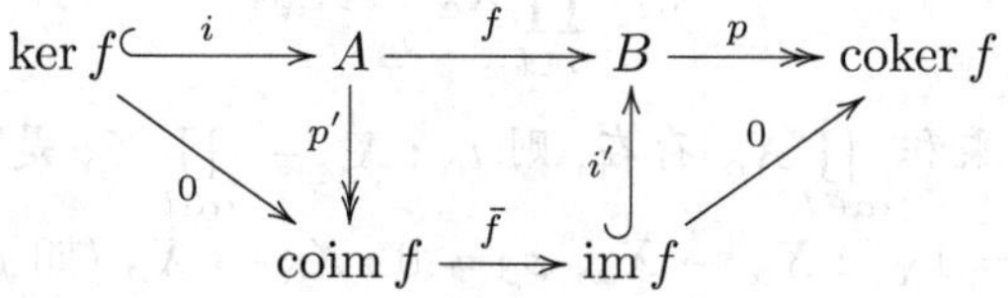

由于 $fi = 0$, 而 $\operatorname{coim} f$ 是 i 的余核, 故存在唯一态射 $\alpha : \operatorname{coim} f \to B$, 使得 $\alpha p' = f$. 由 $p \cdot \alpha p' = pf = 0 = 0 \cdot p'$, 而 p' 是满射, 故 $p\alpha = 0$. 由 $\operatorname{im} f = \ker p$ 知存在态射 $\overline{f} : \operatorname{coim} f \to \operatorname{im} f$. □

定义 1.77. 加性范畴 $\mathcal{C}$ 称为**阿贝尔范畴** (Abelian category), 如它满足如下两条公理:

(AB1) $\mathcal{C}$ 上任意态射 u 的核 $\ker u$ 和余核 $\operatorname{coker} u$ 均存在.

(AB2) 态射 u 的诱导态射 $\overline{u} : \operatorname{coim} u \to \operatorname{im} u$ 是同构.

例 1.78. R–模范畴 $\mathcal{R}$–mod 是阿贝尔范畴.

对于阿贝尔范畴, 如同模范畴的情形, 可以引入正合的概念.

定义 1.79. 设 $\mathcal{C}$ 为阿贝尔范畴. 序列

$$\cdots \to A \xrightarrow{f} B \xrightarrow{g} C \to \cdots$$

称为在 B 处**正合**是指 $gf=0$ 且诱导的态射 $\operatorname{im} f \to \ker g$ 是同构.

如序列在每一点均正合, 称序列为**正合列**. 特别地, 如序列 $0 \to A \xrightarrow{f} B \xrightarrow{g} C \to 0$ 在 A, B, C 处均正合, 称该序列为**短正合列**.

命题 1.80. (1) 序列 $0 \to A \xrightarrow{f} B$ 正合当且仅当 f 是单射.

(2) 序列 $B \xrightarrow{g} C \to 0$ 正合当且仅当 g 是满射.

(3) 序列 $0 \to A \xrightarrow{f} B \xrightarrow{g} C \to 0$ 为短正合列当且仅当 f 是单射, g 是满射且 $\overline{g} : \operatorname{coker} f \to C$ 是同构.

证明. 留作练习. □

定义 1.81. 设 $F : \mathcal{A} \to \mathcal{B}$ 是阿贝尔范畴间的协变函子. 对于 $\mathcal{A}$ 中任意短正合列 $0 \to A \to B \to C \to 0$, 若 $0 \to F(A) \to F(B) \to F(C)$ 是正合的, 则称 F 是**左正合函子** (left exact functor); 若 $F(A) \to F(B) \to F(C) \to 0$ 是正合的, 则称 F 是**右正合函子** (right exact functor); 若 $0 \to F(A) \to F(B) \to F(C) \to 0$ 是正合的, 则称 F 是**正合函子** (exact functor).

设 $F : \mathcal{A} \to \mathcal{B}$ 是阿贝尔范畴间的反变函子. 对于 $\mathcal{A}$ 中任意短正合列 $0 \to A \to B \to C \to 0$, 若 $0 \to F(C) \to F(B) \to F(A)$ 是正合的, 则称 F 是**左正合函子**; 若 $F(C) \to F(B) \to F(A) \to 0$ 是正合的, 则称 F 是**右正合函子**; 若 $0 \to F(C) \to F(B) \to F(A) \to 0$ 是正合的, 则称 F 是**正合函子**.

例 1.82. 设 M 是 R–模. 则由命题 1.48 和 1.49 可知, 函子 $N \mapsto \operatorname{Hom}_R(N, M)$ 是左正合反变函子, 而 $N \mapsto \operatorname{Hom}_R(M, N)$ 是左正合协变函子.

在阿贝尔范畴中, 根据核与余核的定义, 态射 $f : A \to B$ 诱导正合列

$$0 \to \ker f \to A \xrightarrow{f} B \to \operatorname{coker} f \to 0.$$

给定交换图表

$$\begin{CD} A @>f>> B \\ @V{d_A}VV @VV{d_B}V \\ A' @>{f'}>> B' \end{CD}$$

我们有如下的交换图表:

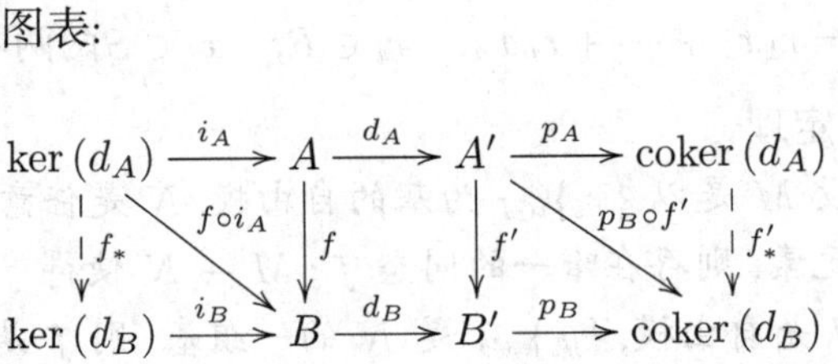

这里由于 $d_B \circ (f \circ i_A) = f' \circ d_A \circ i_A$, 故由核的泛性质 (相对于态射 d_B), 存在唯一的态射

$$f_*: \ker(d_A) \to \ker(d_B)$$

使得图表交换; 由于 $(p_B \circ f') \circ d_A = p_B \circ d_B \circ f = 0$, 故由余核的泛性质 (相对于态射 d_A), 存在唯一的态射

$$f'_*: \operatorname{coker}(d_A) \to \operatorname{coker}(d_B)$$

使得图表交换.

我们同样有蛇形引理:

定理 1.83 (蛇形引理). 设 $\mathcal{C}$ 为阿贝尔范畴. 则行正合交换图表

$$\begin{array}{ccccccc}
 & & X' & \xrightarrow{f} & X & \xrightarrow{g} & X'' & \longrightarrow & 0 \\
 & & \downarrow{\scriptstyle d'} & & \downarrow{\scriptstyle d} & & \downarrow{\scriptstyle d''} & & \\
0 & \longrightarrow & Y' & \xrightarrow{p} & Y & \xrightarrow{q} & Y'' & &
\end{array}$$

诱导正合列

$$\ker(d') \xrightarrow{f_*} \ker d \xrightarrow{g_*} \ker(d'') \xrightarrow{\delta} \operatorname{coker}(d') \xrightarrow{p_*} \operatorname{coker} d \xrightarrow{q_*} \operatorname{coker}(d'').$$

1.3 自由模, 投射模与内射模

1.3.1 自由模

定义 1.84. 设 M 是非零 R–模. 若存在子集 $S \subseteq M$ 使得 $M = \langle S \rangle$ 且 S 中的元素之间是线性无关的, 则称 M 为 S 生成的**自由模** (free module), S 称为 M 的一组**基** (basis).

设 $S = \{x_i\}_{i \in I}$ 是自由模 M 的一组基. 根据定义, M 中的元素 m 均可唯一写为有限和

$$m = r_1 x_1 + \cdots + r_n x_n, \quad r_i \in R, \quad x_i \in S\text{两两不同}.$$

由此, 立刻有如下定理:

定理 1.85. 设 M 是以 $\{x_i\}_{i \in I}$ 为基的自由模, N 是任意 R–模且 $\{y_i\}_{i \in I}$ 是 N 中的任意一组元素, 则存在唯一的同态 $f: M \to N$ 使得 $f(x_i) = y_i$.

特别地, 若 N 是自由模, $\{y_i\}_{i \in I}$ 是 N 的一组基, 则 f 是同构.

证明. 如 $m=r_1x_1+\cdots+r_nx_n$, 若 $f(x_i)=y_i$, 则必有 $f(m)=\sum\limits_{i=1}^{n}r_iy_i$, 即 f 是唯一确定的. 另一方面这样定义的 f 的确是模同态.

若 N 是以 $\{y_i\}_{i\in I}$ 为基的自由模, 则 f 的逆即 $g:\ N\to M, g(y_i)=x_i$. □

推论 1.86. 若 M 是以 $S=\{x_i\}_{i\in I}$ 为基的自由模, 则 $M\cong\bigoplus\limits_{i\in I}R$.

证明. 对于 $j\in I$, 令 $e_j\in\bigoplus\limits_{i\in I}R$, 它的第 j 个分量是 1 而其他分量等于 0. 则 $\{e_i\}_{i\in I}$ 是自由模 $\bigoplus\limits_{i\in I}R$ 的一组基. 由上述定理, 存在唯一的同态 $f:M\to\bigoplus\limits_{i\in I}R, f(x_i)=e_i$, 也存在唯一的同态 $g:\bigoplus\limits_{i\in I}R\to M,\ g(e_i)=x_i$. f 与 g 显然互为逆映射. □

定义 1.87. 自由模 M 的**秩**, 记为 $\operatorname{rank}(M)$, 是指它的一组基的元素个数.

定理 1.88. 自由模 M 的秩独立于基的选取.

证明. 设 $\{x_i\}_{i\in I}$ 与 $\{y_j\}_{j\in J}$ 是 M 的两组基. 只要证明若 $|I|\neq|J|$, 则 $M=\bigoplus\limits_{i\in I}R$ 与 $N=\bigoplus\limits_{j\in J}R$ 不同构即可. 如不然设 $f:M\to N$ 为同构. 令 $f(e_i)=e_i'$, 则 $\{e_i'\}_{i\in I}$ 是 N 的一组基. 令 $\mathfrak{m}$ 是 R 的一个极大理想, 则 $f(\mathfrak{m}M)\subseteq\mathfrak{m}N$. 反过来, 对于 $n\in N$, 记 $n=\sum\limits_{i=1}^{s}r_ie_i'$. 则对任意 $r\in\mathfrak{m}$, $f\left(r\sum\limits_{i=1}^{k}r_ie_i\right)=rn$. 故 $f(\mathfrak{m}M)=\mathfrak{m}N$. 由此即知 f 诱导同构 $M/\mathfrak{m}M\xrightarrow{\sim}N/\mathfrak{m}N$. 但我们有 $M/\mathfrak{m}M\cong\bigoplus\limits_{i\in I}k$, 其中 $k=R/\mathfrak{m}$. 所以 $\bigoplus\limits_{i\in I}k\cong\bigoplus\limits_{j\in J}k$. 将两边均视为 k-线性空间, 当 $|I|\neq|J|$ 时, 这是不可能的. □

推论 1.89. 若 M 与 N 均是有限秩自由模且秩相等, 则 M 与 N 同构.

现在设 M 是有限秩自由模. 设 $|I|=n$ 有限, $\{x_i\}_{i\in I}$ 与 $\{y_i\}_{i\in I}$ 是 M 的两组基. 则

$$x_i=\sum_{j\in I}\alpha_{ij}y_j,\quad y_i=\sum_{j\in I}\beta_{ij}x_j\quad(\alpha_{ij},\beta_{ij}\in R)$$

而且表达式唯一. 令 $A=(\alpha_{ij})_{i,j\in I}$, $B=(\beta_{ij})_{i,j\in I}$, 则 $AB=BA=I_n$. 我们有:

命题 1.90. 设 M 是秩为 n 的自由模, $\{x_i\}_{i=1}^n,\{y_i\}_{i=1}^n$ 是它的两组基. 令两组基间的变换矩阵为 A, 即

$$(y_1,\cdots,y_n)=(x_1,\cdots,x_n)A.$$

则 $A\in\mathrm{GL}_n(R)$. 反过来, 若 $\{x_i\}_{i=1}^n$ 为 M 的一组基, $(y_1,\cdots,y_n)=(x_1,\cdots,x_n)A$, $A\in\mathrm{GL}_n(R)$, 则 $\{y_i\}_{i=1}^n$ 也是 M 的一组基.

命题 1.91. 设 Q 是环 R 的理想, $M=\bigoplus_{i\in I}Rx_i$ 是自由 R–模. 则 Qx_i 是 Rx_i 的子模且

$$M/QM\cong\bigoplus_{i\in I}Rx_i/Qx_i\cong\bigoplus_{i\in I}R/Q$$

是环 R/Q 上的自由模, 它的一组基是 $\{\overline{x}_i=x_i+Q\}_{i\in I}$.

证明. 显然. 留作练习. □

1.3.2 投射模

定义 1.92. 模 P 称为**投射模** (projective module) 是指对任意行正合图表

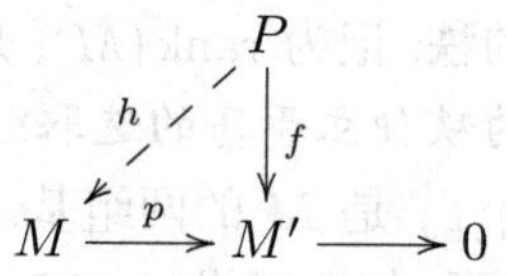

存在同态 $h:P\to M$ 使得 f 沿 h 分解, 即 $f=ph$.

定理 1.93. 下列条件等价:

(1) P 是投射模.

(2) 任意正合列 $0\to M'\to M\to P\to 0$ 均分裂.

(3) 存在模 M 使得 $P\oplus M$ 为自由模. 即 P 是自由模的直和项.

(4) 函子: $M\mapsto \mathrm{Hom}_R(P,M)$ 是正合函子.

证明. (1) ⇒ (2). 我们考虑

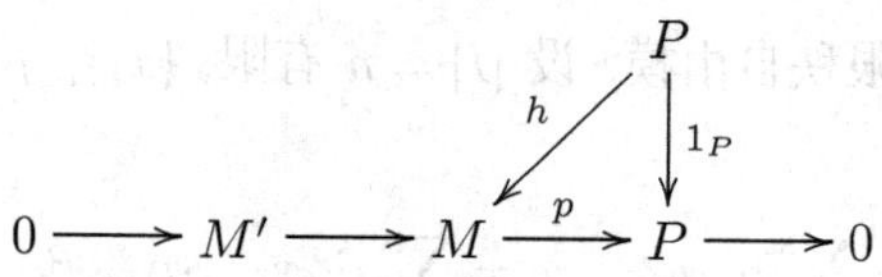

由于 P 是投射模, 故存在 $h:P\to M$, $1_P=ph$. 因此正合列 $0\to M'\to M\to P\to 0$ 分裂.

(2) ⇒ (3). 令 F 是 P 生成的自由模, 则存在满射 $f:F\to P$. 令 $M=\ker f$, 我们有正合列 $0\to M\to F\to P\to 0$. 由 (2) 知 $F=P\oplus M$.

(3) ⇒ (4). 令 N 为 R–模使得 $P\oplus N=F=\bigoplus_{i\in I}R$ 为自由模. 由于对任意模 M, 由命题 1.36 知 $\mathrm{Hom}_R(F,M)\cong\prod_{i\in I}M$, 故函子 : $M\mapsto\mathrm{Hom}_R(F,M)$ 正合. 对于正合列 $0\to M'\to M\to M''\to 0$, 我们有行正合交换图表

$$\begin{array}{ccccccccc} 0 & \longrightarrow & \mathrm{Hom}_R(F,M') & \longrightarrow & \mathrm{Hom}_R(F,M) & \longrightarrow & \mathrm{Hom}_R(F,M'') & \longrightarrow & 0 \\ & & \downarrow & & \downarrow & & \downarrow & & \\ 0 & \longrightarrow & \mathrm{Hom}_R(P,M') & \longrightarrow & \mathrm{Hom}_R(P,M) & \xrightarrow{g} & \mathrm{Hom}_R(P,M'') & \dashrightarrow & 0 \end{array}$$

通过图表追踪知 g 是满射, 即函子 $M \mapsto \mathrm{Hom}_R(P,M)$ 正合.

(4) $\Rightarrow$ (1). 对于正合列

$$0 \longrightarrow M' = \ker p \longrightarrow M \xrightarrow{p} M'' \longrightarrow 0,$$

由函子 : $M \mapsto \mathrm{Hom}_R(P,M)$ 的正合性知 $p^* : \mathrm{Hom}_R(P,M) \to \mathrm{Hom}_R(P,M'')$ 是满射, 这等价于对任意同态 $f : P \to M''$, 存在同态 $h : P \to M$ 使得 $f = ph$. □

命题 1.94. 设 A 是 R–模. 则 A 是投射模当且仅当存在集合 $\{a_i\}_{i\in I} \subseteq A$ 以及 R–模同态 $\{\varphi_i : A \to R\}_{i\in I}$ 使得

(1) 对于任意 $x \in A$, $\varphi_i(x)$ 几乎处处为 0.

(2) 对任意 $x \in A$, $x = \sum\limits_{i\in I} \varphi_i(x)a_i$.

更进一步地, 此时 A 由 $\{a_i\}_{i\in I}$ 生成.

证明. 如 A 是投射模, 令 $\psi : F \twoheadrightarrow A$, 其中 $F = \bigoplus\limits_{i\in I} Re_i$ 为自由模. 故存在 $\varphi : A \to F$ 使得 $\psi\varphi = 1_A$. 我们令 $a_i = \psi(e_i)$. 设 $\varphi(x) = \sum\limits_{i\in I} r_ie_i$. 令 $\varphi_i : A \to R$, $x \mapsto r_i$. 则

$$x = \psi\varphi(x) = \sum_{i\in I} r_i\psi(e_i) = \sum_{i\in I} \varphi_i(x)a_i.$$

反过来, 令 $F = \bigoplus\limits_{i\in I} Re_i$, 令 $\psi : F \to A, e_i \mapsto a_i$. 定义 $\varphi : A \to F$, $x \mapsto \sum\limits_{i\in I} \varphi_i(x)e_i$, 则 $\psi\varphi(x) = x$, 即 $\psi\varphi = 1_A$. 故 A 是投射模. □

命题 1.95. 给定正合列

$$0 \longrightarrow K \xrightarrow{i} P \xrightarrow{\pi} M \longrightarrow 0,$$
$$0 \longrightarrow K' \xrightarrow{i'} P' \xrightarrow{\pi'} M \longrightarrow 0,$$

其中 P 与 P' 为投射模, 则 $K \oplus P' \cong K' \oplus P$.

证明. 考虑交换图表

$$\begin{array}{ccccccccc} 0 & \longrightarrow & K & \xrightarrow{i} & P & \xrightarrow{\pi} & M & \longrightarrow & 0 \\ & & \downarrow{\scriptstyle\alpha} & & \downarrow{\scriptstyle\beta} & & \| & & \\ 0 & \longrightarrow & K' & \xrightarrow{i'} & P' & \xrightarrow{\pi'} & M & \longrightarrow & 0 \end{array}$$

由 P 是投射模, 故存在 $\beta: P \to P'$ 使得 $\pi = \pi'\beta$. 再由 $\pi'\beta i = \pi i = 0$. 故存在 $\alpha: K \to K'$ 使得 $i'\alpha = \beta i$. 我们考虑序列

$$0 \longrightarrow K \xrightarrow{\theta} P \oplus K' \xrightarrow{\psi} P' \longrightarrow 0, \tag{$*$}$$

其中同态 $\theta: x \mapsto (i(x), \alpha(x))$, $\psi: (u, y) \mapsto \beta(u) - i'(y)$. 则显然 θ 是单同态. 对于 $u' \in P'$, 取 $u \in P$ 使得 $\pi(u) = \pi'(u')$, 则 $\pi'(u' - \beta(u)) = 0$. 故存在 $y \in K'$ 使得 $u' - \beta(u) = -i'(y)$. 所以 $u' = \psi((u, y))$, 即 ψ 是满同态. 设 $(u, y) \in \ker\psi$, 则 $\beta(u) = i'(y)$, 所以 $\pi(u) = \pi'\beta(u) = 0$. 故存在 $x \in K$, $u = i(x)$. 因此 $\beta(u) = i'\alpha(x) = i'(y)$. 由 i' 为单射, 故 $\alpha(x) = y$, $(u, x) \in \operatorname{im}\theta$. 另一方面, 显然有 $\psi\theta = 0$, 故 $(*)$ 是正合列. 再由 P' 是投射模即得 $K \oplus P' \cong K' \oplus P$. □

1.3.3　内射模

定义 1.96. 模 E 称为**内射模** (injective module) 是指对任意行正合图表

$$\begin{array}{ccccc} & & E & & \\ & & {\scriptstyle f}\uparrow & \nwarrow{\scriptstyle g} & \\ 0 & \longrightarrow & A & \xrightarrow{i} & B \end{array}$$

存在同态 $g: B \to E$ 使得 $gi = f$.

定理 1.97. 下列条件等价:

(1) E 是内射模.

(2) 任意正合列 $0 \to E \to B \to C \to 0$ 均分裂.

(3) 函子: $M \mapsto \operatorname{Hom}_R(M, E)$ 是正合函子.

证明. (1) $\Rightarrow$ (2). 只需考虑

$$\begin{array}{ccccccccc} & & E & & & & & & \\ & & \uparrow{\scriptstyle 1_E} & & & & & & \\ 0 & \longrightarrow & E & \xrightarrow{i} & B & \longrightarrow & C & \longrightarrow & 0 \end{array}$$

即可.

(2) $\Rightarrow$ (1). 考虑图表

$$\begin{array}{ccccc} & & E & \xrightarrow{\alpha} & D \\ & & {\scriptstyle f}\uparrow & & \uparrow{\scriptstyle\beta} \\ 0 & \longrightarrow & A & \xrightarrow{i} & B \end{array}$$

令 D 是 i 与 f 的推出, 即 $D=(E\oplus B)/S$, 其中

$$S=\{(f(a),-i(a))\mid a\in A\}.$$

由 i 是单同态, 则 α 也是单同态. 故由 (2), E 是 D 的直和项. 令 $q:D\to E$, $q\alpha=1_E$, 则 $g=q\beta$, 满足 $gi=f$.

(1) $\Leftrightarrow$ (3) 是例行公事, 证明略. □

推论 1.98. 若 E 是内射模且是模 M 的子模, 则 E 是 M 的直和项.

命题 1.99. 设 $\{E_i\}_{i\in I}$ 是内射模, 则 $\prod\limits_{i\in I}E_i$ 也是内射模.

证明. 这是因为 $\mathrm{Hom}_R\left(M,\prod\limits_{i\in I}E_i\right)\cong\prod\limits_{i\in I}\mathrm{Hom}_R(M,E_i)$. □

推论 1.100. 内射模的有限直和均是内射模.

定理 1.101 (白尔 (Baer) 判别法). 模 E 是内射模当且仅当对 R 的任意理想 I, 同态 $f:I\to E$ 均可延拓到同态 $g:R\to E$, 即 $g|_I=f$.

证明. $\Rightarrow$. 由定义立得.

$\Leftarrow$. 对于正合列 $0\to A\to B$, 我们视 A 为 B 的子模. 对于同态 $f:A\to E$, 令

$$X=\{(A',g')|A\subseteq A'\subseteq B,\quad g':A'\to E\text{是 } f \text{ 的延拓, 即 } g'|_A=f\}.$$

在集合 X 中我们定义偏序:

$$(A',g')\leqslant(A'',g'')\quad\text{当且仅当 } A'\subseteq A'' \text{ 且 } g''|_{A'}=g'.$$

由于 $(A,f)\in X$, 故 X 非空. 由佐恩引理知 X 中有极大元, 记之为 (A_0,g_0). 如 $A_0\neq B$, 取 $b\in B$, $b\notin A_0$, 定义

$$I=\{r\in R\mid rb\in A_0\}.$$

则 I 是 R 中的真理想. 定义 $h:I\to E,r\mapsto g_0(rb)$. 则由已知条件, 存在模同态 $h^*:R\to E$ 使得 h^* 是 h 的延拓. 令 $A_1=A_0+\langle b\rangle\supsetneqq A$,

$$g_1:A_1\to E,a_0+rb\mapsto g_0(a_0)+rh^*(1),$$

其中 $a_0\in A_0,r\in R$. 若 $a_0+rb=a_0'+r'b$, 则 $(r-r')b=a_0'-a_0\in A_0$. 故 $g_0(a_0'-a_0)=g_0((r-r')b)=h(r-r')=(r-r')h^*(1)$, 所以 g_1 是定义良好的模同态. 容易看出 $g_1|_{A_0}=g_0$, 这与 (A_0,g_0) 的极大性矛盾. □

例 1.102. 若 R 为整环, 则它的商域 $K = \mathrm{Frac}R$ 是内射 R–模. 这是因为对于

$$\begin{array}{ccccc} & & K & & \\ & & \uparrow{\scriptstyle f} & & \\ 0 & \longrightarrow & I & \longrightarrow & R \end{array}$$

总有 $f(ab) = af(b) = bf(a)$, 故 $\frac{f(a)}{a} = \frac{f(b)}{b} = c \in K$ 对于所有 $0 \neq a, b \in I$ 均成立. 我们定义

$$g : R \to K, \quad r \mapsto rc.$$

则 $g|_I = f$.

定义 1.103. 设 R 是整环. 模 D 称为**可除模** (divisible module) 是指对任意 $d \in D$ 和非零 $r \in R$, 存在 $d' \in D$, 使得 $d = rd'$.

例 1.104. (1) 整环 R 的商域 $\mathrm{Frac}R$ 是可除 R–模.

(2) 若 D_1 和 D_2 是可除模, 则 $D_1 \oplus D_2$ 也是可除模; 若 $\{D_i\}_{i\in I}$ 是可除模, 则 $\bigoplus\limits_{i\in I} D_i$ 也是可除模. 特别地, $\mathrm{Frac}R$ 上的线性空间都是可除 R–模.

(3) 可除模的商模是可除模.

引理 1.105. *若 R 是整环, E 是内射模, 则 E 也是可除模.*

证明. 设 $e \in E$, $0 \neq r_0 \in R$. 定义同态 $f : I = (r_0) \to E$, $rr_0 \mapsto re$. 由于 E 是内射模, 存在同态 $h : R \to E$ 是 f 的延拓, 故 $e = f(r_0) = h(r_0) = r_0h(1)$. □

推论 1.106. *若 R 是 PID, 则内射模和可除模两个概念重合.*

证明. 此时只要证可除模也是内射模.

设 $f : I \to E$ 为同态. 由 R 为 PID, $I = (r_0)$. 由 E 是可除模, 故存在 $e \in E$, $r_0e = f(r_0)$. 我们定义

$$h : R \to E, \quad r \mapsto re.$$

则 h 是 f 的延拓. □

1.4　张量积与平坦模

1.4.1　张量积

定义 1.107. 设 R 是交换环, $M_1, \cdots, M_n, N$ 是 R–模. 模映射 $f : M_1 \times \cdots \times M_n \to N$ 称为**多重线性映射**, 是指 f 满足条件

(1) $f(\cdots, x_i + x_i', \cdots) = f(\cdots, x_i, \cdots) + f(\cdots, x_i', \cdots)$ 对任意 $x_i, x_i' \in M_i$ 成立.

(2) $f(\cdots, rx_i, \cdots) = rf(\cdots, x_i, \cdots)$ 对任意 $r \in R$ 成立.

给定环 R 和模 $M_1, \cdots, M_n$, 我们如下定义范畴 $\mathcal{C}$:

(1) $\mathcal{C}$ 的对象是多重线性映射 $f: M_1 \times \cdots \times M_n \to N$.

(2) 两对象间的态射是指 R–模同态 $h: N \to N'$ 使得图表

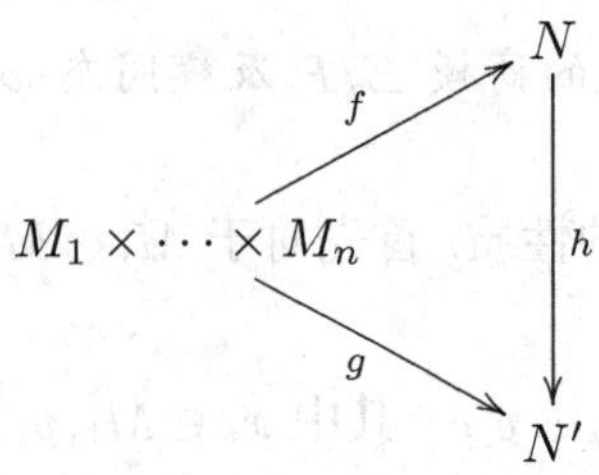

交换, 即 $g = hf$.

定义 1.108. 模 $M_1, \cdots, M_n$ 在 R 上的**张量积** (tensor product) 是范畴 $\mathcal{C}$ 的始对象, 即多重线性映射

$$\varphi: M_1 \times \cdots \times M_n \to U$$

使得对任意多重线性映射 $f: M_1 \times \cdots \times M_n \to N$, 存在唯一 R–模同态 $h: U \to N$ 使得 $f = h\varphi$.

通常记 $U = M_1 \otimes_R \cdots \otimes_R M_n$, 并称之为 $M_1, \cdots, M_n$ 在 R 上的张量积, 记 $\varphi(x_1, \cdots, x_n) = x_1 \otimes \cdots \otimes x_n$, 称之为 $x_1, \cdots, x_n$ 的张量积.

由多重线性映射的定义即知

$$x_1 \otimes \cdots \otimes (x_i + x_i') \otimes \cdots \otimes x_n = x_1 \otimes \cdots \otimes x_i \otimes \cdots \otimes x_n + x_1 \otimes \cdots \otimes x_i' \otimes \cdots \otimes x_n,$$

$$r(x_1 \otimes x_2 \otimes \cdots \otimes x_n) = (rx_1) \otimes x_2 \otimes \cdots \otimes x_n = x_1 \otimes (rx_2) \otimes \cdots \otimes x_n = \cdots.$$

我们的第一个问题是: 范畴 $\mathcal{C}$ 中始对象 U 是否一定存在?

令 E 是集合 $M_1 \times \cdots \times M_n = \{(x_1, \cdots, x_n) \mid x_i \in M_i\}$ 生成的自由 R–模, F 是由形如 $(x_1, \cdots, x_i + x_i', \cdots, x_n) - (x_1, \cdots, x_i, \cdots, x_n) - (x_1, \cdots, x_i', \cdots, x_n)$ 及 $(x_1, \cdots, rx_i', \cdots, x_n) - r(x_1, \cdots, x_n)$ 的元素生成的 E 的子模. 令

$$\varphi: M_1 \times \cdots \times M_n \to E \to E/F, \quad (x_1, \cdots, x_n) \mapsto \overline{(x_1, \cdots, x_n)}.$$

则容易验证 φ 是多重线性映射. 对于任意多重线性映射

$$f: M_1 \times \cdots \times M_n \to N$$

自然定义模映射 $f': E \to N$, $(x_1, \cdots, x_n) \mapsto f(x_1, \cdots, x_n)$. 则容易验证 $F \subseteq \ker(f')$. 故 f' 诱导模映射

$$h: E/F \to N,$$

使得 $f = h\varphi$. 我们有:

命题 1.109. 如上定义的商模 E/F 及模同态 $\varphi: M_1 \times \cdots \times M_n \to E/F$ 是 $M_1, \cdots, M_n$ 的张量积.

我们下面讨论张量积的性质. 首先对于 $M_1 \otimes M_2$, 可以看出它的元素都是有限和

$$\sum_{i=1}^{n} x_i \otimes y_i, \quad \text{其中 } x_i \in M_1, y_i \in M_2.$$

它们满足关系

$$(x + x') \otimes y = x \otimes y + x' \otimes y, \quad x \otimes (y + y') = x \otimes y + x \otimes y',$$
$$(rx) \otimes y = x \otimes (ry) = r(x \otimes y).$$

例 1.110. 令 $R = \mathbb{Z}, M = \mathbb{Z}/m\mathbb{Z}, N = \mathbb{Z}/n\mathbb{Z}$. 若 m 与 n 互素, 则存在整数 k_1 和 k_2 使得 $k_1 m + k_2 n = 1$. 由于 $(mx) \otimes y = 0$ 且 $(nx) \otimes y = x \otimes (ny) = 0$, 故 $(k_1 m + k_2 n) x \otimes y = 0$, 即 $x \otimes y = 0$. 所以当 m 和 n 互素时, $\mathbb{Z}/m\mathbb{Z} \otimes_{\mathbb{Z}} \mathbb{Z}/n\mathbb{Z} = 0$.

例 1.111. 数乘映射 $R \times M \to M$ 是双线性映射, 诱导模同构 $R \otimes_R M \xrightarrow{\sim} M$, $r \otimes m \mapsto rm$, 逆映射是 $m \mapsto 1 \otimes m$.

命题 1.112. 存在唯一同构

$$(M_1 \otimes M_2) \otimes M_3 \xrightarrow{\sim} M_1 \otimes (M_2 \otimes M_3) \xrightarrow{\sim} M_1 \otimes M_2 \otimes M_3,$$

使得

$$(x \otimes y) \otimes z \mapsto x \otimes (y \otimes z) \mapsto x \otimes y \otimes z.$$

证明. 由于 $M_1 \otimes M_2 \otimes M_3$ 由 $x \otimes y \otimes z$ 生成, 唯一性显然成立. 下证存在性. 对于 $x \in M_1$, 考虑

$$\lambda_x: M_2 \times M_3 \longrightarrow (M_1 \otimes M_2) \otimes M_3, \quad (y, z) \longmapsto (x \otimes y) \otimes z.$$

则容易验证 λ_x 是双线性映射, 故它诱导同态

$$\overline{\lambda}_x: M_2 \otimes M_3 \longrightarrow (M_1 \otimes M_2) \otimes M_3, \quad y \otimes z \longmapsto (x \otimes y) \otimes z.$$

再考虑映射

$$M_1 \times (M_2 \otimes M_3) \longrightarrow (M_1 \otimes M_2) \otimes M_3, \quad (x, \alpha) \longmapsto \overline{\lambda}_x(\alpha).$$

故 $(x, y \otimes z) \mapsto (x \otimes y) \otimes z$. 容易验证此映射还是双线性映射, 故它诱导同态

$$M_1 \otimes (M_2 \otimes M_3) \longrightarrow (M_1 \otimes M_2) \otimes M_3, \quad x \otimes (y \otimes z) \longmapsto (x \otimes y) \otimes z.$$

由对称性, 有同态映射

$$(M_1 \otimes M_2) \otimes M_3 \longrightarrow M_1 \otimes (M_2 \otimes M_3), \quad (x \otimes y) \otimes z \longmapsto x \otimes (y \otimes z).$$

上述两映射显然互为逆映射, 即为同构.

同样, 双线性映射

$$M_1 \times (M_2 \otimes M_3) \longrightarrow M_1 \otimes M_2 \otimes M_3, \quad (x, y \otimes z) \longmapsto x \otimes y \otimes z$$

诱导同态 $M_1 \otimes (M_2 \otimes M_3) \to M_1 \otimes M_2 \otimes M_3$, 而三线性映射

$$M_1 \times M_2 \times M_3 \longrightarrow M_1 \otimes (M_2 \otimes M_3), \quad (x, y, z) \longmapsto x \otimes (y \otimes z)$$

诱导同态映射

$$M_1 \otimes M_2 \otimes M_3 \longrightarrow M_1 \otimes (M_2 \otimes M_3), \quad x \otimes y \otimes z \longmapsto x \otimes (y \otimes z),$$

它们互为逆映射. □

命题 1.113. *存在唯一的同构映射* $M \otimes N \xrightarrow{\sim} N \otimes M$, $x \otimes y \mapsto y \otimes x$.

证明. 映射 $M \times N \to N \otimes M$, $(x, y) \mapsto y \otimes x$ 是双线性映射, 故诱导映射 $M \otimes N \to N \otimes M$, $x \otimes y \mapsto y \otimes x$. 由对称性知它显然是同构映射. 而唯一性也是显然的. □

设 $f_i : M_i' \to M_i (1 \leqslant i \leqslant n)$ 是模同态. 则

$$f = \prod_{i=1}^{n} f_i : M_1' \times \cdots \times M_n' \longrightarrow M_1 \times \cdots \times M_n,$$
$$(x_1, \cdots, x_n) \longmapsto (f_1(x_1), \cdots, f_n(x_n))$$

也是模同态. 故有模同态映射

$$M_1' \times \cdots \times M_n' \longrightarrow M_1 \otimes \cdots \otimes M_n,$$
$$x_1, \cdots, x_n \longmapsto f_1(x_1) \otimes \cdots \otimes f_n(x_n).$$

容易验证它是 n 重线性映射, 因此诱导同态

$$\bigoplus_{i=1}^{n} f_i : M_1' \otimes \cdots \otimes M_n' \longrightarrow M_1 \otimes \cdots \otimes M_n,$$

$$x_1 \otimes \cdots \otimes x_n \longmapsto f_1(x_1) \otimes \cdots \otimes f_n(x_n).$$

即有交换图表

$$\begin{array}{ccc} M_1' \times \cdots \times M_n' & \xrightarrow{\varphi'} & M_1' \otimes \cdots \otimes M_n' \\ {\scriptstyle \prod f_i}\downarrow & & \downarrow{\scriptstyle \bigotimes f_i} \\ M_1 \times \cdots \times M_n & \xrightarrow{\varphi} & M_1 \otimes \cdots \otimes M_n \end{array}$$

下面的命题是显然的:

命题 1.114. 设 $f, f_1, f_2 : M' \to M$ 与 $g, g_1, g_2 : N' \to N$ 为同态映射, $r \in R$. 则

$$f \otimes (g_1 + g_2) = f \otimes g_1 + f \otimes g_2,$$

$$(f_1 + f_2) \otimes g = f_1 \otimes g + f_2 \otimes g,$$

$$f \otimes (rg) = (rf) \otimes g = r(f \otimes g).$$

命题 1.115. 直和与张量积可以交换次序, 即对于 R–模 $(M_i)_{i\in I}$ 和 N, 有

$$\left(\bigoplus_{i\in I} M_i\right) \otimes N \cong \bigoplus_{i\in I} (M_i \otimes N).$$

证明. 首先考虑指标集 I 有限情形. 不妨设 $I = \{1, \cdots, n\}$. 此时

$$\left(\bigoplus_{i=1}^{n} M_i\right) \times N \longrightarrow \bigoplus_{i=1}^{n} (M_i \otimes N), \quad ((x_i), y) \longmapsto (x_i \otimes y)$$

是双线性映射, 它诱导同态映射

$$\left(\bigoplus_{i=1}^{n} M_i\right) \otimes N \longrightarrow \bigoplus_{i=1}^{n} (M_i \otimes N), \quad (x_i) \otimes y \longmapsto (x_i \otimes y).$$

反过来, 对于 $i = 1, \cdots, n$, 双线性映射

$$M_i \times N \longrightarrow \left(\bigoplus_{i=1}^{n} M_i\right) \otimes N, \quad (x_i, y) \longmapsto (0, \cdots, x_i, \cdots, 0) \otimes y$$

诱导映射

$$M_i \otimes N \longrightarrow \left(\bigoplus_{i=1}^{n} M_i\right) \otimes N, \quad x_i \otimes y \longmapsto (0, \cdots, x_i, \cdots, 0) \otimes y.$$

再由直和的泛性质, 得到映射

$$\bigoplus_{i=1}^{n}(M_i \otimes N) \to \left(\bigoplus_{i=1}^{n} M_i\right) \otimes N, \quad (x_i \otimes y_i) \mapsto \sum_i (0, \cdots, x_i, \cdots, 0) \otimes y_i.$$

它与前面的映射互为逆映射.

对于一般情形, 一方面, 同样有映射

$$\varphi: \bigoplus_{i\in I}(M_i \otimes N) \to \left(\bigoplus_{i\in I} M_i\right) \otimes N, \quad (x_i \otimes y_i) \mapsto \sum_{i\in I} (0, \cdots, x_i, \cdots, 0) \otimes y_i.$$

对于任意有限子集 $I_0 \subseteq I$, 我们有交换图表

$$\begin{array}{ccc}
\bigoplus\limits_{i\in I}(M_i \otimes N) & \xrightarrow{\varphi} & \left(\bigoplus\limits_{i\in I} M_i\right) \otimes N \\
\Big\uparrow \text{单} & & \Big\uparrow \\
\bigoplus\limits_{i\in I_0}(M_i \otimes N) & \xrightarrow[\varphi|_{I_0}]{\sim} & \left(\bigoplus\limits_{i\in I_0} M_i\right) \otimes N
\end{array}$$

对于 $x = \sum\limits_{i\in I}(m_i \otimes n_i) \in \ker\varphi$, 令 $I_0 = \{i \in I \mid m_i \otimes n_i \neq 0\}$. 若 $I_0 = \varnothing$, 则 $x = 0$. 否则 I_0 有限, 故 $x \in \ker\varphi|_{I_0} = \{0\}$, 所以 φ 是单同态. 另一方面, 对于 $y = \sum\limits_{j=1}^{n}(m_{j,i}) \otimes n_j$, 令 $I_0 = \{i \in I \mid m_{j,i} \neq 0\}$. 若 $I_0 = \varnothing$, 则 $y = 0$, $\varphi(0) = y$. 否则 I_0 为有限集, $y \in \left(\bigoplus\limits_{i\in I_0} M_i\right) \otimes N$. 故存在 $x \in \bigoplus\limits_{i\in I_0}(M_i \otimes N) \subseteq \bigoplus\limits_{i\in I}(M_i \otimes N)$ 使得 $\varphi(x) = y$. 故 φ 为满同态. 综合起来即知 φ 是同构. □

推论 1.116. 若 N 是自由模, $\{v_i\}_{i\in I}$ 是 N 的一组基, 则 $M \otimes N \cong \bigoplus\limits_{i\in I} M$.

证明. 若 $N = Rv_i$, 则 $M \otimes N \to M$, $x \otimes (rv_i) \mapsto rx$ 是同构映射. 一般地,

$$M \otimes N \cong M \otimes \left(\bigoplus_{i\in I} Rv_i\right) \cong \bigoplus_{i\in I}(M \otimes Rv_i) \cong \bigoplus_{i\in I} M. \qquad \square$$

推论 1.117. 若 M, N 均为自由模, 则 $M\otimes N$ 也是自由模, 其秩为 $\operatorname{rank}(M) \times \operatorname{rank}(N)$. 特别地, 对于 k–线性空间 V_1 和 V_2, 它们的张量积 $V_1 \otimes V_2$ 是 $\dim V_1 \times \dim V_2$ 维线性空间.

命题 1.118. 设 $0 \to M' \xrightarrow{i} M \xrightarrow{p} M'' \to 0$ 是正合列, N 是任意模. 则 $N \otimes M' \xrightarrow{i_*} N \otimes M \xrightarrow{p_*} N \otimes M'' \to 0$ 也是正合列, 其中 $i_* = 1_N \otimes i, p_* = 1_N \otimes p$. 换言之, 函子: $M \mapsto N \otimes M$ 是 $\mathcal{R}$–mod 上的右正合协变函子.

证明. 先证 p_* 是满同态. 对任意 $m'' \in M'', n \in N$, 令 $m \in M$, $p(m) = m''$. 则 $p_*(n \otimes m) = n \otimes m''$, 故 p_* 是满的.

对于任意 $m' \in M'$,

$$p_* \circ i_*(n \otimes m') = p_*(n \otimes i(m')) = n \otimes p(i(m')) = 0.$$

故 $p_* \circ i_* = 0$, 所以 $\ker(p_*) \supseteq \operatorname{im}(i_*)$.

要证 $\ker(p_*) = \operatorname{im}(i_*)$, 令 $I = \operatorname{im}(i_*)$, 只要证 $\overline{p}_* : (N \otimes M)/I \to N \otimes M''$ 为同构, 这等价于寻找 $\overline{p}_*$ 的逆映射 $g : N \otimes M'' \to (N \otimes M)/I$. 考虑映射

$$N \times M'' \to (N \otimes M)/I, \quad (n, m'') \mapsto (n \otimes m) + I,$$

其中 $p(m) = m''$. 若 $p(\widetilde{m}) = p(m) = m''$, 则 $p(\widetilde{m} - m) = 0$. 故存在 $m' \in M'$ 使得 $i(m') = \widetilde{m} - m$. 所以 $n \otimes \widetilde{m} - n \otimes m = n \otimes i(m') \in I$, 故上述映射是定义良好的. 容易看出它是双线性映射, 故诱导映射

$$g : N \otimes M'' \to (N \otimes M)/I, \quad n \otimes m'' \mapsto (n \otimes m) + I.$$

它是 $\overline{p}_*$ 的逆映射. □

命题 1.119. 设 M 是 R–模, I 是 R 的理想,则 $M/IM \cong R/I \otimes_R M$.

证明. 考虑

$$R/I \times M \to M/IM, \quad (\overline{a}, x) \mapsto ax + IM,$$

它是双线性映射, 诱导同态

$$R/I \otimes_R M \to M/IM, \quad \overline{a} \otimes x \mapsto ax + IM.$$

另一方面,

$$M \to R/I \otimes_R M, \quad x \mapsto \overline{1} \otimes x$$

为模同态, 其核显然包含 IM. 故我们有同态

$$M/IM \to R/I \otimes_R M, \quad x + IM \mapsto \overline{1} \otimes x.$$

这两个同态互为逆映射, 故得同构. □

1.4.2 平坦模

定义 1.120. 设 F 是 R–模. 称 F 为**平坦模** (flat module) 是指任何正合列 $M' \xrightarrow{i} M \xrightarrow{j} M''$ 均诱导正合列 $F \otimes M' \xrightarrow{i_*} F \otimes M \xrightarrow{j_*} F \otimes M''$.

命题 1.121. 下列命题等价:

(1) F 是平坦模.

(2) 函子: $M \mapsto F \otimes M$ 是正合函子.

(3) 对任意单同态 $i : M' \to M$, 则 $i_* : F \otimes M' \to F \otimes M$ 也是单同态.

证明. (2) 即是说正合列 $0 \to M' \xrightarrow{i} M \xrightarrow{j} M'' \to 0$ 诱导正合列 $0 \to F \otimes M' \xrightarrow{i_*} F \otimes M \xrightarrow{j_*} F \otimes M'' \to 0$. (1) $\Rightarrow$ (2) $\Leftrightarrow$ (3) 是显然的, 我们证 (3) $\Rightarrow$ (1).

由正合列 $M' \xrightarrow{i} M \xrightarrow{j} M''$, 我们有短正合列 $0 \to \operatorname{im} i \to M \to \operatorname{im} j \to 0$. 故有正合列 $0 \to F \otimes \operatorname{im} i \to F \otimes M \to F \otimes \operatorname{im} j \to 0$. 注意到 $\mathrm{id} \otimes j : F \otimes M \to F \otimes \operatorname{im} j \to F \otimes M''$. 由 $\operatorname{im} j \hookrightarrow M''$ 为单同态, 知 $F \otimes \operatorname{im} j \to F \otimes M''$ 是单同态. 故

$$\ker(\mathrm{id} \otimes j) = \ker(F \otimes M \to F \otimes \operatorname{im} j) = F \otimes \operatorname{im} i = \operatorname{im}(\mathrm{id} \otimes i). \qquad \square$$

命题 1.122. (1) R 是平坦 R–模.

(2) 设 $F = \bigoplus_{i \in I} F_i$ 是直和, 则 F 是平坦模当且仅当对每个 $i \in I$, F_i 也是平坦模. 故自由模是平坦模, 平坦模的直和项也是平坦模.

(3) 投射模是平坦模.

证明. (1) 这由 $M \otimes_R R \cong M$ 立得.

(2) 由于 $\left(\bigoplus_{i \in I} F_i\right) \otimes M \cong \bigoplus_{i \in I} (F_i \otimes M)$, 映射 $\left(\bigoplus_{i \in I} F_i\right) \otimes M' \to \left(\bigoplus_{i \in I} F_i\right) \otimes M$ 是单同态等价于 $\bigoplus_{i \in I} (F_i \otimes M' \to F_i \otimes M)$ 是单同态, 也等价于对每个 i, $F_i \otimes M' \to F_i \otimes M$ 是单同态.

(3) 这是由于投射模是自由模的直和项. $\square$

例 1.123. 设 R 是整环, $M \cong R/I$, I 是 R 的非平凡理想, 则 M 不是平坦模. 这是因为单同态 $R \to K = \mathrm{Frac} R$ 诱导零同态 $R/I = R/I \otimes R \to R/I \otimes K = 0$.

引理 1.124. 设 F 是平坦模, 则对于正合列 $0 \to N \to M \to F \to 0$ 及任意 R–模 E, 序列 $0 \to N \otimes E \to M \otimes E \to F \otimes E \to 0$ 也是正合列.

证明. 设 L 为自由模, 且有正合列 $0 \to K \to L \to E \to 0$. 则我们有正合交换图表

$$\begin{array}{ccccccccc}
 & & & & & & 0 & & \\
 & & & & & & \downarrow & & \\
 & & N \otimes K & \longrightarrow & M \otimes K & \longrightarrow & F \otimes K & \longrightarrow & 0 \\
 & & \downarrow & & \downarrow & & \downarrow & & \\
0 & \longrightarrow & N \otimes L & \longrightarrow & M \otimes L & \longrightarrow & F \otimes L & & \\
 & & \downarrow & & \downarrow & & \downarrow & & \\
 & & N \otimes E & \longrightarrow & M \otimes E & \longrightarrow & F \otimes E & & \\
 & & \downarrow & & \downarrow & & \downarrow & & \\
 & & 0 & & 0 & & 0 & &
\end{array}$$

由蛇形引理即得 $N\otimes E\to M\otimes E$ 是单同态. □

命题 1.125. 设 $0\to F'\to F\to F''\to 0$ 是正合列且 F'' 平坦, 则 F 是平坦模当且仅当 F' 平坦. 特别地, 对于正合列

$$0\to F^0\to F^1\to\cdots\to F^n\to 0.$$

若 $F^1,\cdots,F^n$ 均平坦, 则 F^0 也平坦.

证明. 若 $M'\to M$ 是单射, 则有正合交换图表

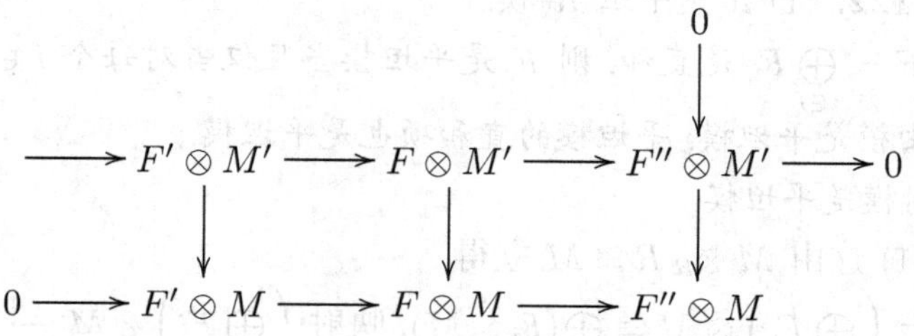

由蛇形引理,

$$\ker(F'\otimes M'\to F'\otimes M)=\ker(F\otimes M'\to F\otimes M),$$

故 F' 平坦等价于 F 平坦.

对于一般情况, 首先有 $\ker(F^{n-1}\to F^n)=\mathrm{im}(F^{n-2}\to F^{n-1})$ 平坦. 由数学归纳法知 $\mathrm{im}(F^i\to F^{i+1})$ 平坦. 特别地, F^0 平坦. □

命题 1.126. F 是平坦模等价于对任意理想 $I\subset R$, 有 $I\otimes F\cong IF$.

我们需要两个引理.

引理 1.127. 若对 E 的任意子模 $E',F\otimes E'\to F\otimes E$ 是单同态, 则对于任意 $E_1'\hookrightarrow E_2'$ 及 $M'\hookrightarrow M$, 其中 E_1',E_2' 为 E 的子模, M 为 E 的商模, 映射 $F\otimes E_1'\to F\otimes E_2'$ 及 $F\otimes M'\to F\otimes M$ 还是单同态.

证明. 对于子模, 这是由于 $F\otimes E_1'\to F\otimes E_2'\hookrightarrow F\otimes E$ 是单同态.

对于商模 M, 令 p 是商映射, $N=\ker p$. 令 $E'=\{x\in E\mid p(x)\in M'\}$, 我们有行正合交换图表

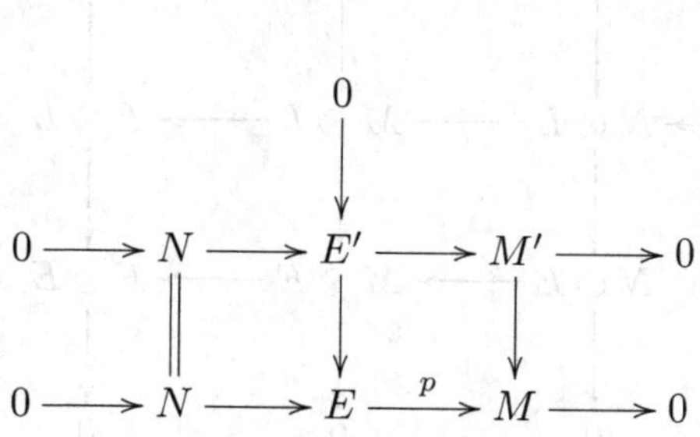

对图表每项 $\otimes F$, 我们有

$$
\begin{array}{ccccccccc}
 & & & & 0 & & & & \\
 & & & & \downarrow & & & & \\
 & & F\otimes N & \longrightarrow & F\otimes E' & \longrightarrow & F\otimes M' & \longrightarrow & 0 \\
 & & \| & & \downarrow & & \downarrow & & \\
0 & \longrightarrow & F\otimes N & \longrightarrow & F\otimes E & \longrightarrow & F\otimes M & & \\
 & & \downarrow & & & & & & \\
 & & 0 & & & & & &
\end{array}
$$

由蛇形引理即知 $F\otimes M' \to F\otimes M$ 是单同态. $\square$

引理 1.128. *若对所有 E_i 及所有 $E_i' \hookrightarrow E_i$ 均有 $F\otimes E_i' \hookrightarrow F\otimes E_i$, 则对所有 $E' \hookrightarrow E = \bigoplus\limits_{i\in I} E_i$ 有 $F\otimes E' \hookrightarrow F\otimes E$.*

证明. 先考虑 $|I| = 2$ 的情形. 设 $E = E_1 \oplus E_2$, 令 $E_1' = E_1 \cap E', E_2' = \operatorname{im}(E' \to E_2)$. 则有正合交换图表

$$
\begin{array}{ccccccccc}
 & & 0 & & 0 & & 0 & & \\
 & & \downarrow & & \downarrow & & \downarrow & & \\
0 & \longrightarrow & E_1' & \longrightarrow & E' & \longrightarrow & E_2' & \longrightarrow & 0 \\
 & & \downarrow & & \downarrow & & \downarrow & & \\
0 & \longrightarrow & E_1 & \longrightarrow & E & \longrightarrow & E_2 & \longrightarrow & 0
\end{array}
$$

它给出正合交换图表

$$
\begin{array}{ccccccccc}
 & & 0 & & & & 0 & & \\
 & & \downarrow & & & & \downarrow & & \\
 & & F\otimes E_1' & \longrightarrow & F\otimes E' & \longrightarrow & F\otimes E_2' & \longrightarrow & 0 \\
 & & \downarrow & & \downarrow & & \downarrow & & \\
0 & \longrightarrow & F\otimes E_1 & \longrightarrow & F\otimes E & \longrightarrow & F\otimes E_2 & &
\end{array}
$$

由蛇形引理, $F\otimes E' \to F\otimes E$ 为单同态. 归纳假设即知对 I 有限的情形成立.

对于一般情形, 要证 $\alpha : F\otimes E' \to \bigoplus\limits_{i\in I}(F\otimes E_i)$ 是单同态. 如 $x \in \ker\alpha$, 我们可以假设 $x = \sum\limits_j m_j \otimes x_j, m_j \in F, x_j \in E'$. 故 x_j 落在 E 的有限多个分量上, 将 $\alpha(x) = \sum\limits_{i\in I} m_i \otimes y_i$ 写成生成元之和, 则可以假设指标集 I 有限从而得到 $x = 0$. $\square$

命题 1.126 的证明. 一方面, 由正合列 $0 \to I \to R \to R/I \to 0$, 若 F 是平坦模, 则 $R/I \otimes F \cong F/(I \otimes F)$. 但 $R/I \otimes F \cong F/IF$.

另一方面, 由上述两引理, 我们知

(1) 对任意 $M' \hookrightarrow \bigoplus_{i\in I} R, F \otimes M' \hookrightarrow F \otimes \left(\bigoplus_{i\in I} R\right)$.

(2) 对于 $\bigoplus_{i\in I} R$ 的任意商模 M 及 $M' \hookrightarrow M$, 有 $F \otimes M' \hookrightarrow F \otimes M$.

但任意模均是自由模的商模, 故命题得证. □

1.4.3 基变换

设 $f: R \to S$ 是交换环的同态, 则 S 自然视为 R–模: $rs = f(r)s$, 且任意 S–模均可视为 R–模.

设 M 是 R–模, 则 $S \otimes_R M$ 是 R–模. 设 $s \in S$, 映射

$$S \times M \to S \otimes_R M, \quad (s', m) \mapsto ss' \otimes m$$

是 R–双线性映射, 故诱导映射

$$\mu_s : S \otimes_R M \to S \otimes_R M, \quad s' \otimes m \mapsto (ss') \otimes m.$$

由此我们得到映射

$$S \times (S \otimes_R M) \to S \otimes_R M, \quad (s, s' \otimes m) \mapsto (ss') \otimes m.$$

容易验证这满足数乘映射的两个性质, 因此 $S \otimes_R M$ 成为 S–模, 记之为 M_S.

例 1.129. 设 $I \subseteq R$ 为理想, $\pi : R \to \overline{R} = R/I$ 为自然商映射. 则 $\overline{M} = R/I \otimes_R M \cong M/IM$ 是 $\overline{R}$–模, 称为 M 模 I 的**约化** (reduction modulo I).

例 1.130. 设 R 为整环, $K = \mathrm{Frac}R$ 为其分式域, $i : R \to K$ 为自然包含映射. 则 $M_K = K \otimes_R M$ 是 K–线性空间.

命题 1.131. 设 M' 是 R–模, M 是 S–模, $f : R \to S$ 为环同态. 则存在 S–模同构映射

$$M \otimes_S M'_S \xrightarrow{\sim} M \otimes_R M'.$$

证明. 首先设 $s \in S$, 则映射

$$M \times M' \to M \otimes_R M', \quad (m, m') \mapsto (sm) \otimes m'$$

是 R–双线性映射, 故有映射

$$\mu_s : M \otimes_R M' \to M \otimes_R M', \quad m \otimes m' \mapsto (sm) \otimes m'.$$

由此定义的映射

$$S \times (M \otimes_R M') \to M \otimes_R M', \quad (s, m \otimes m') \mapsto (sm) \otimes m'$$

是数乘映射. 即 $M \otimes_R M'$ 也是 S–模.

考虑映射

$$M \times M'_S \to M \otimes_R M', \quad (m, s \otimes m') \mapsto (sm) \otimes m'.$$

它是 S–双线性映射, 故诱导 S–模同态

$$\varphi\colon M \otimes_S M'_S \to M \otimes_R M', \quad m \otimes (s \otimes m') \mapsto (sm) \otimes m'.$$

另一方面, $M \otimes_S M'_S$ 作为 S–模, 自然视为 R–模,

$$M \times M' \to M \otimes_S M'_S, \quad (m, m') \mapsto m \otimes (1 \otimes m')$$

是 R–双线性映射, 故得 R–模同态

$$\psi\colon M \otimes_R M' \to M \otimes_S M'_S, \quad m \otimes m' \mapsto m \otimes (1 \otimes m').$$

由于 φ 与 ψ 互为逆映射, 故 φ 与 ψ 是 S–模同构. □

推论 1.132. *设 $R \to S \to T$ 为环同态, 则*

$$M_T = T \otimes_R M \cong T \otimes_S M_S = T \otimes_S (S \otimes_R M).$$

命题 1.133. *设 $R \to A$ 为环同态.*

(1) (*基变换*, bases change). *若 F 是平坦 R–模, 则 $F_A = A \otimes_R F$ 是平坦 A–模.*

(2) *若 A 是平坦 R–模, M 是平坦 A–模, 则 M 视为 R–模也是平坦 R–模.*

证明. (1) 如 $M' \hookrightarrow M$ 为 A–模单同态, 将 M' 与 M 视为 R–模, 有单同态 $M' \otimes_R F \to M \otimes_R F$. 但由上述命题, 我们有交换图表

$$\begin{array}{ccc} M' \otimes_R F & \xrightarrow{\text{单}} & M \otimes_R F \\ \downarrow \wr & & \downarrow \wr \\ M' \otimes_A F_A & \longrightarrow & M \otimes_A F_A \end{array}$$

故 $M' \otimes_A F_A \hookrightarrow M \otimes_A F_A$. 所以 F_A 是平坦 A–模.

(2) 设 $N' \hookrightarrow N$ 为 R–模单同态. 由 A 是平坦 R–模, 则 $N'_A \hookrightarrow N_A = N \otimes_R A$ 是 A–模单同态. 再由 M 是平坦 R–模及交换图表

$$\begin{array}{ccc} M \otimes_A N'_A & \xrightarrow{\text{单}} & M \otimes_A N_A \\ \downarrow \wr & & \downarrow \wr \\ M \otimes_R N' & \longrightarrow & M \otimes_R N \end{array}$$

知 $M \otimes_R N' \to M \otimes_R N$ 是单同态, 故 M 是平坦 R–模. □

1.5 主理想整环上有限生成模的结构定理

1.5.1 模的扭元

我们首先仍然假设 R 是含幺交换环.

定义 1.134. 设 M 是 R–模, $m \in M$. 理想

$$\mathrm{ann}(m) := \{r \in R \,|\, rm = 0\} \subseteq R$$

称为 m 的**零化子** (annihilator) 或**阶** (order). 若 m 的零化子 $\mathrm{ann}(m) \neq 0$, 则 m 称为**有限阶元** (element of finite order) 或**扭元** (**挠元**, torsion element).

可以看出

$$\varphi: R \to M, \quad r \mapsto rm$$

诱导同构 $R/\mathrm{ann}(m) \cong \langle m \rangle$.

定义 1.135. 对于 R–模 M, 子集

$$M_{\mathrm{tor}} := \{m \in M \,|\, m\text{的阶有限}\}.$$

命题 1.136. *若 R 是整环, 则 M_{tor} 是 M 的子模.*

证明. 如 a, b 是扭元, $r \in R$, 设 $s, t \neq 0$, $sa = tb = 0$. 则 $st \neq 0$, $st(a+b) = 0$, $sra = 0$, 故 $a + b$ 与 ra 均是扭元. □

注记. 若 R 不是整环, 则 M_{tor} 不一定有子模结构. 如 $R = \mathbb{Z}/6\mathbb{Z}$, $M = R$, 则 $[3], [4] \in M_{\mathrm{tor}}$ 但 $[3] + [4] = [1] \notin M_{\mathrm{tor}}$.

定义 1.137. 如 $M = M_{\mathrm{tor}}$, M 称为**扭模**或**挠模** (torsion module). 如 $M_{\mathrm{tor}} = 0$, M 称为**无扭模**或**无挠模** (torsion-free module).

命题 1.138. 设 R 为整环. 则

(1) $M/M_{\rm tor}$ 是无扭模.

(2) 若 $M \cong M'$, 则 $M_{\rm tor} \cong M'_{\rm tor}$ 且 $M/M_{\rm tor} \cong M'/M'_{\rm tor}$.

证明. (1) 若 $\overline{m} \in M/M_{\rm tor}$ 是扭元, 则存在 $r \neq 0$, $r\overline{m} = \overline{0}$. 所以 $rm = m' \in M_{\rm tor}$, 存在 $r' \neq 0$, $r'm' = 0$. 故 $r'rm = 0$. 即 $m \in M_{\rm tor}$, $\overline{m} = 0$.

(2) 若 $\varphi : M \to M'$ 为模同态, 则 $\varphi(M_{\rm tor}) \subseteq M'_{\rm tor}$, 即 φ 诱导同态 $M_{\rm tor} \to M'_{\rm tor}$. 若 φ 是同构, 则 φ^{-1} 诱导同态 $M'_{\rm tor} \to M_{\rm tor}$. 这两个诱导同态互为逆映射.

另一方面, 设 $\varphi : M \to M'$ 为同构. 记 $\overline{\varphi}$ 为复合映射 $M \to M' \to M'/M'_{\rm tor}$. 则

$$m \in \ker \overline{\varphi} \Leftrightarrow \varphi(m) \in M'_{\rm tor} \Leftrightarrow m \in \varphi^{-1}(M'_{\rm tor}) = M_{\rm tor}.$$

故 φ 诱导同构 $M/M_{\rm tor} \cong M'/M'_{\rm tor}$. □

注记. 若 $\varphi : M \to M'$ 为单同态, 则诱导的同态 $M_{\rm tor} \to M'_{\rm tor}$ 一定是单同态, 但如 φ 是满同态, 诱导的同态不一定是满同态, 因此函子 $M \mapsto M_{\rm tor}$ 不是正合函子. 一个简单的例子是 $\mathbb{Z}$–模正合列 $0 \to \mathbb{Z} \to \mathbb{Z} \to \mathbb{Z}/2\mathbb{Z} \to 0$ 诱导的序列 $0 \to 0 \to 0 \to \mathbb{Z}/2\mathbb{Z} \to 0$ 不是正合列.

1.5.2 有限生成无扭模

下面到本节结束我们都假设 R 是主理想整环, 即 PID. 在群论学习中, 我们已经知道有限生成阿贝尔群的结构定理, 在线性代数学习中, 我们知道方阵和线性变换的史密斯 (Smith) 标准形. 这两个理论的推广, 就是 PID 上有限生成模的结构定理. 下面的定理对于结构定理的获得至关重要:

定理 1.139. 若 R 是 PID, 则有限生成无扭 R–模都是自由模.

推论 1.140. 若 R 是 PID, F 是有限生成自由 R–模, S 是 F 的子模, 则 S 也是自由模且 $\operatorname{rank}(S) \leqslant \operatorname{rank}(F)$. 特别地, 有限生成投射 R–模是自由模.

推论的证明由下述引理即得.

引理 1.141. 设 R 为 PID, M 是由 n 个元素生成的 R–模. 则 M 的子模 S 可由最多 n 个元素生成.

证明. 我们对 n 作归纳. 当 $n = 1$ 时, M 是循环模. 故 $M \cong R/I$. 如 $S \subseteq M$, 则 $S \cong J/I$ 也是循环模.

如 $M = \langle x_1, \cdots, x_{n+1} \rangle$, 令 $M' = \langle x_1, \cdots, x_n \rangle$. 考虑正合列

$$0 \to S \cap M' \to S \to S/S \cap M' \to 0.$$

则 $S\cap M'$ 是 M' 的子模. 由归纳假设它可由最多 n 个元素生成. 而 $S/S\cap M'\cong (S+M')/M'\subseteq M/M'$ 或者是零模, 此时 S 是 M' 的子模; 或者是循环模, 它由 1 个元素 $\overline{y}$ 生成. 设 $S\cap M'=\langle y_1,\cdots,y_k\rangle$, 其中 $k\leqslant n$. 令 $y\in S$ 是 $\overline{y}$ 的逆元. 则 $k+1$ 元集合 $\{y,y_1,\cdots,y_k\}$ 生成 S. □

定理 1.139 的证明. 设 M 是有限生成无扭模. 记 $\{v_1,\cdots,v_n\}$ 是 M 的一组生成元. 我们对 n 作归纳来证明定理.

(1) 当 $n=1$ 时, M 无扭说明映射 $R\to M, r\mapsto rv_1$ 是同构, 故 M 是自由模.

(2) 如 $M=\langle v_1,\cdots,v_{n+1}\rangle$, 令 $M'=\{m\in M|\ 存在0\neq r\in R, rm\in\langle v_{n+1}\rangle\}$. 则容易验证 M' 是 M 的子模且 M/M' 是无扭的. 事实上, 如 $x\in M/M'$, 若 $r\neq 0$, $r(x+M')=0$, 则 $rx\in M'$. 故存在 $r'\neq 0$, $rr'x\in\langle v_{n+1}\rangle$, 所以 $x\in M'$. 矛盾.

由于 $v_{n+1}\in M'$, 故 M/M' 是由 $\{v_1+M',\cdots,v_n+M'\}$ 生成的无扭模. 由归纳假设, 它是秩 $\leqslant n$ 的自由模. 故正合列 $0\to M'\to M\to M/M'\to 0$ 分裂, $M=M'\oplus M/M'$. 我们只要证明若 $M'\neq 0$, 则 M' 是秩为 1 的自由模即可.

对于 $x\in M'$, 存在 $r\neq 0$, $rx=av_{n+1}$. 我们令

$$\varphi: M'\to K=\mathrm{Frac}R,\quad x\mapsto \frac{a}{r}.$$

则 φ 是定义良好的单同态, $D=\varphi(M')$ 是 K 中有限生成无扭子模. 记 $D=\langle\frac{b_1}{c_1},\cdots,\frac{b_m}{c_m}\rangle$, $c=\prod\limits_{i=1}^{m}c_i$. 则

$$f: D\to R,\quad d\mapsto cd$$

是单同态, $D\cong I=aR$ 是秩为 1 的自由模. □

推论 1.142. 设 R 是 PID, M 是有限生成 R–模. 则

(1) $M\cong (M/M_{\mathrm{tor}})\oplus M_{\mathrm{tor}}$, 其中 M/M_{tor} 是有限生成自由 R–模.

(2) $M\cong M'$ 当且仅当 $M_{\mathrm{tor}}\cong {M'}_{\mathrm{tor}}$ 且 $\mathrm{rank}\,(M/M_{\mathrm{tor}})=\mathrm{rank}\,(M'/{M'}_{\mathrm{tor}})$.

证明. (1) 由于 M/M_{tor} 是有限生成无扭模, 故是自由模, 从而是投射模, 故正合列 $0\to M_{\mathrm{tor}}\to M\to M/M_{\mathrm{tor}}\to 0$ 分裂. 所以我们有 $M\cong (M/M_{\mathrm{tor}})\oplus M_{\mathrm{tor}}$.

(2) 显然. □

推论 1.143. PID 上的平坦模即无扭模.

我们需要一个引理.

引理 1.144. 若模 M 的所有有限生成子模都是平坦模, 则 M 也是平坦模.

证明. 对于正合列 $0 \to N' \xrightarrow{i} N$, 我们要证 $0 \to M \otimes N' \xrightarrow{i_*} M \otimes N$ 也是正合列. 如 $\alpha \in \ker(i_*)$, 令 $\alpha = \sum\limits_{i=1}^{k} m_i \otimes n_i'$. 则

$$\begin{aligned} i_*(\alpha) = 0 = \sum_j c_j[m_j \otimes (n_j + n'_j) - m_j \otimes n_j - m_j \otimes n_j'] + \\ \sum_s c_s[(m_s + m'_s) \otimes n_s - m_s \otimes n_s - m'_s \otimes n_s] + \\ \sum_t c_t[(r_t m_t) \otimes n_t - m_t \otimes (r_t n_t)], \end{aligned}$$

其中下标 j, s, t 均过有限集, $m_j, m_s, m_s', m_t \in M$, $n_j, n_j', n_s, n_t \in N$, $c_j, c_s, c_t, r_t \in R$.

令 $M' = \langle m_j, m_s, m_s', m_t \rangle$. 则 M' 是 M 的有限生成子模, $\alpha \in \ker(M' \otimes N' \xrightarrow{i_*} M' \otimes N) = \{0\}$. 故 $\alpha = 0$. □

推论 1.143 的证明. 一方面, 若 M 是无扭模, 则它的所有有限生成子模都是自由模. 故由引理, M 是平坦模.

另一方面, 若 M 是平坦模. 如 M 有扭元. 设 $0 \neq m \in M$, $0 \neq r \in R$, $rm = 0$. 则 $m \otimes 1 = m \in \ker(M \otimes_R R \to M \otimes \mathrm{Frac}R)$. 矛盾. □

推论 1.140 中的有限生成条件可以去掉:

定理 1.145. 设 R 是 PID, F 是自由 R–模, H 是 F 的子模. 则 H 也是自由模且 $\mathrm{rank}\,(H) \leqslant \mathrm{rank}\,(F)$. 特别地, 投射模即自由模.

证明. 设 $\{x_k \mid k \in K\}$ 是 F 的一组基. 根据选择公理 (良序原理), 不妨设 K 是良序集, 即 K 上有偏序结构且它的任何非空子集有最小元. 对于 $k \in K$, 令 $F_k' = \langle x_j \mid j < k \rangle$, $F_k = \langle x_j \mid j \leqslant k \rangle = F_k' \oplus \langle x_k \rangle$. 则 $F = \bigcup\limits_k F_k$. 令 $H_k' = H \cap F_k'$, $H_k = H \cap F_k$. 则 $H_k/H_k' \subseteq F_k/F_k' \cong R$. 故要么 $H_k/H_k' = 0$, 要么 $H_k/H_k' = \langle \overline{h_k} \rangle$ 对某个 $h_k \in H_k \subseteq H$ 成立. 我们证明: $H = \langle h_k \mid k \in K \rangle$.

设 $H^* = \langle h_k \mid k \in K \rangle$. 自然有 $H \supseteq H^*$. 对于 $f \in F$, 令 $\mu(f)$ 等于最小的 k 使得 $f \in F_k$. 如 $H^* \neq H$, 令

$$j = \min\{\mu(h) \mid h \in H, \quad h \notin H^*\}.$$

选取 $h' \in H$, 使得 $\mu(h') = j$. 则 $h' \in H \cap F_j$. 故 $h' = a + rh_j$ 对某个 $a \in H_j'$ 和 $r \in R$ 成立. 因此 $a \in H$, $a \notin H^*$ 且 $a \in H_j'$ 与 j 的最小性矛盾. 故 $H = H^*$.

我们只要证明 $\{h_k \mid k \in K\}$ 线性无关. 若

$$r_1 h_{k_1} + \cdots + r_n h_{k_n} = 0, \quad k_1 < k_2 < \cdots < k_n,$$

则 $r_n h_{k_n} \in \langle h_{k_n} \rangle \cap H_{k_n}' = 0$. 故 $r_n = 0$. 同理 $r_i = 0$, $i = 1, \cdots, n-1$. □

1.5.3 结构定理

由推论 1.142, 要得到 PID 上有限生成模 M 的结构, 只需知道: (i) M 的秩 $\operatorname{rank}(M)=\operatorname{rank}(M/M_{\mathrm{tor}})$, (ii) 扭子模 M_{tor} 的结构. 我们下面研究扭模的结构.

定义 1.146. 设 $P=(p)$ 是 R 的非零素理想 (换言之, 即极大理想), M 是 R–模. 若对任意 $m\in M$ 存在正整数 n 使得 $p^n m=0$, 则称 M 是 **P–准素模** (P-primary module).

对于任意 R–模 M, M 的 **P–准素部分**定义为

$$M_P=\{m\in M\mid p^n m=0 \text{ 对某正整数 } n \text{ 成立}\}.$$

容易看出 M_P 是 M 的子模.

命题 1.147. *若 M 是扭模, 则* $M=\bigoplus\limits_{P\neq 0}M_P$.

证明. 设 $m\in M$, $m\neq 0$. 记 $\operatorname{ann}(m)=(d)$. 则

$$d=up_1^{e_1}\cdots p_n^{e_n}, \text{其中} p_i \text{ 是互不关联的素元, } u \text{ 是单位.}$$

令 $r_i=\frac{d}{p_i^{e_i}}$. 则由 $p_i^{e_i}\cdot r_i m=0$ 知 $r_i m\in M_{P_i}$, 其中 $P_i=(p_i)$. 由于 $\gcd(r_1,\cdots,r_n)=1$, 故存在 $s_i\in R$, $\sum\limits_{i=1}^n s_i r_i=1$. 所以

$$m=\sum_{i=1}^n s_i r_i m\in\sum_{i=1}^n M_{P_i}\subseteq\langle M_P\mid P \text{ 为非零素理想}\rangle.$$

令 $H_P=\langle M_{P'}\mid P'\neq P\rangle$. 要证 $M=\bigoplus\limits_{P\neq 0}M_P$, 只要证 $H_P\cap M_P=\{0\}$ 即可. 设 $m\in H_P\cap M_P$. 一方面, 由 $m\in M_P$, 故存在 $l\geqslant 1$, $p^l m=0$. 另一方面, 由 $m\in H_P$, 故 $m=\sum\limits_{i=1}^t m_i$, $m_i\in M_{Q_i}$, $Q_i=(q_i)$ 知存在 $w=q_1^{l_1}\cdots q_t^{l_t}$, 使得 $wm=0$. 由于 $(p^l,w)=1$, 故 $m=0$. □

推论 1.148. *设 M 与 M' 是扭模. 则 $M\cong M'$ 当且仅当对任意非零素理想 P, $M_P\cong M'_P$.*

由于 $P=(p)\neq 0$ 是 R 的极大理想, $k_P=R/P$ 是域. 对于任意有限生成 R–模 M, M/PM 是有限生成 k_P–模, 即有限维 k_P–线性空间.

定义 1.149. 设 M 是有限生成 R–模. 定义 M 在 P 处的**深度**

$$\mathrm{d}_P(M)=\dim_{k_P}M/PM.$$

对于 $n\geqslant 1$, 定义

$$U_P(n,M)=\mathrm{d}_P(P^{n-1}M)-\mathrm{d}_P(P^nM).$$

由定义可知, 当 M 是有限生成扭模时, $\mathrm{d}_P(M)=0$ 当且仅当 $M=PM$, 这等价于 M 的 P–准素部分 $M_P=0$.

命题 1.150. 设 M 是有限生成 P–准素模, 则 M 是有限多个循环 P–准素模的直和. 即

$$M\cong\bigoplus_{i=1}^{m}R/P^{e_i},$$

其中 R/P^e 分量出现的次数等于 $U_P(e,M)$, 它由 M 唯一决定.

引理 1.151. 设 $M\neq 0$ 为有限生成 P–准素扭模, $p^{n-1}M\neq 0$, 但 $p^nM=0$. 设 $x\in M$ 使得 $p^{n-1}x\neq 0$. 令 $M_1=\langle x\rangle$, 则

(1) 对所有 $i\geqslant 1$ 有 $M_1\cap p^iM=p^iM_1$.

(2) $\mathrm{d}_P(M)=\mathrm{d}_P(M_1)+\mathrm{d}_P(M/M_1)=1+\mathrm{d}_P(M/M_1)$.

证明. (1) 如 $y=mp^tx=p^iu$, $p\nmid m$, $t\geqslant 0$, $u\in M$, 我们要证 $y=p^iu'$ 对某个 $u'\in M_1$ 成立. 若 $i\geqslant n$, 则 $y=0$, 取 $u'=0$ 即可. 若 $i<n$ 而 $t\geqslant i$, 则 $y=p^i\cdot mp^{t-i}x$. 若 $i<n$ 且 $t<i$, 则

$$p^nu=p^{n-i}\cdot y=mp^{n-i+t}x\neq 0.$$

矛盾.

(2) 由模的同构定理, 我们有

$$\frac{M/M_1}{p(M/M_1)}\cong\frac{M/M_1}{(pM+M_1)/M_1}\cong M/(pM+M_1)\cong\frac{M/pM}{(pM+M_1)/pM},$$

且

$$(pM+M_1)/pM\cong M_1/(pM\cap M_1)=M_1/pM_1,$$

故等式得证. □

命题 1.150 的证明. (1) 首先证明 M 是形如 R/P^e 这样的模的直和. 我们对 $\mathrm{d}_P(M)$ 作归纳.

当 $\mathrm{d}_P(M)=1$ 时, 设 $0\neq x\in M$, 则 $\overline{x}\in M/PM$ 生成 M/PM. 设 $p^nx=0$ 但 $p^{n-1}x\neq 0$. 对任意 $y\in M$, $y=a_0x+py_1$, 其中 $a_0\in R$, $y_1\in M$. 依次递归, 则 $y=(a_0+a_1p+\cdots+a_{n-1}p^{n-1})x$. 故 M 由 x 生成, $M\cong R/P^n$. 所以命题的存在性成立.

假设存在性对于 $\mathrm{d}_P(M)\leqslant k$ 时成立. 考虑 $M_0=\langle x_0\rangle$, 其中 $p^nx_0=0$, 但 $p^{n-1}x_0\neq 0$, $p^nM=0$. 如引理所示, 则

$$\mathrm{d}_P(M/M_0)\leqslant\mathrm{d}_P(M)-1<\mathrm{d}_P(M),$$

由归纳假设, 我们有

- $M/M_0 \cong \bigoplus\limits_{i=1}^{q} \langle \overline{x}_i \rangle$ 为循环模的直和.
- $M_0 = \langle x_0 \rangle \cong R/P^n$ 是循环模.

设 $\overline{x}_i \in M/M_0$ 的阶是 p^{n_i}. 即 $p^{n_i}\overline{x}_i = 0$, 但 $p^{n_i-1}\overline{x}_i \neq 0$. 令 $y_i \in M$ 是 $\overline{x}_i$ 的一个原像, 则 $p^{n_i}y_i \in M_0 \cap p^{n_i}M$. 由引理, 存在 $r_i x_0 \in M_0$, $p^{n_i}y_i = p^{n_i}r_i x_0$. 故 $x_i = y_i - r_i x_0$ 是 $\overline{x}_i$ 的原像, 阶等于 p^{n_i}, 即 $\overline{x}_i$ 的阶, $M_i = \langle x_i \rangle \cong R/p^{n_i}$. 我们有 $M = \langle x_0, x_1, \cdots, x_q \rangle$, 只要证明 M 是 M_i 的直和即可. 如 $r_0x_0 + \cdots + r_qx_q = 0$, 模 M_0 即得 $r_1\overline{x}_1 + \cdots + r_q\overline{x}_q = 0$. 由于 M/M_0 是 $\langle \overline{x}_i \rangle$ 的直和, 故 $r_i\overline{x}_i = 0$ 对于 $1 \leqslant i \leqslant q$ 成立. 由于 x_i 与 $\overline{x}_i$ 同阶, 故 $r_ix_i = 0$ 对于 $1 \leqslant i \leqslant q$ 成立. 所以 $M = \bigoplus\limits_{i=0}^{q} M_i$ 是直和.

(2) 唯一性. 设 $M \cong \bigoplus\limits_{i=1}^{m} R/P^{e_i}$. 对于任意 $e \geqslant 0$, 右边分量中 R/P^{e_i} $(e_i \geqslant e+1)$ 出现的次数即 $\mathrm{d}_P(p^eM)$, 所以分量中 R/P^{e+1} 出现的次数为 $U_P(e,M) = \mathrm{d}_P(p^eM) - \mathrm{d}_P(p^{e+1}M)$, 这个值是由 M 决定的. □

归纳前面的结果, 我们就得到本节的主要定理:

定理 1.152 (主理想整环上有限生成模的结构定理). 设 R 是 PID, M 是有限生成 R–模, 则

$$M \cong R^r \oplus \bigoplus_{0\neq P\text{素}} \bigoplus_{n\geqslant 1} (R/P^n)^{U_P(n,M)},$$

其中

$$r = \mathrm{rank}\,(M) = \lim_{n\to\infty} \mathrm{d}_P(P^nM),$$
$$U_P(n,M) = \dim_{k_P} P^{n-1}M/P^nM - \dim_{k_P} P^nM/P^{n+1}M$$

由 M 唯一确定. 去掉所有 $U_P(n,M) = 0$ 的分量, 则 M 唯一同构于有限和

$$R^r \oplus \bigoplus_{i=1}^{s} \bigoplus_{j=1}^{j_i} R/P_i^{e_{ij}}, \quad P_i = (p_i) \text{ 是非零素理想, } e_{ij} > 0.$$

定义 1.153. 模 M 的**初等因子组**是多重集 $\{p_i^{e_{ij}} | 1 \leqslant i \leqslant s, 1 \leqslant j \leqslant j_i\}$, 其中每个元素 $p_i^{e_{ij}}$ 称为 M 的**初等因子** (elementary divisor). M 的**阶** (order) 是初等因子组所有因子之积 $\prod\limits_{i,j} p_i^{e_{ij}}$.

将 M 的初等因子按相同素因子, 指数由大到小排列

$$p_1^{e_{11}}, p_1^{e_{12}}, \cdots, p_1^{e_{1j_1}}, e_{11} \geqslant \cdots \geqslant e_{1j_1},$$
$$p_2^{e_{21}}, p_2^{e_{22}}, \cdots, p_2^{e_{2j_2}}, e_{21} \geqslant \cdots \geqslant e_{2j_2},$$
$$\cdots\cdots\cdots\cdots$$
$$p_s^{e_{s1}}, p_s^{e_{s2}}, \cdots, p_s^{e_{sj_s}}, e_{s1} \geqslant \cdots \geqslant e_{sj_s}.$$

令 c'_j 为对应第 j 列所有初等因子的乘积, 则 c'_j 总是 c'_{j-1} 的因子. 如最小因子为 c'_t. 令 $c_j = c'_{t-j+1}$, 则 $c_1 \mid c_2 \mid \cdots \mid c_t$. c_t 是第 1 列初等因子之积, c_{t-1} 是第 2 列初等因子之积, $\cdots$, c_1 是第 t 列初等因子之积.

定义 1.154. $\{c_1, \cdots, c_t\}$ 称为 M 的**不变因子** (invariant factor).

根据中国剩余定理, $R/\langle c'_j\rangle = \bigoplus\limits_{i=1}^{s} R/P_i^{e_{ij}}$, 故

推论 1.155. $M_{\mathrm{tor}} \cong R/(c_1) \oplus \cdots \oplus R/(c_t)$.

定义 1.156. 设 R 是交换环, 设 M 是扭 R–模. 则 M 的**零化子**

$$\operatorname{ann}(M) = \{r \in R \,|\, rm = 0\text{对任意}m \in M\text{成立}\}.$$

由定义, $\operatorname{ann}(M) = \bigcap\limits_{m\in M} \operatorname{ann}(m)$ 是 R 的理想. 如 R 是 PID, 再由于

$$M \cong R/(c_1) \oplus \cdots \oplus R/(c_t),$$

我们有

推论 1.157. *若 R 是 PID, M 是扭 R–模, 则 $\operatorname{ann}(M) = (c_t)$.*

1.5.4 从模论观点看史密斯标准形理论

设 R 是 PID, M 是有限生成 R–模, 则我们有正合列

$$0 \to S \to R^n \to M \to 0.$$

根据推论 1.140, S 作为 R^n 的子模是秩 $m \leqslant n$ 的自由模. 设 R^n 的一组基是 $\{e_1, \cdots, e_n\}$, S 的一组基为 $\{f_1, \cdots, f_m\}$. 则

$$f_j = \sum_{i=1}^{n} a_{ij} e_i, \quad a_{ij} \in R.$$

记 A 为 $n \times m$ 矩阵 $(a_{ij})(1 \leqslant i \leqslant n, 1 \leqslant j \leqslant m)$. 则上式可以表示为

$$(f_1, \cdots, f_m) = (e_1, \cdots, e_n)A.$$

这个生成关系式和生成矩阵确定了 M 的表现:

$$M = R^n/S = \langle e_1, \cdots, e_n \,|\, (f_1, \cdots, f_m) = (e_1, \cdots, e_n)A = 0\rangle.$$

若 $\{e'_1, \cdots, e'_n\}$ 和 $\{f'_1, \cdots, f'_m\}$ 分别是 R^n 和 S 的另外一组基, 记

$$(e'_1, \cdots, e'_n) = (e_1, \cdots, e_n)P, \quad (f'_1, \cdots, f'_m) = (f_1, \cdots, f_m)Q,$$

则 P 是 n 阶可逆方阵, Q 是 m 阶可逆方阵, 且

$$(f_1',\cdots,f_m')=(e_1',\cdots,e_n')P^{-1}AQ.$$

这说明基的不同选取得到的生成矩阵在同一个相抵等价类里. 另一方面, 如果 $M=\langle e_1,\cdots,e_n\mid f_1,\cdots,f_m\rangle$, 对应的生成矩阵是 A, $M'=\langle e_1',\cdots,e_n'\mid f_1',\cdots,f_m'\rangle$, 对应的生成矩阵 $A'=P^{-1}AQ$, 令

$$\begin{aligned}
&T_P:\langle e_1,\cdots,e_n\rangle\to\langle e_1',\cdots,e_n'\rangle,\quad (e_1,\cdots,e_n)X\mapsto(e_1',\cdots,e_n')P^{-1}X,\\
&T_Q:\langle f_1,\cdots,f_m\rangle\to\langle f_1',\cdots,f_m'\rangle,\quad (f_1,\cdots,f_m)Y\mapsto(f_1',\cdots,f_m')Q^{-1}Y.
\end{aligned}$$

则行正合交换图表

$$\begin{array}{ccccccccc}
0 & \longrightarrow & \langle f_1,\cdots,f_m\rangle & \longrightarrow & \langle e_1,\cdots,e_n\rangle & \longrightarrow & M & \longrightarrow & 0\\
 & & \big\downarrow{\scriptstyle T_Q} & & \big\downarrow{\scriptstyle T_P} & & \vdots & & \\
0 & \longrightarrow & \langle f_1',\cdots,f_m'\rangle & \longrightarrow & \langle e_1',\cdots,e_n'\rangle & \longrightarrow & M' & \longrightarrow & 0
\end{array}$$

诱导了 M 与 M' 的同构. 我们有

命题 1.158. PID 上有限生成模 M 在同构意义下由生成矩阵 A 的相抵等价类唯一确定.

令 $E_{ij}=(e_{kl})_{n\times n}$, 其中

$$e_{kl}=\delta_{ki}\delta_{lj}=\begin{cases}1, & (k,l)=(i,j),\\ 0, & \text{其他}.\end{cases}$$

令

$$\begin{aligned}
&P_{ij}=I_n-E_{ii}-E_{jj}+E_{ij}+E_{ji},\\
&D_i(\lambda)=I_n+(\lambda-1)E_{ii},\lambda\text{ 是 }R\text{ 中的单位, 即 }\lambda\in R^{\times},\\
&T_{ij}(\lambda)=I_n+\lambda E_{ij},\lambda\in R.
\end{aligned}$$

则由线性代数知识, 我们知道 P_{ij}, $D_i(\lambda)$ 与 $T_{ij}(\lambda)$ 均是 R 上的可逆方阵, 它们的逆分别是 P_{ij}, $D_i(\lambda^{-1})$ 与 $T_{ij}(-\lambda)$. 更进一步地, 对于矩阵的初等行变换:

(R1) 互换矩阵的 i,j 两行, 相当于左乘方阵 P_{ij},

(R2) 将单位 $\lambda\in R^{\times}$ 乘到矩阵第 i 行, 相当于左乘方阵 $D_i(\lambda)$,

(R3) 将矩阵第 j 行的 λ 倍加到第 i 行, 相当于左乘方阵 $T_{ij}(\lambda)$,

及对应的初等列变换:

(L1) 互换矩阵的 i,j 两列, 相当于右乘方阵 P_{ij},

(L2) 将单位 $\lambda \in R^\times$ 乘到矩阵第 i 列, 相当于右乘方阵 $D_i(\lambda)$,

(L3) 将矩阵第 i 列的 λ 倍加到第 j 列, 相当于右乘方阵 $T_{ij}(\lambda)$.

从现在开始, 本节内我们假设 R 是欧几里得整环 (ED, Euclidean domain), 例如 $R = \mathbb{Z}$ 或 $k[X]$.

定理 1.159. 设 R 为 ED, 对任意 $n \times m$ 矩阵 A, 总可以通过初等行和列变换化为

$$\begin{pmatrix} d_1 & & & \\ & \ddots & & \\ & & d_r & \\ & & & O \end{pmatrix}$$

的形式, 其中 $d_1 \mid d_2 \mid \cdots \mid d_r$.

证明. 由 R 是 ED, 我们知存在函数

$$\varphi : R - \{0\} \to \mathbb{Z}_+$$

使得对任意 $a, b \in R$ 且 $a \neq 0$, 存在 $q, r \in R$ 使得 $b = aq + r$ 且满足 $r = 0$ 或 $\varphi(r) < \varphi(a)$. 我们不妨定义 $\varphi(0) = 0$.

若 $A = 0$, 则定理显然成立. 若 $A \neq 0$, 则总可以通过交换第 i 行及第 j 列使得 $a_{11} \neq 0$. 我们对 $\varphi(a_{11})$ 作归纳, 证明如下断言: 可以通过对 A 进行初等变换得到矩阵 $\widetilde{A} = (\widetilde{a}_{ij})$ 使得 $\widetilde{a}_{11} | \widetilde{a}_{ij}$ 对所有 i, j 成立.

若 $\varphi(a_{11}) = 1$, 则 $a_{ij} = q_{ij}a_{11} + r_{ij}$, 知 $r_{ij} = 0$, 故无需对 A 进行初等变换断言已经成立. 现在设 $\varphi(a_{11}) = t \geqslant 2$, 且假设断言对所有 $\varphi(a'_{11}) < t$ 的矩阵 $A' = (a'_{ij})$ 且 $a'_{11} \neq 0$ 均成立. 若 $a_{11} \nmid a_{i1}$, 则 $a_{i1} = q_{i1}a_{11} + r_{i1}, \varphi(r_{i1}) < t$. 对 A 作两次初等行变换 (左乘 $T_{1i}(-q_{i1})$ 及 P_{i1}), 则得到的矩阵 $\widetilde{A} = (\widetilde{a}_{ij})$ 中, 满足 $\varphi(\widetilde{a}_{11}) = \varphi(r_{i1}) < t$. 由归纳假设断言得证. 同理如 $a_{11} \nmid a_{1j}$, 断言也成立. 现在假设 $a_{11} \mid a_{i1}$ 且 $a_{11} \mid a_{1j}$ 对所有 i, j 成立. 通过初等行 (列) 变换, 可设 $a_{i1} = a_{1j} = 0$ 对所有 $i, j > 1$ 成立. 如 $a_{11} \nmid a_{ij}$, 令 $a_{ij} = q_{ij}a_{11} + r_{ij}$. 则作列变换 (右乘 $T_{1j}(1)$), 再作行变换 (左乘 $T_{1i}(-q_{ij})$), 然后再作行变换 (左乘 P_{1i}), 则得到的矩阵 $\widetilde{A} = (\widetilde{a}_{ij})$ 中满足 $\varphi(\widetilde{a}_{11}) = \varphi(r_{ij}) < t$. 由归纳假设断言得证.

由断言, A 经初等行 (列) 变换后得到 $\widetilde{A} = (\widetilde{a}_{ij})$ 且 $\widetilde{a}_{ij}$ 是 $\widetilde{a}_{11}$ 的倍数, 令 $\widetilde{a}_{ij} = \widetilde{q}_{ij}\widetilde{a}_{11}$, 对 $\widetilde{A}$ 作初等行变换 (左乘 $T_{1i}(-q_{i1})$) 和列变换 (右乘 $T_{1j}(-q_{1j})$), 得到矩阵

$$\widetilde{A} = \begin{pmatrix} \widetilde{a}_{11} & 0 \\ 0 & \widetilde{A}_1 \end{pmatrix}$$

且 $\widetilde{A}_1$ 中所有元素均是 $\widetilde{a}_{11}$ 的倍数. 我们再作归纳, 即知 A 经初等行 (列) 变换后会变成如下形式

$$A' = \begin{pmatrix} d_1 & & & \\ & \ddots & & \\ & & d_r & \\ & & & O \end{pmatrix}, \quad d_1 \mid d_2 \mid \cdots \mid d_r.$$

定理得证. □

注记. 由定理 1.159 容易看出, ED 上的可逆方阵均是初等矩阵的乘积, 这与域上可逆方阵的情况是一样的.

定理 1.160. 设 R 为 ED, M 是有限生成 R–模, A 为其生成矩阵. 若 A 经过初等变换得到史密斯标准形矩阵

$$A' = \begin{pmatrix} d_1 & & & \\ & \ddots & & \\ & & d_r & \\ & & & O \end{pmatrix},$$

则

$$M \cong R^{n-m} \oplus R/(d_1) \oplus \cdots \oplus R/(d_r).$$

故 $\{d_1, \cdots, d_r\}$ 恰为 M 的不变因子.

下面我们给出 $k[x]$–模 M 的一个表现.

设 V 是 k–线性空间, 基是 $\{e_1, \cdots, e_n\}$. 设 $T: V \to V$ 是线性变换, A 是 T 在基 $\{e_1, \cdots, e_n\}$ 下的矩阵. 回忆 $k[x]$–模 V^T, 即由如下数乘

$$k[x] \times V \to V, \quad (f(x), v) \mapsto f(T)v$$

决定的模.

令 $V[x] = \left\{ \sum\limits_{i \geqslant 0} x^i v_i \,\middle|\, v_i \in V \right\}$, 其上数乘为

$$k[x] \times V[x] \longrightarrow V[x], \quad \left(x^i, \sum_{j \geqslant 0} x^j v_j \right) \longmapsto \sum_{j \geqslant 0} x^{i+j} v_j.$$

则 $V[x]$ 是由 $\{e_1, \cdots, e_n\}$ 生成的自由 $k[x]$–模.

定理 1.161. 我们有正合列

$$0 \longrightarrow V[x] \xrightarrow{\lambda} V[x] \xrightarrow{\pi} V^T \longrightarrow 0,$$

其中

$$\lambda(x^i v) = x^{i+1}v - x^i T(v), \quad \pi(x^i v) = T^i(v),$$

且 λ 在基 $\{e_1, \cdots, e_n\}$ 下的矩阵是 $xI - A$.

证明. (1) 先证 π 是满射: $T^0(v) = v = \pi(v)$.

(2) 其次 $\pi \circ \lambda(x^i v) = \pi(x^{i+1}v) - \pi(x^i T(v)) = T^{i+1}(v) - T^i(T(v)) = 0$. 故 $\operatorname{im}\lambda \subseteq \ker \pi$.

(3) 若 $u = \sum\limits_{i=0}^{m} x^i v_i \in \ker \pi$, 则 $\sum\limits_{i=0}^{m} T^i(v_i) = 0$, 故 $u = \sum\limits_{i=0}^{m} (x^i v_i - T^i(v_i))$. 但 $x^i v_i - T^i(v_i) = \sum\limits_{j=0}^{i-1} \lambda(x^{i-1-j} T^j(v_i)) \in \operatorname{im}\lambda$, 故 $\operatorname{im}\lambda = \ker \pi$.

(4) 最后证明 λ 是单射. 设 $u = \sum\limits_{i=0}^{m} x^i v_i \in \ker \lambda$. 若 $u \neq 0$, 则不妨设 $x^m v_m \neq 0$, 故 $x^{m+1} v_m \neq 0$. 所以 $0 = \lambda(u) = \sum\limits_{i=0}^{m} (x^{i+1} v_i - x^i T(v_i)) = x^{m+1} v_m - x^m T(v_m) + \sum\limits_{i=0}^{m-1} (x^{i+1} v_i - x^i T(v_i)) \neq 0$. 矛盾! 故 $u = 0$, 即 λ 是单射. □

推论 1.162. A 和 B 相似当且仅当 $xI - A$ 与 $xI - B$ 相抵.

证明. 如 A 和 B 相似, 显然有 $xI - A$ 与 $xI - B$ 相抵.

反之, 若 $xI - A$ 与 $xI - B$ 相抵, 不妨设

$$xI - B = P(xI - A)Q.$$

设线性变换 $T_1 : V \to V$ 在基 $\{e_1, e_2, \cdots, e_n\}$ 下由矩阵 A 给出, T_2 在基 $\{e_1, e_2, \cdots, e_n\}$ 下由矩阵 B 给出. 则我们有行正合交换图表

$$\begin{array}{ccccccccc}
0 & \longrightarrow & V[x] & \xrightarrow{\lambda_{T_1}} & V[x] & \xrightarrow{\pi_{T_1}} & V^{T_1} & \longrightarrow & 0 \\
 & & \downarrow{\scriptstyle Q^{-1}} & & \downarrow{\scriptstyle P} & & \downarrow & & \\
0 & \longrightarrow & V[x] & \xrightarrow{\lambda_{T_2}} & V[x] & \xrightarrow{\pi_{T_2}} & V^{T_2} & \longrightarrow & 0
\end{array}$$

由于图表前两列均是同构, 故我们得到 V^{T_1} 到 V^{T_2} 的同构映射. 由命题 1.9, A 与 B 相似. □

由矩阵 $xI - A$ 的史密斯标准形即得

推论 1.163 (空间分解定理). 作为 $k[x]$–模,

$$V^T \cong k[x]/(c_1) \oplus \cdots \oplus k[x]/(c_r),$$

这里:

(1) $c_1c_2\cdots c_r$ 等于非零常数乘 A 的特征多项式 $\det(xI-A)$.

(2) c_r 是 A 的最小多项式.

(3) $\{c_1,c_2\cdots,c_r\}$ 是 A 的不变因子.

第一章习题

下面习题中我们都假设 R 是交换环.

习题 1.1. 设 X 是模 M 的子集. 证明: X 所生成的子模 $\langle X\rangle$ 是所有包含 X 的子模之交.

习题 1.2. 设 J 是 R 的理想. 对于 R–模 M, 证明: M/JM 在数乘

$$(r+J)(m+JM)=rm+JM$$

下是 R/J–模. 由此推出如果 $JM=\{0\}$, 那么 M 自身是 R/J–模; 特别地, 如果 J 是 R 的极大理想且 $JM=\{0\}$, 那么 M 是 R/J 上的线性空间.

习题 1.3. 设 A, B 和 A' 是 M 的子模. 证明: 若 $A'\subseteq A$, 则 $A\cap(B+A')=(A\cap B)+A'$.

习题 1.4. 对于 R–模 M, 证明:

$$\varphi_M:\mathrm{Hom}_R(R,M)\longrightarrow M,\quad f\longmapsto f(1)$$

是 R–同构.

习题 1.5. 设 A 是 B 的子模. 证明: 若 A 与 B/A 是有限生成模, 则 B 也是有限生成模. 这个命题反过来是否正确?

习题 1.6. 设 R 为环, $f(x)\in R[x]$ 是次数为 n 的首一多项式. 证明: $R[x]/(f)$ 是秩为 n 的自由 R–模.

习题 1.7. 如序列 $0\to M\to 0$ 是正合列, 证明: $M=0$.

习题 1.8. 设 $A\xrightarrow{f}B\xrightarrow{g}C$ 是模同态序列. 证明: $gf=0$ 当且仅当 $\operatorname{im}f\subseteq\ker g$. 给出一个这样的非正合序列的例子.

习题 1.9. 设 $0\to A\to B\to C\to 0$ 为模的短正合列. 如 M 为任意模, 证明: 存在正合序列

$$0\to A\oplus M\to B\oplus M\to C\to 0$$

及

$$0\to A\to B\oplus M\to C\oplus M\to 0.$$

习题 1.10. 设 $V_i(0 \leqslant i \leqslant n)$ 是有限维 k–线性空间, $0 \to V_0 \to V_1 \to \cdots \to V_n \to 0$ 是 k–线性空间正合列. 证明: $\sum\limits_{i=0}^{n}(-1)^i \dim_k V_i = 0$.

习题 1.11. 如 $A \xrightarrow{f} B \to C \xrightarrow{h} D$ 为模正合列, 证明: f 为满射当且仅当 h 为单射.

习题 1.12. 设 $A \xrightarrow{f} B \xrightarrow{g} C \xrightarrow{h} D \xrightarrow{k} E$ 是模正合列. 证明: 存在短正合列

$$0 \longrightarrow \operatorname{coker} f \xrightarrow{\alpha} C \xrightarrow{\beta} \ker k \longrightarrow 0,$$

其中 $\alpha(b + \operatorname{im} f) = g(b), \beta(c) = h(c)$.

习题 1.13. 证明: 模短正合列 $0 \to A \xrightarrow{i} B \xrightarrow{p} C \to 0$ 分裂当且仅当存在 $q : B \to A$ 使得 $qi = 1_A$.

习题 1.14. 证明: 线性空间短正合列都是分裂的.

习题 1.15. 证明:

(1) 映射 $\varphi : B \to C$ 为单射当且仅当对任意 $f, g : A \to B$, $\varphi f = \varphi g$ 给出 $f = g$.

(2) 映射 $\varphi : B \to C$ 为满射当且仅当对任意 $h, k : C \to D$, $h\varphi = k\varphi$ 给出 $h = k$.

习题 1.16 (中国剩余定理, Chinese remainder theorem). 设 A_i $(1 \leqslant i \leqslant n)$ 是 R 的理想, 且满足对任意 $1 \leqslant i \neq j \leqslant n$, $A_i + A_j = R$. 设 M 是 R–模. 证明: 映射 $\varphi : M \to \prod\limits_{i=1}^{n} M/A_iM$, $m \mapsto (m + A_iM)_{1 \leqslant i \leqslant n}$ 诱导同构

$$M \Big/ \left(\prod_{i=1}^{n} A_i\right) M \longrightarrow \prod_{i=1}^{n} M/A_iM.$$

习题 1.17. 设 $\{M_i\}_{i \in I}$ 是一族 R–模, 对于每个 $i \in I$, N_i 是 M_i 的子模. 证明:

$$\left(\bigoplus_{i \in I} M_i\right) \Big/ \left(\bigoplus_{i \in I} N_i\right) \cong \bigoplus_{i \in I} (M_i/N_i).$$

习题 1.18. 设 $f : M \to N$, $g : M \to 0$ 和 $h : 0 \to N$ 是 R–模同态. 试求 f 与 g 的推出和 f 与 h 的拉回.

习题 1.19. (1) 给定 R–模范畴推出图表

$$\begin{array}{ccc} A & \xrightarrow{g} & C \\ {\scriptstyle f}\downarrow & & \downarrow{\scriptstyle \beta} \\ B & \xrightarrow[\alpha]{} & D \end{array}$$

证明: 若 g 是单射, 则 α 是单射; 若 g 是满射, 则 α 是满射.

(2) 给定 R–模范畴拉回图表

$$\begin{array}{ccc} D & \xrightarrow{\alpha} & C \\ {\scriptstyle\beta}\downarrow & & \downarrow{\scriptstyle g} \\ B & \xrightarrow[f]{} & A \end{array}$$

证明: 若 f 是单射, 则 α 是单射; 若 f 是满射, 则 α 是满射.

习题 1.20. 在 R–模范畴中证明: $0 \to M' \to M \to M''$ 是正合列当且仅当对任意 R–模 N, $0 \to \mathrm{Hom}(N, M') \to \mathrm{Hom}(N, M) \to \mathrm{Hom}(N, M'')$ 是正合列.

习题 1.21 (五引理, five lemma). 考虑如下 R–模交换图表:

$$\begin{array}{ccccccccc} M_1 & \longrightarrow & M_2 & \longrightarrow & M_3 & \longrightarrow & M_4 & \longrightarrow & M_5 \\ {\scriptstyle f_1}\downarrow & & {\scriptstyle f_2}\downarrow & & {\scriptstyle f_3}\downarrow & & {\scriptstyle f_4}\downarrow & & {\scriptstyle f_5}\downarrow \\ N_1 & \longrightarrow & N_2 & \longrightarrow & N_3 & \longrightarrow & N_4 & \longrightarrow & N_5 \end{array}$$

其中行都是正合列. 证明:

(1) 如果 f_1 是满射, 而 f_2 与 f_4 是单射, 那么 f_3 是单射.

(2) 如果 f_5 是单射, 而 f_2 与 f_4 是满射, 那么 f_3 是满射.

习题 1.22. 给出 R–模交换图表

$$\begin{array}{ccccccccc} M_1 & \longrightarrow & M_2 & \longrightarrow & M_3 & \longrightarrow & M_4 & \longrightarrow & M_5 \\ {\scriptstyle f_1}\downarrow & & {\scriptstyle f_2}\downarrow & & & & {\scriptstyle f_4}\downarrow & & {\scriptstyle f_5}\downarrow \\ N_1 & \longrightarrow & N_2 & \longrightarrow & N_3 & \longrightarrow & N_4 & \longrightarrow & N_5 \end{array}$$

的例子, 其中行都是正合列, f_1, f_2, f_4 和 f_5 是同构, 但不存在映射 $f_3 : M_3 \to N_3$ 使得图表交换.

习题 1.23. 考虑如下 R–模交换图表:

$$\begin{array}{ccccccc} A' & \longrightarrow & A & \longrightarrow & A'' & \longrightarrow & 0 \\ \downarrow & & \downarrow & & \downarrow & & \\ B' & \longrightarrow & B & \longrightarrow & B'' & \longrightarrow & 0 \\ \downarrow & & \downarrow & & \downarrow & & \\ C' & \longrightarrow & C & \longrightarrow & C'' & \longrightarrow & 0 \\ \downarrow & & \downarrow & & \downarrow & & \\ 0 & & 0 & & 0 & & \end{array}$$

其中行与列都是正合列. 证明:

(1) 如果 $A'' \to B''$ 和 $B' \to B$ 是单射, 那么 $C' \to C$ 是单射.

(2) 如果 $C' \to C$ 和 $A \to B$ 是单射, 那么 $A'' \to B''$ 是单射.

习题 1.24. 证明: 同构一定是双射. 在集合范畴 $\mathcal{S}$ets 中, 双射也是同构.

习题 1.25. 设 $\mathcal{A}$ 是阿贝尔范畴. $\mathcal{A}$ 的链复形范畴 $C(\mathcal{A})$ 如下给出:

- $C(\mathcal{A})$ 的对象是链复形 $A^\bullet = (\cdots \to A^{i-1} \xrightarrow{d_{i-1}} A^i \xrightarrow{d_i} A^{i+1} \to \cdots)$, 其中 $d_i \circ d_{i-1} = 0$ 对所有 $i \in \mathbb{Z}$ 成立.
- $C(\mathcal{A})$ 的态射 $f : A^\bullet \to B^\bullet$ 是态射族 $f = (f_i)_{i\in\mathbb{Z}}, f_i : A^i \to B^i, f_{i+1}d_i = d_i f_i$.

证明: $C(\mathcal{A})$ 也是阿贝尔范畴.

习题 1.26. 设 V 是 k–线性空间, V^* 是它的对偶空间. 证明: 函子 $V \mapsto V^*$ 是反变正合函子.

习题 1.27. 在阿贝尔群范畴 $\mathcal{A}$b 中, 定义 $G^* = \mathrm{Hom}_{\mathbb{Z}}(G, \mathbb{Q}/\mathbb{Z})$. 证明:

(1) 如果 G 是有限阿贝尔群, 那么 $G \cong G^*$.

(2) 如果 $0 \to A \to B \to C \to 0$ 是阿贝尔群正合列, 那么 $0 \to C^* \to B^* \to A^* \to 0$ 还是正合列.

习题 1.28. 设 I 是 R 的理想. 证明: 若 M 是自由 R–模, 则 M/IM 是自由 R/I–模.

习题 1.29. 证明命题 1.91.

习题 1.30. 在阿贝尔范畴中, 证明: 短正合列 $0 \to A \xrightarrow{i} B \xrightarrow{p} C \to 0$ 分裂当且仅当存在同态 $q : B \to A$ 使得 $qi = 1_A$.

习题 1.31. 在阿贝尔范畴中, 设 $A \xrightarrow{f} B \to C \xrightarrow{g} D$ 是正合列. 证明: f 是满射当且仅当 g 是单射.

习题 1.32. 证明:

(1) R–模范畴中零模 0 是零对象.

(2) 在集合范畴中, 空集是始对象, 独点集是终对象, 但它没有零对象.

习题 1.33. 完成例 1.67 的证明.

习题 1.34. 证明命题 1.80.

习题 1.35. 设 R 是整环, M 是自由 R–模. 证明: 若 $rm = 0$, 其中 $r \in R$ 而 $m \in M$, 则 $r = 0$ 或者 $m = 0$.

习题 1.36. 设 R 是整环. 证明:

(1) 设 I 和 J 是 R 中的非零理想, 则 $I \cap J \neq \{0\}$.

(2) 如果理想 I 还是自由 R–模, 那么 I 是主理想.

习题 1.37. 证明: 内射模的直和项还是内射模.

习题 1.38. 证明:

(1) 投射模的直和还是投射模.

(2) 投射模的直和项还是投射模.

习题 1.39. 设 R 是整环. 证明:

(1) 若 R 在 R–模范畴中是内射模, 则 R 是域.

(2) 若 R 不是域, 则 R–模范畴中既是投射模又是内射模的模只能是零模.

习题 1.40. 证明: 环 $\mathbb{Z}/6\mathbb{Z}$ 作为 $\mathbb{Z}/6\mathbb{Z}$–模, 既是投射模又是内射模.

习题 1.41. 证明: R–模 E 是内射模当且仅当对 R 的任意理想 I, 正合列 $0 \to E \to B \to R/I \to 0$ 均分裂.

习题 1.42. 设 $a \in R$ 不是零除子 (即不存在 $b \neq 0, b \in R, ab = 0$). 证明: 对任意平坦 R–模 F, 不存在非零元 $x \in F$, 使得 $ax = 0$.

习题 1.43. 设 R 是整环, Q 是它的分式域. 证明: $Q/R \otimes_R Q/R = 0$.

习题 1.44. 设 $(m, n) = 1$, 我们知道 $\mathbb{Z}/m\mathbb{Z} \otimes_{\mathbb{Z}} \mathbb{Z}/n\mathbb{Z} = 0$. 对于一般的 m 和 n, 有何结论?

习题 1.45. 设 M, N 是平坦模. 证明: $M \otimes N$ 也是平坦模.

习题 1.46. 设 R 是整环. 证明: 平坦 R–模都是无扭模.

习题 1.47. 设 $f : R \to S$ 为交换环间的同态, M 是 R–模, N 是 S–模 (故 N 存在自然 R–模结构, 记为 N_R). 证明: 存在典范同构

$$\mathrm{Hom}_S(S \otimes_R M, N) \cong \mathrm{Hom}_R(M, N_R).$$

习题 1.48. 设 k 是域, $f(x)$ 是 k 上不可约多项式, α 是 $f(x)$ 的一个根. 证明: 对于 k 的域扩张 k', 我们有 $k(\alpha) \otimes k' \cong k'[x]/(f(x))$.

习题 1.49. 设 R 是整环, $0 \to M' \to M \to M'' \to 0$ 是正合列. 证明: 若 M' 可除或者 M'' 无扭, 则 $0 \to M'_{\mathrm{tor}} \to M_{\mathrm{tor}} \to M''_{\mathrm{tor}} \to 0$ 还是正合列.

习题 1.50. 设 k 是域, $R = k[x, y]$ 是 k 上二元多项式环, $I = (x, y)$ 是 R 中的理想.

(1) 求 I/I^2 与 $(I/I^2) \otimes_R (I/I^2)$ 作为 R–模的结构.

(2) 证明: $x \otimes y - y \otimes x \in I \otimes_R I$ 非零.

(3) 试求 $x \otimes y - y \otimes x$ 的零化子, 从而证明 $I \otimes_R I$ 不是无扭模.

(4) 证明: I 不是平坦 R–模.

习题 1.51. 设 $G = \prod\limits_p \mathbb{Z}/p\mathbb{Z}$ 为所有素域 $\mathbb{Z}/p\mathbb{Z} = \mathbb{F}_p$ (即 p 过所有素数) 的直积.

(1) 证明: $G_{\mathrm{tor}} = \bigoplus\limits_p \mathbb{Z}/p\mathbb{Z}$.

(2) 证明: G/G_{tor} 是可除群.

(3) 证明: $\mathrm{Hom}_{\mathbb{Z}}(\mathbb{Q}, G) = 0$ 但 $\mathrm{Hom}_{\mathbb{Z}}(\mathbb{Q}, G/G_{\mathrm{tor}}) \neq 0$, 由此证明 G/G_{tor} 不是 G 的直和项.

习题 1.52. 设 R 是 PID, M 是 R 的扭模. 证明:

$$\mathrm{Hom}_R(M,M)\cong\prod_P \mathrm{Hom}_R(M_P,M_P),$$

其中 M_P 是 M 的 P–准素部分.

习题 1.53. 设 V 为 2 维 $\mathbb{F}_p$–线性空间. 证明: V 的所有 1 维子空间的集合与 $\mathbb{P}^1(\mathbb{F}_p)=(\mathbb{F}_p^2-\{(0,0)\})/\sim$ 一一对应, 其中等价关系 $(x,y)\sim(x',y')$ 是指存在 $0\neq\lambda\in\mathbb{F}_p$ 使得 $(x',y')=(\lambda x,\lambda y)$.

习题 1.54. 设 M 是有限生成阿贝尔群, 证明: 加法群 $\mathrm{End}_{\mathbb{Z}}(M)$ 也是有限生成阿贝尔群.

习题 1.55. 设 V 是 5 维实空间, 且通过线性变换 $T:V\to V$ 成为 $\mathbb{R}[x]$–模. 给出 V 作为 $\mathbb{R}[x]$–模的结构.

习题 1.56. 设 R 是 PID, p 是 R 的素元, M 是 R 的扭模. 证明: 若 $p\in\mathrm{ann}(m)$ 对某个 $0\neq m\in M$ 成立, 则 $\mathrm{ann}(M)\subseteq(p)$.

习题 1.57. 设 R 是 PID. 证明:

(1) 若 A,B,C 是有限生成 R–模, $A\oplus B\cong A\oplus C$, 则 $B\cong C$.

(2) 若 A,B 是有限生成 R–模, $A\oplus A\cong B\oplus B$, 则 $A\cong B$.

习题 1.58. 设 R 是 PID, M 是 R–模. 子模 $S\subseteq M$ 称为**纯子模**是指对任意 $r\in R$, 均有 $S\cap rM=rS$. 证明:

(1) 若 p 为非零素元, M 是准素 (p)–模, 则 S 是 M 的纯子模当且仅当对所有 $n\geqslant 0$, $S\cap p^nM=p^nS$.

(2) M 的直和项是 M 的纯子模.

(3) M 的扭子模 M_{tor} 是 M 的纯子模.

(4) 如果 M/S 无扭, 那么 S 是 M 的纯子模.

(5) 设 X 是 M 的纯子模构成的集合族, 且满足条件: $S,S'\in X$, 则 $S\subseteq S'$ 或者 $S'\subseteq S$. 则 $\bigcup\limits_{S\in X} S$ 是 M 的纯子模.

习题 1.59. 设 R 是 PID, M 是有限生成 R–模. 证明: S 是 M 的纯子模当且仅当 S 是 M 的直和项.

习题 1.60. 设 R 是 PID, $P=(p)$ 是 R 的一个非零素理想, $k_P=R/P$ 是其商域. 对于 R–模 M, 定义 $M[p]=\{m\in M\mid pm=0\}$. 对于 $n\geqslant 0$, 定义

$$V_P(n,M)=\dim_{k_P}\left(\frac{p^nM\cap M[p]}{p^{n+1}M\cap M[p]}\right).$$

证明:

(1) 如果 M 是有限生成模, 那么 $U_P(n,M)=V_P(n,M)$.

(2) 如果 M 和 N 是形如 R/P^e 的循环模的直和, 那么 $M \cong N$ 当且仅当对任意 n, $V_P(n, M) = V_P(n, N)$.

习题 1.61. 设 k 是域, M 是有限生成 $k[x]$–扭模. 如果 M 的阶是 $(x-1)^3(x+1)^2$, 试求 M 的所有可能结构, 并给出它的初等因子组和对应的不变因子.

第二章 交换代数初步

本章出现的环均是含幺交换环. 对于环 R, $R^{\times}$ 是指它的乘法单位群, R 的素谱 $\operatorname{Spec} R$ 是 R 中所有素理想构成的集合, R 的极大谱 $\operatorname{Max} R$ 是 R 中所有极大理想构成的集合.

2.1 诺特环与诺特模, 阿廷环与阿廷模

2.1.1 诺特环与诺特模

定义 2.1. 若交换环 R 的所有理想均是有限生成的, 则称 R 是 **诺特环** (Noetherian ring).

命题 2.2. 设 R 是交换环. 则下列条件等价:

(1) R 满足**升链条件** (ascending chain condition, 简称 ACC), 即 R 中的理想升链

$$I_1 \subseteq I_2 \subseteq \cdots \subseteq I_n \subseteq \cdots$$

必稳定, 也就是说存在整数 N, 当 $n \geqslant N$ 时, $I_n = I_N$.

(2) R 满足**极大性条件** (maximality condition), 即由 R 中理想构成的任意非空理想集合族 $\mathcal{F}$ 均有极大元, 亦即存在 $I_0 \in \mathcal{F}$ 使得对任意 $I \in \mathcal{F}$, $I \neq I_0$, 均有 $I_0 \not\subseteq I$.

(3) R 是诺特环.

证明. (1) $\Rightarrow$ (2). 设 $\mathcal{F}$ 非空. 如果 $\mathcal{F}$ 没有极大元, 任取 $I_1 \in \mathcal{F}$, 故存在 $I_2 \in \mathcal{F}$, 使得 $I_1 \subsetneqq I_2$; 再取 $I_3 \in \mathcal{F}$, 使得 $I_2 \subsetneqq I_3$; 依此类推, 这样我们得到无穷长不稳定理想升链

$$I_1 \subsetneqq I_2 \subsetneqq I_3 \subsetneqq \cdots \subsetneqq I_n \subsetneqq I_{n+1} \subsetneqq \cdots,$$

与 R 满足 ACC 矛盾.

(2) ⇒ (3). 对于 R 中任意理想 I, 令 $\mathcal{F}$ 为所有包含在 I 中的有限生成理想构成的集合族, 显然 $0 \in \mathcal{F} \neq \varnothing$, 故存在极大元 $M \in \mathcal{F}$, $M \subseteq I$ 为有限生成理想. 若存在 $a \in I$, $a \notin M$, 则 $I \supseteq M + \langle a \rangle \supsetneqq M$, 而 $M + \langle a \rangle$ 还是有限生成的, 这与 M 是极大元矛盾, 故 $M = I$, 即 I 是有限生成的.

(3) ⇒ (1). 令 $J = \bigcup\limits_{n \geqslant 1} I_n$, 则 J 是有限生成的. 记 $J = \langle a_1, \cdots, a_q \rangle$. 设 $a_i \in I_{n_i}$. 令 $N = \max\{n_i \mid i = 1, \cdots, q\}$, 则 $J \subseteq I_N$, 即 $J = I_N$. □

例 2.3. 我们给出一些诺特环和非诺特环的例子:

(1) 任意域 k 都是诺特环, 它只有两个理想: (0) 和 (1).

(2) 主理想整环都是诺特环, 特别地, 整数环 $\mathbb{Z}$ 和域上的多项式环 $k[x]$ 是诺特环.

(3) 设 k 是域. 多项式环 $k[x_i]_{i \in I}$, 其中指标集 I 的阶无限, 不是诺特环.

(4) 设 k 是域. 多项式 $k[x, y]$ 的子环 $k + xk[x, y]$ 不是诺特环.

(5) 区间 $[a, b]$ 上所有实值连续函数构成的环 $C([a, b])$ 不是诺特环.

(6) 无限集 X 到 $\mathbb{Z}/2\mathbb{Z}$ 的函数全体构成的环不是诺特环.

推论 2.4. 设 R 为诺特环, I 是 R 的真理想, 则存在极大理想 $\mathfrak{m}$, $\mathfrak{m} \supseteq I$. 特别地, 诺特环的极大理想存在.

证明. 令 $\mathcal{F} = \{J 为 R 的真理想且 J \supseteq I\}$, 则 $I \in \mathcal{F}$, 故 $\mathcal{F}$ 非空. 令 $\mathfrak{m}$ 是 $\mathcal{F}$ 中的极大元, 则 $\mathfrak{m}$ 是 R 的极大理想. □

推论 2.5. 设 R 为诺特环, I 是 R 的真理想, 则商环 R/I 也是诺特环.

证明. 由环的对应定理, R/I 中的理想 $\bar{J}$ 均有 J/I 的形式, 其中 J 是 R 中包含 I 的理想. 由于 J 是有限生成的, 自然 $\bar{J}$ 也是有限生成的. □

定理 2.6 (希尔伯特基定理, Hilbert basis theorem). 若 R 是诺特环, 则它的多项式环 $R[x]$ 也是诺特环.

证明. 设 I 是 $R[x]$ 中的理想. 若 I 不是有限生成的, 取 $0 \neq f_0 \in I$ 且其次数最低, 取 $f_1 \in I - \langle f_0 \rangle$ 且其次数最低, 依此类推, 对任意 n, 取 $f_{n+1} \in I - \langle f_0, f_1, \cdots, f_n \rangle$ 且其次数最低. 令 $d_i = \deg f_i$, 则 $d_0 \leqslant d_1 \leqslant \cdots \leqslant d_n \leqslant \cdots$. 令 a_n 为 f_n 的首项系数, 则

$$(a_0) \subseteq (a_0, a_1) \subseteq \cdots$$

为 R 中的理想升链. 设其在 N 处稳定, 故对于 $n \geqslant N$, 均有

$$a_{n+1} \in (a_0, a_1, \cdots, a_n),$$

即存在 $r_0, \cdots, r_n \in R$,

$$a_{n+1} = r_0 a_0 + r_1 a_1 + \cdots + r_n a_n.$$

令

$$f_{n+1}^* = f_{n+1}(x) - \sum_{i=0}^{n} x^{d_{n+1}-d_i} r_i f_i(x),$$

则 $f_{n+1}^* \in I - \langle f_0, f_1, \cdots, f_n \rangle$, 但

$$\deg f_{n+1}^* < d_{n+1} = \deg f_{n+1}$$

矛盾. □

注记. 上述证明是非构造性的, 我们下面给出一个构造性的证明.

希尔伯特基定理的构造性证明. 设 I 是 $R[x]$ 的任意理想. 令 J 是 I 中元素的首项系数生成的 R 的理想. 它是有限生成的, 故可设 $J = \langle a_1, \cdots, a_m \rangle$. 取 $f_i \in I$ 使得 f_i 的首项系数为 a_i, 令 $d_0 = \max\{\deg f_i \mid i = 1, \cdots, m\}$. 对于 $d \leqslant d_0$, 令 J_d 为 I 中所有次数为 d 的多项式的首项系数生成的理想, 则 $J_d = \langle b_{d,1}, \cdots, b_{d,n_d} \rangle$ 也是有限生成的. 对每个 $b_{d,j}$, 取 $g_{d,j} \in I$, 其次数为 d, 首项系数为 $b_{d,j}$, 则 $I = \langle f_i, g_{d,j} \mid 1 \leqslant i \leqslant m, 0 \leqslant d \leqslant d_0, 1 \leqslant j \leqslant n_d \rangle$ 是有限生成的. □

推论 2.7. 设 R 为诺特环, 则 n 元多项式环 $R[x_1, \cdots, x_n]$ 也是诺特环. 特别地,

(1) 域 k 上的 n 元多项式环 $k[x_1, \cdots, x_n]$,

(2) 整数环 $\mathbb{Z}$ 上的 n 元多项式环 $\mathbb{Z}[x_1, \cdots, x_n]$,

(3) $k[x_1, \cdots, x_n]$ 的商环 $k[x_1, \cdots, x_n]/I$,

(4) $\mathbb{Z}[x_1, \cdots, x_n]$ 的商环 $\mathbb{Z}[x_1, \cdots, x_n]/I$

均是诺特环.

下面我们介绍诺特模.

命题 2.8. 设 R 是交换环, M 是 R–模, 则下列条件等价:

(1) M 的子模都是有限生成模.

(2) **升链条件** (ACC) 成立, 即 M 的任意子模升链

$$M_1 \subseteq M_2 \subseteq \cdots \subseteq M_n \subseteq \cdots$$

必稳定, 亦即存在整数 N, 对于 $n \geqslant N$ 均有 $M_n = M_N$.

(3) **极大性条件**成立, 即 M 的子模构成的非空集合族 $\mathcal{F}$ 均有极大元, 亦即存在 $N \in \mathcal{F}$, $N \not\subset N'$ 对任意的 $N' \neq N$ 成立.

证明. 证明与诺特环等价定义的证明一样, 此处从略. □

定义 2.9. R–模 M 称为**诺特模**是指它满足前述命题的等价条件.

例 2.10. 若 R 是诺特环, 则 R 作为自身的模是诺特模. 反之亦然.

下面讨论诺特模的性质.

命题 2.11. 下列性质成立:

(1) 若 M 是诺特模, 则 M 的子模和商模都是诺特模.

(2) 反之, 若 $0 \to M' \to M \to M'' \to 0$ 正合, M' 与 M'' 都是诺特模, 则 M 也是诺特模.

证明. (1) 若 N 是 M 的子模, N' 是 N 的子模, 则 N' 也是 M 的子模, 故它是有限生成的, 所以 N 是诺特模.

考虑 $\overline{M'}$ 为 M/N 的子模, 由模的对应定理, 存在 $N \subseteq M' \subseteq M$ 使得 $\overline{M'} = M'/N$. 由于 M' 是有限生成的, 故 $\overline{M'}$ 也是有限生成的, 所以 M/N 是诺特模.

(2) 设 N 是 M 的子模, $N' = N \cap M'$, $N'' = N/N' \cong (N + M')/M' \subseteq M''$, 故我们有行正合列交换图表

$$
\begin{array}{ccccccccc}
0 & \longrightarrow & N' & \longrightarrow & N & \longrightarrow & N'' & \longrightarrow & 0 \\
 & & \big\downarrow & & \big\downarrow & & \big\downarrow & & \\
0 & \longrightarrow & M' & \longrightarrow & M & \longrightarrow & M'' & \longrightarrow & 0
\end{array}
$$

由于 M' 与 M'' 是诺特模, N' 与 N'' 均是有限生成模, 故 N 也是有限生成模, 所以 M 是诺特模. □

推论 2.12. 诺特模的有限直积还是诺特模.

推论 2.13. 若 $M = N + N'$, 而 N 与 N' 均是诺特模, 则 M 也是诺特模.

证明. 由于 N 与 N' 均是诺特模, 故 $N \times N'$ 也是诺特模, 而模同态

$$
\begin{aligned}
N \times N' &\longrightarrow M, \\
(n, n') &\longmapsto n + n'
\end{aligned}
$$

是满同态, 故 M 作为 $N \times N'$ 的商模也是诺特模. □

推论 2.14. 设 R 是诺特环, M 是有限生成 R–模, 则 M 是诺特模.

证明. 设 $M = \langle x_1, \cdots, x_n \rangle$, 则模同态

$$
f : R^n \to M, (r_1, \cdots, r_n) \mapsto r_1 x_1 + \cdots + r_n x_n
$$

是满同态, 故 M 作为诺特模 R^n 的商模是诺特模. □

2.1.2 阿廷环与阿廷模

相应于诺特环与诺特模, 我们可以引入阿廷环 (Artinian ring) 与阿廷模 (Artinian module) 的概念.

定义 2.15. 设 R 为交换环.

(1) R 称为 **阿廷环**, 是指它满足**降链条件** (descending chain condition, 简称 DCC), 即 R 的理想降链

$$I_1 \supseteq I_2 \supseteq \cdots \supseteq I_n \supseteq \cdots$$

总稳定, 亦即存在整数 N, 当 $n \geqslant N$ 时, $I_n = I_N$.

(2) R–模 M 称为 **阿廷模**, 是指它满足降链条件, 即它的子模降链

$$M_1 \supseteq M_2 \supseteq \cdots \supseteq M_n \supseteq \cdots$$

总稳定.

注记. 由定义知, 环 R 是阿廷环, 就是说它作为 R–模是阿廷模.

命题 2.16. 下列条件等价:

(1) M 是阿廷模.

(2) **极小性条件**成立, 即 M 的子模构成的非空集合族均有极小元.

证明. 与诺特环情形类似, 此处从略. □

例 2.17. 对于域 k, k–模 M 是阿廷模当且仅当 M 是诺特模当且仅当 M 是有限维 k–线性空间.

定理 2.18. 设 R 是阿廷环, 则

(1) 环 R 中只有有限多个极大理想, 即 $\mathrm{Max}R = \{\mathfrak{m}_1, \cdots, \mathfrak{m}_n\}$ 为有限集.

(2) 商环 $R/\mathfrak{m}_1 \cap \cdots \cap \mathfrak{m}_n \cong R/\mathfrak{m}_1 \times \cdots \times R/\mathfrak{m}_n$ 是有限多个域的直积.

(3) 环 R 中的素理想都是极大理想. 理想 $J = \mathfrak{m}_1 \cap \cdots \cap \mathfrak{m}_n$ 是 R 的所有幂零元构成的理想 $\mathrm{nil}(R)$, 且存在正整数 m, 使得 $J^m = 0$.

(4) 我们有环同构

$$R \cong R/\mathfrak{m}_1^m \times \cdots \times R/\mathfrak{m}_n^m,$$

此处 $R/\mathfrak{m}_i^m$ 为阿廷环, 且有唯一极大理想 $\mathfrak{m}_i/\mathfrak{m}_i^m$.

(5) 阿廷环都是诺特环.

证明. (1) 令 S 为 R 中有限多个极大理想之交构成的集合族, 则 S 中有极小元, 不妨记为 $\mathfrak{m}_1 \cap \cdots \cap \mathfrak{m}_n$, 其中 $\mathfrak{m}_i$ 为极大理想. 设 $\mathfrak{m}$ 是 R 中的任意极大理想, 则

$$\mathfrak{m} \cap \mathfrak{m}_1 \cap \cdots \cap \mathfrak{m}_n = \mathfrak{m}_1 \cap \cdots \cap \mathfrak{m}_n.$$

故 $\mathfrak{m} \supseteq \mathfrak{m}_1 \cap \cdots \cap \mathfrak{m}_n$. 若对于所有的 i, 均有 $\mathfrak{m}_i \not\subseteq \mathfrak{m}$, 对每个 i 取 $x_i \in \mathfrak{m}_i$ 但 $x_i \notin \mathfrak{m}$. 考虑 $x = x_1 \cdots x_n$. 一方面由 $x_i \notin \mathfrak{m}$ 和素理想的定义即得 $x \notin \mathfrak{m}$, 另一方面由 $x_i \in \mathfrak{m}_i$ 即得 $x \in \mathfrak{m}_1 \cap \cdots \cap \mathfrak{m}_n \subseteq \mathfrak{m}$, 这就产生了矛盾. 故存在 i, 使得 $\mathfrak{m} \supseteq \mathfrak{m}_i$, 但它们都是极大理想, 所以 $\mathfrak{m} = \mathfrak{m}_i$. 因此 $\mathfrak{m}_1, \cdots, \mathfrak{m}_n$ 是R 的所有极大理想.

(2) 这由中国剩余定理立得.

(3) 由阿廷环的降链条件 (DCC), 我们知道存在 $m>0$, 使得 $J^m=J^{m+i}$ 对所有 $i>0$ 成立. 如 $J^m\neq 0$, 令 S 为 R 中所有满足条件 $IJ^m\neq 0$ 的真理想 I 构成的集合族. 则 $J\in S$, 故 $S\neq\varnothing$. 令 I_0 是 S 中的极小元. 故存在 $x\in I_0$ 使得 $xJ^m\neq 0$, 由极小性条件知 $I_0=(x)$. 再由 $((x)J)J^m=xJ^m$ 和极小性条件知 $(x)=(x)J$. 故 $x=xa$ 对某个 $a\in J$ 成立, 即 $x(1-a)=0$. 由于 $1-a$ 不在 R 的任何极大理想中, $(1-a)=R$, 所以 $1-a$ 是单位, 即 $x=0$, 矛盾. 故存在 $m\geqslant 1$, $J^m=0$.

由于 J 是幂零理想, 故 $J\subseteq \mathrm{nil}\ (R)=\{r\mid r^n=0$对某个 $n\geqslant 0$ 成立$\}$. 反之, 若 r 是幂零元, 则 $r^n=0\in\mathfrak{p}$, $\mathfrak{p}$ 为任意素理想, 故 $r\in\mathfrak{p}$ 对所有的素理想 $\mathfrak{p}$ 成立. 所以 $\mathrm{nil}(R)\subseteq J$.

我们事实上证明了 R 中任何素理想 $\mathfrak{p}\supseteq J$, 故它对应 $R/J\cong R/\mathfrak{m}_1\times\cdots\times R/\mathfrak{m}_n=k_1\times\cdots\times k_n$ 中的一个素理想, 但 $R_1\times R_2$ 的理想总是形如 $I_1\times I_2$ 的形式, 其中 I_1 是 R_1 的理想, I_2 是 R_2 的理想, 故 $k_1\times\cdots\times k_n$ 的素理想是 $k_1\times\cdots\times 0\times\cdots\times k_n$ 的形式, 所以 $\mathfrak{p}=\mathfrak{m}_i$ 是极大理想.

(4) 由于 $\prod\limits_{i=1}^n\mathfrak{m}_i^m\subseteq\left(\prod\limits_{i=1}^n\mathfrak{m}_i\right)^m\subseteq J^m=0$, 故 $R=R/\prod\limits_{i=1}^n\mathfrak{m}_i^m\cong R/\mathfrak{m}_1^m\times\cdots\times R/\mathfrak{m}_n^m$. 由环的对应定理立得 $R/\mathfrak{m}_i^m$ 只有唯一极大理想 $\mathfrak{m}_i/\mathfrak{m}_i^m$. 而 $R/\mathfrak{m}_i^m$ 是阿廷环由下面的命题 2.19 即得.

(5) 由 (4), 只需证 $R/\mathfrak{m}^m$ 是诺特环即可. 对于 $0\leqslant i\leqslant m-1$ 我们有 $R/\mathfrak{m}^m$ 模正合列

$$0\longrightarrow\mathfrak{m}^{i+1}/\mathfrak{m}^m\longrightarrow\mathfrak{m}^i/\mathfrak{m}^m\longrightarrow\mathfrak{m}^i/\mathfrak{m}^{i+1}\longrightarrow 0.$$

由下面的命题 2.19, 所有 $\mathfrak{m}^i/\mathfrak{m}^m$ 及 $\mathfrak{m}^i/\mathfrak{m}^{i+1}$ 均是阿廷模. 要证 $R/\mathfrak{m}^m$ 是诺特环, 只要证明 $\mathfrak{m}^i/\mathfrak{m}^{i+1}$ $(0\leqslant i\leqslant m-1)$ 是诺特模. 但 $\mathfrak{m}^i/\mathfrak{m}^{i+1}$ 作为 $R/\mathfrak{m}^m$–模是由它作为 $R/\mathfrak{m}$–模自然诱导的. 由于 $R/\mathfrak{m}$ 是域, 域上的阿廷模与诺特模等价, 均是指域上的有限维线性空间 (例 2.17), 故 (5) 得证. □

注记. 由定理知, 例 2.3 中 (3)—(6) 的环由于不是诺特环, 所以也不是阿廷环. 另一方面, 注意到

(1) 诺特环不一定是阿廷环: 整数环 $\mathbb{Z}$ 是诺特环, 但不是阿廷环.

(2) 阿廷模可以不是诺特模: 如设 p 是素数, $\mathbb{Z}$–模 $\mathbb{Z}[\frac{1}{p}]/\mathbb{Z}$ 是阿廷模, 却不是诺特模.

命题 2.19. 设 $0\to M'\to M\to M''\to 0$ 是 R–模正合列, 则 M 是阿廷模当且仅当 M' 与 M'' 是阿廷模.

证明. 若 M 是阿廷模, 视 M' 为 M 的子模, 则 M' 的子模降链也是 M 的子模降链, 故一定稳定. 所以 M' 是阿廷模. 而根据模的对应定理, $M''=M/M'$

的子模降链

$$\overline{N_1} \supseteq \overline{N_2} \supseteq \cdots \supseteq \overline{N_t} \supseteq \cdots$$

对应于 M 的子模降链

$$N_1 \supseteq N_2 \supseteq \cdots \supseteq N_t \supseteq \cdots (\supseteq M'),$$

故必稳定. 所以 M'' 是阿廷模.

反过来, 设 M' 与 M'' 是阿廷模. 设

$$N_1 \supseteq N_2 \supseteq \cdots$$

是 M 的子模降链. 对于每一个 N_i, 令 $N_i' = N_i \cap M'$, $N_i'' = (N_i + M')/M'$. 则我们有行正合交换图表

$$\begin{array}{ccccccccc} 0 & \longrightarrow & N_i' & \longrightarrow & N_i & \longrightarrow & N_i'' & \longrightarrow & 0 \\ & & \uparrow & & \uparrow & & \uparrow & & \\ 0 & \longrightarrow & N_{i+1}' & \longrightarrow & N_{i+1} & \longrightarrow & N_{i+1}'' & \longrightarrow & 0 \end{array}$$

由降链 $N_1' \supseteq \cdots \supseteq N_i' \supseteq \cdots$ 及 $N_1'' \supseteq \cdots \supseteq N_i'' \supseteq \cdots$ 稳定知 $N_1 \supseteq \cdots \supseteq N_i \supseteq \cdots$ 稳定, 所以 M 是阿廷模. □

我们最后给出长度有限模的刻画.

命题 2.20. 模 M 的长度 $\ell(M)$ 有限当且仅当它既是诺特模, 又是阿廷模.

证明. $\Rightarrow$ 是显然的.

$\Leftarrow$. 现在设 M 既是诺特模, 又是阿廷模. 设 X 是 M 的所有长度有限的子模的集合. 由于 $0 \in X$, 故 X 非空. 由诺特模的极大性条件, 存在 $N \in X$ 是 X 的极大元. 要证明 $M = N$. 如不然, 设 Y 是真包含 N 的所有 M 的子模集合. 由于 $M \in Y$, 故 Y 非空. 由阿廷模的极小性条件, 设 N_0 是 Y 中的极小元. 则 N_0/N 是单模, 所以 N_0 有长度有限的合成列, 即 $N_0 \in X$. 这与 N 的极大性矛盾. □

2.2 局 部 化

对于交换环 R, R 上的乘法含幺半群 S 常称为 R 上的**乘性集** (multiplicative set), 即 S 满足条件:

(1) $1 \in S$.

(2) 若 $a, b \in S$, 则 $ab \in S$.

例 2.21. 我们首先给出几个常见的乘性集的例子:

(1) $S = R - \{0\}$.

(2) $S = R^{\times}$, 即 R 的乘法单位集.

(3) $S = R - \mathfrak{p}$, 其中 $\mathfrak{p}$ 是 R 的素理想.

(4) 更一般地, $S = R - \mathfrak{p}_1 \cup \cdots \cup \mathfrak{p}_n$, 其中 $\mathfrak{p}_1, \cdots, \mathfrak{p}_n$ 是 R 的素理想.

引理 2.22. 给定交换环 R 和它上面的乘性集 S. 在集合 $R \times S$ 上定义关系

$$(r_1, s_1) \sim (r_2, s_2) \text{当且仅当存在} s \in S, \text{使得} s(r_1 s_2 - r_2 s_1) = 0.$$

则此关系是等价关系.

证明. 自反性与对称性显然. 现在设 $(r_1, s_1) \sim (r_2, s_2)$, $(r_2, s_2) \sim (r_3, s_3)$. 则存在 $s, t \in S$, $sr_1s_2 = sr_2s_1$, $tr_2s_3 = tr_3s_2$. 故 $(sts_2)r_1s_3 = sts_1r_2s_3 = (sts_2)r_3s_1$. 由于 $sts_2 \in S$, 故 $(r_1, s_1) \sim (r_3, s_3)$. □

定义 2.23. 记 (r, s) 所在的等价类为 $\frac{r}{s}$. 定义 $S^{-1}R = R \times S/\sim$ 为所有等价类构成的集合.

注记. 由定义, $\frac{r_1}{s_1} = \frac{r_2}{s_2}$ 当且仅当存在 $s \in S$, $s(r_1 s_2 - r_2 s_1) = 0$.

特别地, 若 $0 \in S$, 则 $\frac{r}{s} = \frac{0}{1}$ 对所有 $r \in R$, $s \in S$ 成立. 故此时 $S^{-1}R = \{0\}$.

以下我们假设 $0 \notin S$. 我们在 $S^{-1}R$ 上定义加法和乘法运算如下:

$$\frac{r_1}{s_1} + \frac{r_2}{s_2} = \frac{r_1 s_2 + r_2 s_1}{s_1 s_2}, \quad \frac{r_1}{s_1} \cdot \frac{r_2}{s_2} = \frac{r_1 r_2}{s_1 s_2}.$$

自然需要检查这样的定义是定义良好的. 若 $\frac{r_1'}{s_1'} = \frac{r_1}{s_1}$, $\frac{r_2'}{s_2'} = \frac{r_2}{s_2}$, 则存在 $s, t \in S$, $s(r_1' s_1 - r_1 s_1') = t(r_2' s_2 - r_2 s_2') = 0$. 令 $s' = st$, 则 $s'(r_1' s_1 - r_1 s_1') = s'(r_2' s_2 - r_2 s_2') = 0$. 所以

$$\begin{aligned} & s'((r_1 s_2 + r_2 s_1)s_1' s_2' - (r_1' s_2' + r_2' s_1')s_1 s_2) \\ = {} & s' r_1 s_1' s_2 s_2' + s' r_2 s_2' s_1 s_1' - s' r_1' s_1 s_2 s_2' - s' r_2' s_2 s_1 s_1' \\ = {} & (s' r_1 s_1' - s' r_1' s_1) s_2 s_2' + (s' r_2 s_2' - s' r_2' s_2) s_1 s_1' = 0, \end{aligned}$$

$$\begin{aligned} s'(r_1 r_2 s_1' s_2' - r_1' r_2' s_1 s_2) &= s' r_1' s_1 r_2 s_2' - s' r_1' r_2' s_1 s_2 \\ &= s' r_1' s_1 r_2' s_2 - s' r_1' r_2' s_1 s_2 = 0. \end{aligned}$$

故

$$\frac{r_1 s_2 + r_2 s_1}{s_1 s_2} = \frac{r_1' s_2' + r_2' s_1'}{s_1' s_2'}, \quad \frac{r_1 r_2}{s_1 s_2} = \frac{r_1' r_2'}{s_1' s_2'}.$$

命题 2.24. 集合 $S^{-1}R$ 在上述加法和乘法下构成含幺交换环, 其零元为 $0 = \frac{0}{1}$, 幺元是 $1 = \frac{1}{1}$. 映射

$$\varphi_S : R \to S^{-1}R, \quad r \mapsto \frac{r}{1}$$

是环同态, 将 S 映到单位群 $(S^{-1}R)^{\times}$ 中, 且满足条件:

(1) 若 R 为整环, 则 φ_S 是单同态, 此时 $S^{-1}R$ 也是整环.

(2) 若 $S=R^{\times}$, 则 $S^{-1}R=R$.

证明. 同态 φ_S 的核 $\ker\varphi_S=\{r\in R \mid \frac{r}{1}=\frac{0}{1}\}=\{r\in R \mid rs=0$对某个$s\in S$成立$\}$. 故当 R 为整环时, 由于 $0\notin S$, 有 $\ker\varphi_S=0$. 其他情形易得. □

定义 2.25. 环 $S^{-1}R$ 称为 R 在 S 处的**局部化** (localization).

例 2.26. 设 R 为交换环. 对于 $0\neq f\in R$, 记 $S_f=\{f^n\}_{n\geqslant 0}$, 此处 $f^0=1$. 则 S_f 是 R 的乘性集. 记 $R_f=S_f^{-1}R$. 若 f 为幂零元, 则 $R_{f^n}=0$ 对所有正整数 n 成立. 如 f 不是幂零元, 我们有环同构

$$R_f\cong R_{f^n}.$$

定理 2.27 (环的局部化泛性质). 设 $f:R\to A$ 为环同态且 $f(S)\subseteq A^{\times}$. 则存在唯一的环同态 $g:S^{-1}R\to A$ 使得 $f=g\circ\varphi_S$, 即有交换图表

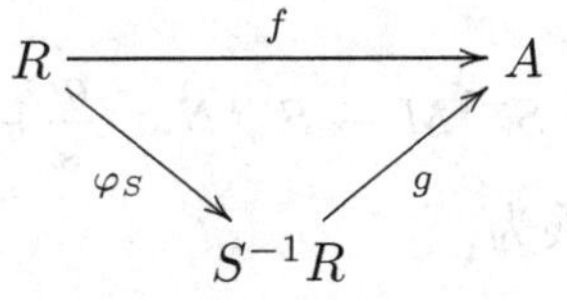

证明. 对于 $\frac{r}{s}\in S^{-1}R$, 定义 $g(\frac{r}{s})=f(r)f(s)^{-1}$. 若 $\frac{r}{s}=\frac{r'}{s'}$, 则存在 $s_1\in S$, $s_1rs'=s_1r's$. 所以

$$f(s_1)f(r)f(s')=f(s_1)f(r')f(s).$$

由 $f(S)\subseteq A^{\times}$ 知 $f(r)f(s)^{-1}=f(r')f(s')^{-1}$. 即 g 是定义良好的. 定理其他部分的证明易检验. □

注记. 我们可以用范畴论的语言来重新描述一下上述定理. 定义范畴 $\mathcal{C}$ 如下: $\mathcal{C}$ 中对象是环同态 $f:R\to A$ 且满足条件 $f(S)\subseteq A^{\times}$, $\mathcal{C}$ 的态射是环同态 $h:A\to B$, 使得图表

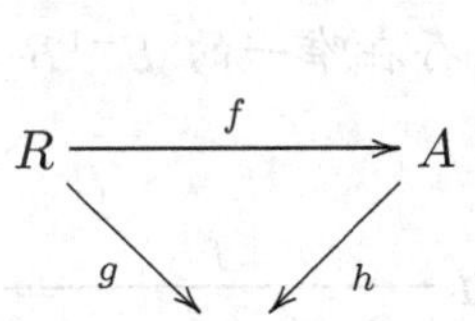

交换. 则定理即是说 $\varphi_S:R\to S^{-1}R$ 是范畴 $\mathcal{C}$ 的始对象.

例 2.28. 设 R 为整环, $S=R-\{0\}$. 则 $S^{-1}R$ 即 R 的分式域 K. 它满足如下泛性质: 对任意域 L 和环的单同态 $f:R\to L$, 存在唯一的域嵌入 $g:K\to L$, 使得 $f=g\varphi_S$.

现在设 R 为交换环, $0 \notin S$ 为 R 上的乘性集, M 为 R–模. 在集合 $M \times S$ 上定义关系

$$(m_1, s_1) \sim (m_2, s_2) \text{ 当且仅当存在 } s \in S, s(s_1 m_2 - s_2 m_1) = 0.$$

则 $\sim$ 是 $M \times S$ 上的等价关系. 设其等价类集合为 $S^{-1}M$, (m, s) 所在的等价类记为 $\frac{m}{s}$. 与 $S^{-1}R$ 的情形类似, 可以在 $S^{-1}M$ 上定义加法

$$\frac{m_1}{s_1} + \frac{m_2}{s_2} = \frac{s_2 m_1 + s_1 m_2}{s_1 s_2}.$$

它与代表元的选取无关. 由此 $S^{-1}M$ 构成阿贝尔群. 定义映射

$$S^{-1}R \times S^{-1}M \longrightarrow S^{-1}M, \quad \left(\frac{r}{s}, \frac{m}{s'}\right) \longmapsto \frac{rm}{ss'}.$$

同样这是定义良好的. 并且它满足数乘的基本性质: 恒等元、结合律和分配律. 故在此意义下, $S^{-1}M$ 构成 $S^{-1}R$–模. 更进一步地, R–模同态 $f: M \to N$ 诱导 $S^{-1}R$–模同态

$$S^{-1}f: S^{-1}M \to S^{-1}N, \quad \frac{m}{s} \mapsto \frac{f(m)}{s}.$$

对于模 $S^{-1}M$, 定义 R–数乘为

$$r \cdot \frac{m}{s} = \varphi_S(r) \cdot \frac{m}{s} = \frac{rm}{s},$$

则 $S^{-1}M$ 构成 R–模, 映射

$$\varphi_S: M \to S^{-1}M, \quad m \mapsto \frac{m}{1}$$

是 R–模同态, 其核 $\ker \varphi_S = \{m \in M \mid sm = 0 \text{ 对某个} s \in S \text{成立}\}$.

与环的局部化泛性质类似, 有如下的模局部化泛性质:

定理 2.29 (模的局部化泛性质). *设 M 是 R–模, N 是 $S^{-1}R$–模. 如果 $f: M \to N$ 是 R–模同态, 那么存在唯一的 $S^{-1}R$–模同态 $g: S^{-1}M \to N$ 使得 $f = g \circ \varphi_S$, 即有交换图表*

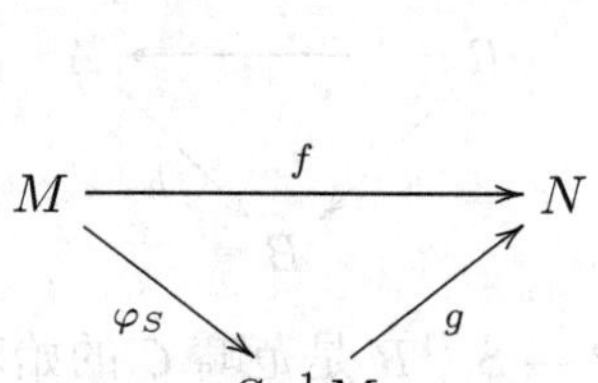

证明. 对于 $\frac{m}{s} \in S^{-1}M$, 定义 $g(\frac{m}{s}) = \frac{1}{s}f(m)$. 只要验证 $g(\frac{m}{s})$ 与代表元选取无关, 再验证 g 是 $S^{-1}R$–模同态即可. □

推论 2.30. 映射 $S^{-1}M \to S^{-1}R \otimes_R M$, $\frac{m}{s} \mapsto \frac{1}{s} \otimes m$ 是 $S^{-1}R$–模同构.

命题 2.31. 函子 $(M \mapsto S^{-1}M)$ 是 R–模到 $S^{-1}R$–模的正合函子. 即若 $0 \to M' \xrightarrow{f} M \xrightarrow{g} M'' \to 0$ 是 R–模正合列, 则 $0 \to S^{-1}M' \xrightarrow{S^{-1}f} S^{-1}M \xrightarrow{S^{-1}g} S^{-1}M'' \to 0$ 是 $S^{-1}R$–模正合列.

证明. 记 $S^{-1}f = f_*$, $S^{-1}g = g_*$. 我们要证 f_* 是单射, g_* 是满射且 $\operatorname{im} f_* = \ker g_*$.

(1) 若 $f_*\left(\frac{m'}{s}\right) = \frac{f(m')}{s} = \frac{0}{1}$, 则存在 $s_1 \in S$, $s_1 f(m') = f(s_1 m') = 0$. 由 f 是单射知 $s_1 m' = 0$. 所以 $\frac{m'}{s} = \frac{s_1 m'}{s_1 s} = 0$, 即 f_* 是单射.

(2) 设 $\frac{m''}{s} \in S^{-1}M''$, 由 g 是满射知存在 $m \in M$, $g(m) = m''$, 所以 $g_*\left(\frac{m}{s}\right) = \frac{m''}{s}$, 即 g_* 是满射.

(3) 由 $g_* f_*\left(\frac{m'}{s}\right) = \frac{gf(m')}{s} = 0$ 知 $\operatorname{im} f_* \subseteq \ker g_*$. 另一方面, 若 $\frac{m}{s} \in \ker g_*$, 则 $\frac{g(m)}{s} = 0$. 故存在 $s_1 \in S$, $s_1 g(m) = g(s_1 m) = 0$. 所以 $s_1 m \in \ker g = \operatorname{im} f$. 令 $f(m') = s_1 m$, 则

$$f_*\left(\frac{m'}{s_1 s}\right) = \frac{s_1 m}{s_1 s} = \frac{m}{s} \in \ker g_*.$$

故 $\operatorname{im} f_* = \ker g_*$. □

推论 2.32. $S^{-1}R$ 是平坦 R–模.

设 I 是 R 的理想. 由局部化函子的正合性知

$$S^{-1}I = \left\{ \frac{r}{s} \,\middle|\, r \in I, s \in S \right\} \subseteq S^{-1}R$$

是 $S^{-1}R$ 的理想.

反过来, 设 J 是 $S^{-1}R$ 中的理想, 令

$$J^c = \varphi_S^{-1}(J) = \left\{ r \in R \,\middle|\, \frac{r}{1} \in J \right\}.$$

则 J^c 是 R 中的理想. 注意到若 $\frac{r}{s} \in J$, 则 $\frac{r}{1} \cdot \frac{1}{s} \in J$ 知 $\frac{r}{1} \in J$, 故 $r \in J^c$. 另一方面, 若 $r \in J^c$, 则 $\frac{r}{s} = \frac{r}{1} \cdot \frac{1}{s}$ 而 $\frac{r}{1} \in J$ 知 $\frac{r}{s} \in J$. 因此 $S^{-1}J^c = J$.

总结一下, 即有如下命题:

命题 2.33. 设 I 是 R 中的理想, J 是 $S^{-1}R$ 中的理想, 则

(1) $S^{-1}I$ 是 $S^{-1}R$ 中的理想, 且满足:

- (i) $S^{-1}(I_1 + I_2) = S^{-1}I_1 + S^{-1}I_2$, $S^{-1}(I_1 I_2) = S^{-1}I_1 \cdot S^{-1}I_2$, $S^{-1}(I_1 \cap I_2) = S^{-1}I_1 \cap S^{-1}I_2$.
- (ii) 存在自然环同构 $S^{-1}(R/I) \cong S^{-1}R/S^{-1}I$. 更进一步地, 若 $I_1 \subseteq I_2$, 则存在自然模同构 $S^{-1}(I_1/I_2) \cong S^{-1}I_1/S^{-1}I_2$.

(2) J^c 是 R 中的理想且 $J = S^{-1}J^c$.

注记. 我们显然有 $I \subseteq (S^{-1}I)^c$, 但反方向的包含关系一般不成立. 若 I 是 R 的真理想且 $S \cap I \neq \varnothing$, 则 $S^{-1}R = S^{-1}I$.

定义 2.34. 对于环 R 中的理想 I, $S^{-1}I$ 称为它的**扩张理想** (extension). 对于环 $S^{-1}R$ 中的理想 J, J^c 称为它的**收缩理想** (contraction).

定理 2.35. 映射

$$\{R\text{中与}S\text{不相交的素理想}\} \longrightarrow \{S^{-1}R\text{中的素理想}\}$$
$$\mathfrak{p} \longmapsto S^{-1}\mathfrak{p}$$

是一一对应, 其逆映射是 $\mathfrak{q} \mapsto \mathfrak{q}^c$.

证明. 我们首先证明若 $\mathfrak{p}$ 是 R 中的素理想且 $\mathfrak{p} \cap S = \varnothing$, 则 $S^{-1}\mathfrak{p} \neq S^{-1}R$ 是 $S^{-1}R$ 中的素理想. 若 $\frac{a}{s_1}, \frac{b}{s_2} \notin S^{-1}\mathfrak{p}$, 则 $a \notin \mathfrak{p}$ 且 $b \notin \mathfrak{p}$, 故 $ab \notin \mathfrak{p}$. 若 $\frac{ab}{s_1s_2} = \frac{c}{s} \in S^{-1}\mathfrak{p}$, 则存在 $s' \in S$, $ss'ab = s's_1s_2c \in \mathfrak{p}$. 但 s', s 与 ab 均不在 $\mathfrak{p}$ 中, 不可能. 即 $S^{-1}\mathfrak{p}$ 是素理想. 若 $1 = \frac{a}{s} \in S^{-1}\mathfrak{p}$, 则存在 $s' \in S$, $ss' = s'a \in \mathfrak{p}$, 不可能. 所以 $S^{-1}\mathfrak{p} \neq S^{-1}R$.

其次, 若 $\mathfrak{q}$ 是 $S^{-1}R$ 中的素理想, 我们证明 $\mathfrak{q}^c$ 是 R 中的素理想. 若 $r_1, r_2 \notin \mathfrak{q}^c$, 则 $\frac{r_1}{1}, \frac{r_2}{1} \notin \mathfrak{q}$, 即 $\frac{r_1r_2}{1} \notin \mathfrak{q}$, 故 $r_1r_2 \notin \mathfrak{q}^c$.

我们最后证明若 $\mathfrak{p} \cap S = \varnothing$, 则 $(S^{-1}\mathfrak{p})^c = \mathfrak{p}$. 一方面, $\mathfrak{p} \subseteq (S^{-1}\mathfrak{p})^c$ 是显然的. 另一方面, 若 $\frac{a}{s} = \frac{r}{1} \in S^{-1}\mathfrak{p}$, 则存在 $s_1 \in S$, $rss_1 = s_1a \in \mathfrak{p}$. 由于 $s, s_1 \notin \mathfrak{p}$, 故 $r \in \mathfrak{p}$, 故 $(S^{-1}\mathfrak{p})^c = \mathfrak{p}$. □

命题 2.36. 若 R 是诺特环, 则 $S^{-1}R$ 也是诺特环.

证明. 设 $J \subseteq S^{-1}R$, 则 J^c 是 R 中的理想. 它是有限生成理想, 因此 $J = S^{-1}J^c$ 也是有限生成的. 所以 $S^{-1}R$ 是诺特环. □

命题 2.37. 设 M, N 是 R–模. 则

(1) 若 M, N 是 R–模 L 的子模, 则 $S^{-1}(M+N) = S^{-1}M + S^{-1}N$, $S^{-1}(M \cap N) = S^{-1}M \cap S^{-1}N$, $S^{-1}L/S^{-1}M \cong S^{-1}(L/M)$.

(2) $S^{-1}(M \oplus N) \cong S^{-1}M \oplus S^{-1}N$.

(3) $S^{-1}(M \otimes_R N) \cong S^{-1}M \otimes_{S^{-1}R} S^{-1}N$.

证明. (1) 留作练习.

(2) 由函子 $(M \mapsto S^{-1}M)$ 的正合性即得.

(3) 映射

$$S^{-1}M \times S^{-1}N \longrightarrow S^{-1}(M \otimes_R N), \quad \left(\frac{m}{s_1}, \frac{n}{s_2}\right) \longmapsto \frac{m \otimes n}{s_1s_2}$$

是 $S^{-1}R$–模双线性映射, 故诱导同态

$$g: S^{-1}M \otimes_{S^{-1}R} S^{-1}N \to S^{-1}(M \otimes_R N), \quad \frac{m}{s_1} \otimes \frac{n}{s_2} \mapsto \frac{m \otimes n}{s_1s_2}.$$

这显然是满同态.

另一方面, 映射

$$S^{-1}M \times S^{-1}N \to S^{-1}M \otimes_{S^{-1}R} S^{-1}N, \quad \left(\frac{m}{s_1}, \frac{n}{s_2}\right) \mapsto \frac{m}{s_1} \otimes \frac{n}{s_2}$$

是 R–模双线性映射, 故诱导 R–模同态

$$\begin{aligned} S^{-1}M \otimes_R S^{-1}N &\longrightarrow S^{-1}M \otimes_{S^{-1}R} S^{-1}N, \\ \frac{m}{s_1} \otimes_R \frac{n}{s_2} &\longmapsto \frac{m}{s_1} \otimes_{S^{-1}R} \frac{n}{s_2}. \end{aligned}$$

我们得到 R–模同态

$$\begin{aligned} f:\ M \otimes_R N \xrightarrow{\varphi_M \otimes \varphi_N} S^{-1}M \otimes_R S^{-1}N &\longrightarrow S^{-1}M \otimes_{S^{-1}R} S^{-1}N, \\ m \otimes_R n \longmapsto \frac{m}{1} \otimes_R \frac{n}{1} &\longmapsto \frac{m}{1} \otimes_{S^{-1}R} \frac{n}{1}. \end{aligned}$$

定义

$$h: S^{-1}\left(M \otimes_R N\right) \to S^{-1}M \otimes_{S^{-1}R} S^{-1}N, \quad \frac{m \otimes n}{s} \longmapsto \frac{f(m \otimes n)}{s}.$$

容易验证 h 是 $S^{-1}R$–模同态且 g 与 h 互逆. □

我们下面讨论一类重要的局部化.

设 $\mathfrak{p}$ 是 R 的素理想. 则 $R-\mathfrak{p}$ 是乘性集, 令

$$R_{\mathfrak{p}} = (R-\mathfrak{p})^{-1}R, \quad M_{\mathfrak{p}} = (R-\mathfrak{p})^{-1}M.$$

由定理 2.35, $\mathfrak{p}R_{\mathfrak{p}} = (R-\mathfrak{p})^{-1}\mathfrak{p}$ 是 $R_{\mathfrak{p}}$ 的素理想, 且若 $\mathfrak{q}$ 是 $R_{\mathfrak{p}}$ 的素理想, 则 $\mathfrak{q}^c \cap (R-\mathfrak{p}) = \varnothing$. 即 $\mathfrak{q}^c \subseteq \mathfrak{p}$, $\mathfrak{q} \subseteq \mathfrak{p}R_{\mathfrak{p}}$. 所以 $R_{\mathfrak{p}}$ 只有一个极大理想 $\mathfrak{p}R_{\mathfrak{p}}$.

定义 2.38. 若交换环 R 只有唯一的极大理想 $\mathfrak{m}$, 则称 R 为**局部环** (local ring).

关于局部环的研究是交换代数的一项重要内容.

命题 2.39. 设 R 是交换环, 则下列条件等价:

(1) R 是以 $\mathfrak{m}$ 为唯一极大理想的局部环.

(2) $\mathfrak{m} = R - R^{\times}$ 是 R 的极大理想.

(3) 存在极大理想 $\mathfrak{m}$, 使得 $1+\mathfrak{m} \subseteq R^{\times}$.

证明. (1) ⇒ (2). 若 $a \notin \mathfrak{m}$, 则 $(a) = R$, 故存在 b, $ab = 1$, 即 $a \in R^{\times}$.

(2) ⇒ (3) 显然.

(3) ⇒ (1). 若 $a \notin \mathfrak{m}$, 则 $(a)+\mathfrak{m} = R$. 故存在 $ab+m = 1$, 故 $ab = 1-m \in R^{\times}$, 所以 $a \in R^{\times}$. $(a) = R$. 即 $\mathfrak{m}$ 是唯一极大理想. □

命题 2.40. 设 M 是 R–模. 则下面陈述等价:

(1) $M=0$.

(2) $M_{\mathfrak{p}}=0$ 对任意 R 的素理想 $\mathfrak{p}$ 成立.

(3) $M_{\mathfrak{m}}=0$ 对任意 R 的极大理想 $\mathfrak{m}$ 成立.

证明. (1) $\Rightarrow$ (2) $\Rightarrow$ (3) 显然. 需要证 (3) $\Rightarrow$ (1).

若 $M\neq 0$. 令 $0\neq m\in M$. 则 m 的零化子

$$\mathrm{ann}(m)=\{r\in R \mid rm=0\}\subsetneq R$$

是 R 的真理想. 设它包含在极大理想 $\mathfrak{m}$ 中. 则 $\frac{m}{1}\in M_{\mathfrak{m}}$ 且 $\frac{m}{1}\neq 0$. 矛盾. □

命题 2.41. 设 R 是整环. 视 $R_{\mathfrak{p}}$ 为 $K=\mathrm{Frac}R$ 的子环, 则有

$$R=\bigcap_{\mathfrak{p}\in\mathrm{Spec}R}R_{\mathfrak{p}}=\bigcap_{\mathfrak{m}\in\mathrm{Max}R}R_{\mathfrak{m}}.$$

证明. 由于 $\varphi_{\mathfrak{p}}:R\to R_{\mathfrak{p}}$ 是单射, 故 $R\subseteq\bigcap_{\mathfrak{p}}R_{\mathfrak{p}}\subseteq\bigcap_{\mathfrak{m}}R_{\mathfrak{m}}$. 设 $a\in\bigcap_{\mathfrak{m}}R_{\mathfrak{m}}$. 令 $I_a=\{d\in R\mid da\in R\}$. 则 I_a 是 R 的理想, 且 $a\in R\Leftrightarrow I_a=(1)$. 若 $a\notin R$. 令 $\mathfrak{m}$ 为包含 I_a 的一个极大理想. 由于 $a\in R_{\mathfrak{m}}$, 故 $a=\frac{r}{d}$ 对某个 $r\in R$ 和 $d\in R-\mathfrak{m}$ 成立. 所以 $da=r\in R$, 从而 $d\in I_a\subseteq\mathfrak{m}$, 矛盾. 故 $\bigcap_{\mathfrak{m}}R_{\mathfrak{m}}=R$. □

2.3　整　性

定义 2.42. 设 R 是环 S 的子环.

(1) 元素 $s\in S$ 称为**在 R 上整** (integral over R) 是指存在首一多项式 $f(x)\in R[x]$, 使得 $f(s)=0$.

(2) 若 S 中所有元素均在 R 上整, 则称 **S 在 R 上整**, 或称 S 是 R 的**整扩张** (integral extension).

(3) R 在 S 中的**整闭包** (integral closure) 是指 S 中所有在 R 上整的元素的集合.

(4) 环 R 称为在 S 中**整闭** (integrally closed) 是指 R 等于它在 S 中的整闭包. 整环 R 在其分式域中的整闭包称为它的**正规化** (normalization), R 称为**整闭**是指它在分式域中整闭.

命题 2.43. 设 $s\in S$, R 是 S 的子环. 则下列条件等价:

(1) s 在 R 上整.

(2) $R[s]$ 是有限生成 R–模.

(3) 存在子环 $T\ni s$, $R\subseteq T\subseteq S$, 它作为 R–模是有限生成的.

证明. (1) $\Rightarrow$ (2). 设 $f(x)=x^n+a_{n-1}x^{n-1}+\cdots+a_0$ 使得 $f(s)=0$. 则

$$s^n=-(a_{n-1}s^{n-1}+\cdots+a_1s+a_0).$$

由归纳即知 s^k $(k\geqslant n)$ 由 $1,s,\cdots,s^{n-1}$ 生成. 故 $R[s]$ 是由 $\{1,s,\cdots,s^{n-1}\}$ 生成的 R–模.

(2) $\Rightarrow$ (3). 取 $T=R[s]$ 即可.

(3) $\Rightarrow$ (1). 假设 T 作为 R–模由 $v_1,\cdots,v_n$ 生成. 由于 T 是环, 则由 $s\in T$ 有 $sv_i\in T$. 故

$$sv_i=\sum_{j=1}^n a_{ij}v_j,\ a_{ij}\in R.$$

即

$$\sum_{j=1}^n(\delta_{ij}s-a_{ij})v_j=0,\quad i=1,\cdots,n.$$

令 $A=(a_{ij})_{1\leqslant i,j\leqslant n}$, $B=sI_n-A$, $v=(v_1,\cdots,v_n)^{\mathrm{T}}$. 则 $Bv=0$. 左乘 B 的伴随矩阵 B^* 即得

$$B^*Bv=(\det B)v=0.$$

即 $(\det B)v_i=0$ 对 $i=1,\cdots,n$ 成立.

由于 $1\in R\subseteq T$, 故 $1=r_1v_1+\cdots+r_nv_n$, 我们得到 $\det B=\det(sI_n-A)=0$. 由于 $\det(xI_n-A)$ 是 R 上的 n 次首一多项式, 所以 s 在 R 上整. □

推论 2.44. 设 R 是 S 的子环, s 与 t 是 S 中的元素. 则

(1) 若 s 与 t 在 R 上整, 则 $s\pm t$ 与 st 也在 R 上整.

(2) R 在 S 中的整闭包是 S 中包含 R 的子环.

(3) 如 $R\subseteq S\subseteq T$ 为子环. T 在 S 上整, S 在 R 上整, 则 T 在 R 上整. 即整性是传递的.

证明. (1) 设 s 与 t 在 R 上整, 则 $R[s]$ 可由 $\{s_1,\cdots,s_n\}$ 生成, $R[t]$ 可由 $\{t_1,\cdots,t_m\}$ 生成. 故 $R[s,t]$ 是由 $\{s_it_j\mid 1\leqslant i\leqslant n,1\leqslant j\leqslant m\}$ 生成的有限生成 R–模. 由命题即知它里面所有元素都在 R 上整, 这包括 $s\pm t$ 和 st.

(2) 由 (1) 立得.

(3) 设 $t\in T$ 在 S 上整, 则它是某首一多项式 $p(x)=x^n+a_{n-1}x^{n-1}+\cdots+a_0\in S[x]$ 的根. 由于 $a_i\in S$ 在 R 上整, $R[a_i]$ 是有限生成 R–模, 所以 $R[a_0,\cdots,a_{n-1}]$ 是有限生成 R–模, 从而 $R[a_0,\cdots,a_{n-1}][t]$ 也是有限生成 R–模, 所以 t 在 R 上整. □

推论 2.45. R 在 S 中的整闭包在 S 上整闭.

定理 2.46. 设 R 是环 S 的子环, 且 S 在 R 上整.

(1) 若 S 是整环, 则 R 是域当且仅当 S 是域.

(2) 设 $\mathfrak{p}$ 是 R 的素理想, 则存在 $\mathfrak{q}$ 为 S 的素理想使得 $\mathfrak{p}=\mathfrak{q}\cap R$. 更进一步地, $\mathfrak{p}$ 是 R 的极大理想当且仅当 $\mathfrak{q}$ 是极大理想.

(3) (上升定理, going-up theorem) 如 $\mathfrak{p}_1\subseteq\mathfrak{p}_2\subseteq\cdots\subseteq\mathfrak{p}_n$ 是 R 中的素理想升链, 且存在 S 中的素理想升链 $\mathfrak{q}_1\subseteq\mathfrak{q}_2\subseteq\cdots\subseteq\mathfrak{q}_m$, $\mathfrak{q}_i\cap R=\mathfrak{p}_i$, $m<n$. 则可以完备此升链, 即有 S 中的素理想升链 $\mathfrak{q}_1\subseteq\cdots\subseteq\mathfrak{q}_n$, $\mathfrak{q}_i\cap R=\mathfrak{p}_i$.

证明. (1) 若 R 是域, $0\neq s\in S$, 则存在 $a_i\in R$,

$$s^n+a_{n-1}s^{n-1}+\cdots+a_1s+a_0=0.$$

不妨设 $a_0\neq 0$. 则

$$-\frac{1}{a_0}\left(s^{n-1}+\cdots+a_1\right)\cdot s=1.$$

即 s 可逆. 反过来, 若 S 是域, $0\neq r\in R$, 则 $r^{-1}\in S$ 在 R 上整. 故存在 $b_0,\cdots,b_{m-1}\in R$,

$$r^{-m}+b_{m-1}r^{-m+1}+\cdots+b_0=0.$$

故 $r^{-1}=-(b_{m-1}+\cdots+b_1r^{m-2}+b_0r^{m-1})\in R$.

(2) 若 $\mathfrak{p}$ 是 R 中的素理想, 则 $R-\mathfrak{p}=D$ 是环 R 和环 S 中的乘性集. 我们有交换图表

$$\begin{array}{ccc} R & \xrightarrow{\varphi_D} & R_{\mathfrak{p}} \\ {\scriptstyle i}\downarrow & & \downarrow{\scriptstyle \iota} \\ S & \xrightarrow{\varphi_D} & D^{-1}S \end{array}$$

容易证明 $D^{-1}S$ 在 $R_{\mathfrak{p}}$ 上整. 令 $\mathfrak{m}$ 是 $D^{-1}S$ 中任意极大理想. 则 $\mathfrak{m}\cap R_{\mathfrak{p}}$ 是 $R_{\mathfrak{p}}$ 中的极大理想, 即 $D^{-1}\mathfrak{p}$. 故 $\mathfrak{p}=(\iota\varphi_D)^{-1}(\mathfrak{m})$. 令 $\mathfrak{q}=\varphi_D^{-1}(\mathfrak{m})$. 则 $\mathfrak{q}$ 是 S 中的素理想且 $\mathfrak{q}\cap R=\mathfrak{p}$.

对于第二个断言, 注意到 $S/\mathfrak{q}$ 在 $R/\mathfrak{p}$ 上整. 故 $S/\mathfrak{q}$ 是域当且仅当 $R/\mathfrak{p}$ 是域. 即 $\mathfrak{q}$ 是极大理想当且仅当 $\mathfrak{p}$ 是极大理想.

(3) 只需证明若 $\mathfrak{p}_1\subseteq\mathfrak{p}_2$, 且 $\mathfrak{q}_1\cap R=\mathfrak{p}_1$, 则存在 S 中的 $\mathfrak{q}_2$, $\mathfrak{q}_1\subseteq\mathfrak{q}_2$, 且 $\mathfrak{q}_2\cap R=\mathfrak{p}_2$. 由于 $\overline{S}=S/\mathfrak{q}_1$ 是 $\overline{R}=R/\mathfrak{p}_1$ 的整扩张, 故由 (2), 存在 $\overline{S}$ 中的素理想 $\overline{\mathfrak{q}_2}$, 使得 $\overline{\mathfrak{q}_2}\cap R=\mathfrak{p}_2/\mathfrak{p}_1$. 故 $\overline{\mathfrak{q}_2}$ 的原像 $\mathfrak{q}_2$ 即 S 中包含 $\mathfrak{q}_1$ 的素理想且 $\mathfrak{q}_2\cap R=\mathfrak{p}_2$. □

注记. 对应上升定理, 有如下的下降 (going-down) 定理: 如 S 是整环, 在 R 上整. 设 $\mathfrak{p}_1\supseteq\mathfrak{p}_2\supseteq\cdots\supseteq\mathfrak{p}_n$ 是 R 中素理想链, 且存在 $\mathfrak{q}_1\supseteq\mathfrak{q}_2\supseteq\cdots\supseteq\mathfrak{q}_m$,

$m < n$, 使得 $\mathfrak{q}_i \cap R = \mathfrak{p}_i$. 则存在 $\mathfrak{q}_m \supseteq \mathfrak{q}_{m+1} \supseteq \cdots \supseteq \mathfrak{q}_n$ 为 S 中素理想链使得 $\mathfrak{q}_i \cap R = \mathfrak{p}_i$, $m < i \leqslant n$.

定理 2.47. 设 R 是整闭整环, $F = \mathrm{Frac}R$. 对于 F 的有限可分扩张 E, R 在 E 中的整闭包 S 是秩为 $[E:F]$ 的某自由 R–模的子模.

为证明这个定理, 我们需要迹与迹形式的定义和性质.

定义 2.48. 设 E/F 是有限域扩张. 对于 $u \in E$, 令 $\Gamma_u : E \to E$ 是 F–线性映射 $x \mapsto ux$. 定义 u 关于 E/F 的**迹** (trace) 和**范** (norm) 为 Γ_u 的迹与行列式, 即

$$\mathrm{tr}_{E/F}\,(u) = \mathrm{tr}(\Gamma_u), \quad N_{E/F}\,(u) = \det(\Gamma_u). \tag{2.1}$$

E 关于 F 的**迹形式** (trace form) 即对称 F–双线性映射

$$t : E \times E \to F, \quad (u,v) \mapsto \mathrm{tr}(\Gamma_{uv}).$$

命题 2.49. 设 E/F 是有限可分扩张, 扩张次数为 n.

(1) 设 $u \in E$ 在 F 上的最小多项式是 $m(x) = x^m - c_{m-1}x^{m-1} + \cdots + (-1)^m c_0$, 则

$$\mathrm{tr}_{E/F}\,(u) = \frac{n}{m}c_{m-1}, \quad N_{E/F}\,(u) = c_0^{n/m}.$$

(2) 迹形式 t 是非退化双线性型.

证明. 我们将在习题 2.33—2.36 中给出证明. □

定理 2.47 的证明. 由命题 2.49 (1), 我们知道若 $u \in S$, 则 $\mathrm{tr}_{E/F}\,(u) \in R$. 其次, 对于 $\alpha \in E$, 若 $p(x) = x^n + \frac{a_{n-1}}{d_{n-1}}x^{n-1} + \cdots + \frac{a_0}{d_0}$ 是 α 在 F 上的最小多项式, $a_i, d_i \in R$, $d_i \neq 0$. 则 $\alpha' = \alpha(d_0 d_1 \cdots d_{n-1}) \in S$. 即存在 $0 \neq N \in R$, $N\alpha \in S$.

设 $\{e_1, \cdots, e_n\}$ 是 E 的一组 F–基, 同乘某非零 $N \in R$, 我们不妨假设 $e_i \in S$. 由命题 2.49 (2), t 是非退化双线性型, 我们设 $\{f_1, \cdots, f_n\}$ 是 $\{e_1, \cdots, e_n\}$ 的对偶基, 即 $t(e_i, f_j) = \delta_{ij}$. 对于 $\alpha \in S$, 记 $\alpha = \sum\limits_i c_i f_i$, $c_i \in K$. 由于 $\alpha e_i \in S$, $\mathrm{tr}_{E/F}\,(\alpha e_i) \in R$. 另一方面, $\mathrm{tr}_{E/F}\,(\alpha e_i) = t(\alpha, e_i) = \sum\limits_j c_j \delta_{ji} = c_i$, 故 $c_i \in R$. 因此, S 中任何元素都是 f_i 的 R–线性组合, 即 S 是由 $\{f_1, \cdots, f_n\}$ 生成的自由 R–模的子模. □

命题 2.50. 设 R 是整环. 则下列条件等价:

(1) R 整闭.

(2) 对所有 $\mathfrak{p} \in \mathrm{Spec}R$, $R_\mathfrak{p}$ 整闭.

(3) 对所有 $\mathfrak{m} \in \mathrm{Max}R$, $R_\mathfrak{m}$ 整闭.

证明. (1) $\Rightarrow$ (2). 我们视 $R, R_{\mathfrak{p}}$ 为 $K=\mathrm{Frac}R$ 的子环. 如 R 整闭, $y\in K$ 在 $R_{\mathfrak{p}}$ 上整. 则

$$y^n+\frac{a_{n-1}}{d_{n-1}}y^{n-1}+\cdots+\frac{a_0}{d_0}=0,\quad a_i\in R,\quad d_i\in R-\mathfrak{p}.$$

故 $y'=yd_0d_1\cdots d_{n-1}$ 是 R 上一个首一多项式的根. 故 $y'\in R$. 所以 $y\in R_{\mathfrak{p}}$.

(2) $\Rightarrow$ (3) 是显然的.

(3) $\Rightarrow$ (1). 设 $y\in K$ 在 R 上整. 由于 $R\subseteq R_{\mathfrak{m}}$, 故 y 在 $R_{\mathfrak{m}}$ 上整. 所以 $y\in R_{\mathfrak{m}}$ 对每个 $\mathfrak{m}\in\mathrm{Max}R$ 成立. 故 $y\in\bigcap\limits_{\mathfrak{m}}R_{\mathfrak{m}}=R$. □

本节最后我们讨论代数整数的简单性质.

定义 2.51. 设 K 是有理数域 $\mathbb{Q}$ 的扩域.

(1) 元素 $\alpha\in K$ 若在有理整数环 $\mathbb{Z}$ 上整, 则称 α 为 K 上的**代数整数** (algebraic integer).

(2) 有理整数环 $\mathbb{Z}$ 在 K 上的整闭包, 即 K 上所有代数整数的集合, 称为域 K 的**代数整数环** (ring of algebraic integers) 或**整数环**, 记为 $\mathcal{O}_K$.

例 2.52. 我们来看两个例子.

(1) 有理数域 $\mathbb{Q}$ 的代数整数环 $\mathcal{O}_{\mathbb{Q}}$ 即通常的整数环 $\mathbb{Z}$.

(2) 令 $K=\mathbb{Q}(\sqrt{D})$, D 为无平方因子数, 为二次数域. 则

$$\mathcal{O}_K=\begin{cases}\mathbb{Z}[\sqrt{D}], & \text{如}D\equiv 2,3(\mathrm{mod}4);\\ \mathbb{Z}[\frac{1+\sqrt{D}}{2}], & \text{如}D\equiv 1(\mathrm{mod}4).\end{cases}$$

命题 2.53. 元素 $\alpha\in K$ 为代数整数当且仅当 α 是代数数且它在 $\mathbb{Q}$ 上的最小多项式 $\in\mathbb{Z}[x]$.

证明. $\Leftarrow$. 显然.

$\Rightarrow$. 若 α 为代数整数, 则 α 显然是代数数. 设首一整系数多项式 $f(x)$ 是它的一个零化多项式. 设 $p(x)\in\mathbb{Q}[x]$ 是 α 在 $\mathbb{Q}$ 上的最小多项式. 则 $f(x)=g(x)p(x)$ 对某个首一多项式 $g(x)\in\mathbb{Q}[x]$ 成立. 对 $p(x)$ 乘足够大的整数 c_p 使得 $p^*(x)=c_pp(x)$ 是 $\mathbb{Z}[x]$ 中的本原多项式, 对 $g(x)$ 乘足够大的整数 c_g 使得 $g^*(x)=c_gg(x)$ 是 $\mathbb{Z}[x]$ 中的本原多项式, 则由高斯引理知多项式 $c_pc_gf(x)=p^*(x)g^*(x)$ 是 $\mathbb{Z}[x]$ 中的本原多项式, 故它的容度等于 ±1, 也等于 $\pm c(c_pc_gf(x))=\pm c_pc_g$. 所以 $c_p=c_f=\pm1$, $p(x)=\pm p^*(x)\in\mathbb{Z}[x]$. □

命题 2.54. 设 K 是 $\mathbb{Q}$ 的有限扩张, 则 $\mathcal{O}_K$ 作为 $\mathbb{Z}$–模是自由模, 秩为 $n=[K:\mathbb{Q}]$, 即 K 在 $\mathbb{Q}$ 上的扩张次数.

证明. 由于 $K/\mathbb{Q}$ 总是可分扩张, 由定理 2.47 知 $\mathcal{O}_K$ 是秩为 n 的自由 $\mathbb{Z}$–模的子模, 故它也是秩 $\leqslant n$ 的自由 $\mathbb{Z}$–模. 另一方面, 若 $\{e_1,\cdots,e_n\}$ 是 K 的一组

$\mathbb{Q}$–基, 令 $0 \neq N \in \mathbb{Z}$ 使得 $Ne_i \in \mathcal{O}_K$, 则 $\{Ne_1, \cdots, Ne_n\}$ 生成 $\mathcal{O}_K$ 的一个秩为 n 的 $\mathbb{Z}$–子模, 故 $\mathcal{O}_K$ 的秩也是 n. □

命题 2.55. (1) 设 α 是代数整数, 则 α 的共轭元也是代数整数.

(2) 设 $\varepsilon_1, \cdots, \varepsilon_n$ 为 n 次单位根. 若 $\gamma = \frac{\varepsilon_1 + \cdots + \varepsilon_n}{n}$ 是代数整数, 则 $\gamma = 0$ 或者 $\varepsilon_1 = \varepsilon_2 = \cdots = \varepsilon_n$.

证明. (1) 这是因为由定义, α 的共轭元与 α 有相同的最小多项式.

(2) 若 $\gamma \neq 0$, 则 $|\gamma| \leqslant 1$ 且 $|\gamma| = 1$ 当且仅当 $\varepsilon_1 = \varepsilon_2 = \cdots = \varepsilon_n$. 令 K 是 γ 的分裂域. 则 γ 的共轭元一定是 $\sigma(\gamma) : \sigma \in \mathrm{Gal}(K/\mathbb{Q})$ 的形式. 所以

$$|\sigma(\gamma)| = \frac{|\sigma(\varepsilon_1) + \cdots + \sigma(\varepsilon_n)|}{n} \leqslant 1.$$

故 γ 的共轭元之积的绝对值 $\leqslant 1$.

但由于 $\gamma \neq 0, \gamma$ 的共轭元之积的绝对值等于 γ 的最小多项式常数项的绝对值, 这是 $\geqslant 1$ 的. 所以

$$\gamma \neq 0, \gamma \in \mathcal{O}_K \Leftrightarrow |\gamma| = |\sigma(\gamma)| = 1 \Leftrightarrow \varepsilon_1 = \varepsilon_2 = \cdots = \varepsilon_n.$$ □

2.4 根式理想与准素理想

2.4.1 根式理想

命题 2.56. 设 I 是环 R 的理想, 则

$$\sqrt{I} = \{a \in R \mid 存在k \geqslant 1使得a^k \in I\}$$

也是 R 的理想, 且 $\sqrt{I}/I$ 是 R/I 中幂零元构成的集合.

证明. 若 $a \in \sqrt{I}$, $r \in R$, 则显然有 $ra \in \sqrt{I}$. 我们只要证: 若 $a, b \in \sqrt{I}$, 则 $a + b \in \sqrt{I}$.

设 $a^m \in I, b^n \in I$, 由二项式定理

$$(a+b)^{m+n} = \sum_{k=0}^{m+n} \binom{m+n}{k} a^k b^{m+n-k},$$

由于总有 $k \geqslant m$ 或 $m + n - k \geqslant n$ 成立, 故 $a^k b^{m+n-k} \in I$, 因此 $(a+b)^{m+n} \in I$. 所以 $a + b \in \sqrt{I}$. 至于 $\sqrt{I}/I$ 是 R/I 的幂零理想由 $\sqrt{I}$ 的定义即得. □

定义 2.57. 设 I 是环 R 的理想. 理想 $\sqrt{I}=\{a\in R\mid 存在k\geqslant 1使得\ a^k\in I\}$ 称为 I **的根式理想** (radical ideal of I). 特别地, 取 $I=(0)$, 则 $\sqrt{(0)}$ 即 R 中的幂零元构成的集合, 称为 R 的**幂零根** (nilpotent radical), 我们记之为 $\mathrm{nil}(R)$.

若 $\sqrt{I}=I$, 则 I 称为**根式理想**.

例 2.58. 素理想均是根式理想.

命题 2.59. 设 I 是 R 的理想, 则

$$\sqrt{I}=\bigcap_{素理想\mathfrak{p}\supseteq I}\mathfrak{p}.$$

特别地,

$$\mathrm{nil}(R)=\sqrt{(0)}=\bigcap_{\mathfrak{p}\in\mathrm{Spec}\ R}\mathfrak{p}.$$

证明. 由命题 2.56, $\sqrt{I}/I=\mathrm{nil}(R/I)$, 故我们只要证 $\mathrm{nil}(R)=\bigcap\limits_{\mathfrak{p}\in\mathrm{Spec}\ R}\mathfrak{p}$.

一方面, 若 $a^k=0\in\mathfrak{p}$, 则 $a\in\mathfrak{p}$. 所以 $\mathrm{nil}(R)\subseteq\mathfrak{p}$. 另一方面, 若 $a\notin\mathrm{nil}(R)$, 则集合

$$S=\{I为R中的真理想且I\cap\{a^n\mid n\geqslant 1\}=\varnothing\}$$

是 R 中真理想组成的集合. 由于 $(0)\in S$, S 是非空集. 令 P 是 S 中的由包含关系得到的一个极大元. 我们证明 P 是素理想. 事实上, 若 $x,y\notin P$, 但 $xy\in P$, 则有 $n,m\geqslant 1$,

$$a^n\in(x)+P, a^m\in(y)+P.$$

所以 $a^{m+n}\in(xy)+P=P$, 与 $P\in S$ 矛盾. 故 P 是素理想. 所以 $a\notin\bigcap\limits_{\mathfrak{p}\in\mathrm{Spec}\ R}\mathfrak{p}$. □

定义 2.60. 环 R 的 **雅各布森根** (Jacobson radical), 记为 $\mathrm{Jac}(R)$ 或者 $\mathrm{rad}(R)$, 是 R 中的所有极大理想之交.

例 2.61. 若 R 为阿廷环, 则 $\mathrm{Spec}\ R=\mathrm{Max}\ R=\{\mathfrak{m}_1,\mathfrak{m}_2,\cdots,\mathfrak{m}_n\}$. 此时

$$\mathrm{Jac}(R)=\mathrm{nil}(R)=\mathfrak{m}_1\cap\mathfrak{m}_2\cap\cdots\cap\mathfrak{m}_n.$$

命题 2.62. 如 R 为诺特环, 对于 $I\subseteq R$, 存在 $k\geqslant 1$, $(\sqrt{I})^k\subseteq I\subseteq\sqrt{I}$. 特别地, 存在 $N\geqslant 1$, $\mathrm{nil}(R)^N=0$.

证明. 这是因为 $\sqrt{I}$ 是有限生成的. □

命题 2.63. 设 J 是 R 的雅各布森根, 则

(1) 若 I 是 R 的真理想, 则 $(I,J)\neq R$.

(2) 元素 $x\in J$ 当且仅当对所有 $r\in R$, $1-rx\in R^\times$.

(3) 中山引理 (**Nakayama lemma**): 若 M 是有限生成 R–模且 $JM=M$, 则 $M=0$.

证明. (1) 若 $I \neq R$, 则 $I \subseteq \mathfrak{m}$ 对某个极大理想 $\mathfrak{m}$ 成立. 故

$$(I, J) \subseteq \mathfrak{m} \neq R.$$

(2) 若 $1 - rx \notin R^{\times}$, 则 $(1 - rx) \subseteq \mathfrak{m}$, $\mathfrak{m}$ 为某极大理想. 若 $x \in \mathfrak{m}$, 则 $1 \in \mathfrak{m}$, 不可能. 所以 $x \notin \mathfrak{m}$. 因此 $x \notin J$. 另一方面, 若 $x \notin J$, 则存在极大理想 $\mathfrak{m}'$, 使得 $x \notin \mathfrak{m}'$. 故 $R = (x, \mathfrak{m}')$, 即 $1 = rx + y$ 对某个 $r \in R$, $y \in \mathfrak{m}'$ 成立, 故 $1 - rx = y \in \mathfrak{m}'$ 不是单位.

(3) 如 $M \neq 0$, 设 $M = (m_1, \cdots, m_n)$ 且 n 是最小的生成元个数. 由 $M = JM$, 故

$$m_n = r_1 m_1 + r_2 m_2 + \cdots + r_n m_n, \quad r_1, r_2, \cdots, r_n \in J.$$

因此 $(1 - r_n) m_n = r_1 m_1 + r_2 m_2 + \cdots + r_{n-1} m_{n-1}$. 但由 (2), $1 - r_n$ 是单位, 故 m_n 由 $m_1, \cdots, m_{n-1}$ 表出, $M = (m_1, \cdots, m_{n-1})$. 矛盾. □

2.4.2 准素理想

定义 2.64. 环 R 的理想 Q 称为**准素理想** (primary ideal) 是指若 $ab \in Q$ 且 $a \notin Q$, 则存在 $n \geqslant 1$, 使得 $b^n \in Q$, 换言之, 即 $b \in \sqrt{Q}$.

准素理想有如下基本性质:

命题 2.65. (1) 素理想均是准素理想.

(2) 理想 Q 是准素理想当且仅当 R/Q 中的零除子均是幂零元.

(3) 若理想 Q 是准素理想, 则 $\sqrt{Q}$ 是素理想, 且它是包含 Q 的最小素理想.

(4) 若理想 Q 的根式理想 $\sqrt{Q}$ 是极大理想, 则 Q 是准素理想.

(5) 若 $\mathfrak{m}$ 是极大理想, $\mathfrak{m}^n \subseteq Q \subseteq \mathfrak{m}$, 则 Q 是准素理想且 $\sqrt{Q} = \mathfrak{m}$.

证明. (1), (2) 由准素理想的定义立得.

(3) 若 $ab \in \sqrt{Q}$, 则存在 n, $a^n b^n \in Q$. 若 $a^n \in Q$, 则 $a \in \sqrt{Q}$; 若 $a^n \notin Q$, 则存在 $m \leqslant 1$, $(b^n)^m = b^{nm} \in Q$, 所以 $b \in \sqrt{Q}$. 故 $\sqrt{Q}$ 是素理想. 由于 $\sqrt{I} = \bigcap_{\mathfrak{p} \supseteq I} \mathfrak{p}$ 对所有 $I \subseteq R$ 成立 (命题 2.59), 所以 $\sqrt{Q} = \bigcap_{\mathfrak{p} \supseteq Q} \mathfrak{p}$, 即 $\sqrt{Q} \subseteq \mathfrak{p}$ 对所有 $\mathfrak{p} \supseteq Q$ 成立.

(4) 由 (2), 只要证 R/Q 的零除子都是幂零元. 在 R/Q 中,

$$\sqrt{Q}/Q = \operatorname{nil}(R/Q) = \bigcap_{\mathfrak{p} \in \operatorname{Spec}(R/Q)} \mathfrak{p}.$$

若 $\sqrt{Q}$ 是 R 的极大理想, 则 $\sqrt{Q}/Q$ 是 R/Q 中唯一的素理想和极大理想. 若 $d \in R/Q$ 是零除子, 则 $R/Q \neq (d) \subseteq \sqrt{Q}/Q$. 即 d 是幂零元.

(5) 由 $\mathfrak{m}^n \subseteq Q \subseteq \mathfrak{m}$ 知 $\sqrt{Q} \subseteq \sqrt{\mathfrak{m}} = \mathfrak{m}$ 且 $\sqrt{Q} \supseteq \sqrt{\mathfrak{m}^n} = \mathfrak{m}$. 故 $\sqrt{Q} = \mathfrak{m}$. 由 (4) 即得 Q 是准素理想. □

定义 2.66. 如 Q 是准素理想. 称 $\mathfrak{p} = \sqrt{Q}$ 是 Q 的**相伴素理想** (associated prime ideal), 也称 Q 是 $\mathfrak{p}$–**准素理想**.

定义 2.67. (1) R 中的理想 I 如果是准素理想的交, 则称 I 有**准素分解** (primary decomposition), 亦称

$$I = \bigcap_{i=1}^{m} Q_i, \quad \text{其中 } Q_i \text{ 为准素理想}$$

为 I 的准素分解.

(2) I 的准素分解 $I = \bigcap\limits_{i=1}^{m} Q_i$ 称为**极小准素分解** (minimal primary decomposition) 是指下列条件成立:

(i) 对于所有 $1 \leqslant i \leqslant m$, $Q_i \not\supseteq \bigcap\limits_{j \neq i} Q_j$;

(ii) 对所有 $i \neq j$, $\sqrt{Q_i} \neq \sqrt{Q_j}$.

此时称分解式中的 Q_i 是 I 的**准素分量** (primary component).

定义 2.68. 理想 $I \subsetneqq R$ 称为**不可约理想** (irreducible ideal) 是指若 $I = J \cap K$, 其中 J 与 K 是 R 中的理想, 则 $I = J$ 或 $I = K$ 成立.

例 2.69. 素理想是不可约理想.

命题 2.70. 设 R 是诺特环, 则

(1) 不可约理想是准素理想.

(2) R 中的真理想均是不可约理想的有限交.

证明. (1) 设 I 不可约, $ab \in I$, 且 $b \notin I$. 令

$$A_n = \{x \in R \,|\, a^n x \in I\}.$$

则 A_n 是 R 中的理想且 $A_1 \subseteq A_2 \subseteq \cdots$. 由诺特条件, 故存在 $N > 0$, $A_N = A_{N+1} = \cdots$.

设 $J = (a^N) + I$, $K = (b) + I$. 令 $y \in J \cap K$. 则 $y = a^N z + y'$, $z \in R$, $y' \in I$. 由 $ab \in I$ 知 $aK \subseteq I$. 故 $ay \in I$. 故 $a^{N+1} z = ay - ay' \in I$. 所以 $z \in A_{N+1} = A_N$. 所以 $a^N z \in I$. 故 $y \in I$. 因此 $J \cap K = I$.

由于 I 不可约, 而 $(b) + I \neq I$. 故 $J = (a^N) + I = I$, 故 $a^N \in I$. 即 I 为准素理想.

(2) 令 $S = \{I \subsetneqq R \,|\, I\text{不是不可约理想的有限交}\}$. 若 $S \neq \varnothing$, 则由诺特性质, S 中有极大元, 记为 I. 由于 I 不是不可约的, 故存在 J, K, $I \subsetneqq J$, $I \subsetneqq K$,

$I=J\cap K$. 但由于 $J\notin S$ 且 $K\notin S$, 故 J 和 K 均是不可约理想的有限交, 这样 $I=J\cap K$ 也是不可约理想的有限交. 矛盾. □

引理 2.71. 若 Q_1 和 Q_2 都是交换环 R 的 $\mathfrak{p}$–准素理想, 则 $Q_1\cap Q_2$ 也是 $\mathfrak{p}$–准素理想.

证明. 如 $ab\in Q_1\cap Q_2$, $b\notin Q_1\cap Q_2$. 不妨设 $b\notin Q_1$, 则存在 $m\geqslant 1$, $a^m\in Q_1$, 即 $a\in\sqrt{Q_1}=\mathfrak{p}$. 我们只需证明 $\sqrt{Q_1\cap Q_2}=\sqrt{Q_1}\cap\sqrt{Q_2}=\mathfrak{p}$.

一方面, $\sqrt{Q_1\cap Q_2}\subseteq\sqrt{Q_1}\cap\sqrt{Q_2}$ 是显然的. 另一方面, 若 $a\in\sqrt{Q_1}\cap\sqrt{Q_2}$, 则存在 $m,n\geqslant 1$, $a^m\in Q_1$, $a^n\in Q_2$, 故 $a^{mn}\in Q_1\cap Q_2$, 我们得到 $\sqrt{Q_1\cap Q_2}\supseteq\sqrt{Q_1}\cap\sqrt{Q_2}$. □

由前面的命题和引理, 我们立刻有如下定理 (证明留作练习).

定理 2.72. 设 R 是诺特环. 则 R 的每个真理想 I 均有极小准素分解

$$I=\bigcap_{i=1}^{m}Q_i$$

且 $\{\sqrt{Q_1},\sqrt{Q_2},\cdots,\sqrt{Q_m}\}$ 由 I 唯一决定.

命题 2.73. 设 $I=Q_1\cap\cdots\cap Q_m$ 为 I 的一个准素分解, $\sqrt{Q_i}=\mathfrak{p}_i$. 则

(1) 素理想 $\mathfrak{p}\supseteq I\Leftrightarrow$ 存在i, $1\leqslant i\leqslant m,\mathfrak{p}\supseteq\mathfrak{p}_i$.

(2) $\sqrt{I}=\bigcap\limits_{i=1}^{m}\mathfrak{p}_i$.

(3) 若 R 是诺特环, 则 I 包含有限多个素理想的乘积.

证明. (1) 这是因为 $\mathfrak{p}\supseteq I\Leftrightarrow\mathfrak{p}\supseteq Q_1\cap\cdots\cap Q_m\Leftrightarrow\mathfrak{p}\supseteq Q_i$对某个 $1\leqslant i\leqslant m$成立 $\Leftrightarrow\mathfrak{p}\supseteq\sqrt{Q_i}=\mathfrak{p}_i$.

(2) $\sqrt{I}=\bigcap\limits_{\mathfrak{p}\supseteq I}\mathfrak{p}=\bigcap\limits_{i=1}^{m}\mathfrak{p}_i$.

(3) 由于 R 是诺特环, 故存在 $k\geqslant 1$, 使得 $(\bigcap\limits_{i=1}^{m}\mathfrak{p}_i)^k\subseteq I\subseteq\bigcap\limits_{i=1}^{m}\mathfrak{p}_i$. 因此 $\mathfrak{p}_1^k\mathfrak{p}_2^k\cdots\mathfrak{p}_m^k\subseteq I$. □

2.5 仿射代数几何初步

2.5.1 仿射代数集

定义 2.74. 设 R 是交换环, A 是环 (可能非交换). 若 $i:R\to A$ 为环同态且 R 的像 $i(A)$ 包含于 A 的中心, 则称 A 为 R–**代数** (algebra) 且记 $r\cdot a=a\cdot r=i(r)a$, 其中 $r\in R,a\in A$.

若代数 A 作为环在子环 $i(R)$ 上是有限生成的, 则称 A 是**有限生成 R–代数**.

设 A, B 是 R–代数. 映射 $\varphi : A \to B$ 称为 **R–代数同态**是指 φ 是环同态且 $\varphi(ra) = r\varphi(a)$ 对所有 $r \in R$ 和 $a \in A$ 成立.

我们考虑域 k 上的代数情况. 若 A 是有限生成交换 k–代数 (即 A 是交换环和有限生成 k–代数), 由于此时 i 是单射, 我们视 k 为 A 的子环. 设 $r_1, \cdots, r_n$ 生成 A. 则由多项式环的泛性质, 存在环的满同态

$$\begin{aligned} \varphi : \ k[x_1, \cdots, x_n] &\longrightarrow A, \\ x_i \mapsto r_i, a &\mapsto a \ (\forall a \in k). \end{aligned}$$

则 φ 是 k–代数满同态, 它诱导同构

$$\bar{\varphi} : k[x_1, \cdots, x_n]/I \xrightarrow{\sim} A, \text{其中} I = \ker \varphi.$$

由希尔伯特基定理知 A 是诺特环. 我们有

命题 2.75. 有限生成交换 k–代数均同构于 $k[x_1, \cdots, x_n]/I$ 的形式, 它是诺特环.

定义 2.76. 域 k 上的 n 维**仿射空间** (affine space) 是指集合

$$\mathbb{A}_k^n = \mathbb{A}^n = \{(a_1, \cdots, a_n) \mid a_i \in k\}.$$

它的**坐标环** (coordinate ring)

$$k[\mathbb{A}^n] = k[x_1, \cdots, x_n]$$

是 k 上的 n 元多项式环.

注意到每个 n 元多项式 $f(x_1, \cdots, x_n) \in k[x_1, \cdots, x_n]$ 均对应映射

$$f : \mathbb{A}^n \to k, (a_1, \cdots, a_n) \mapsto f(a_1, \cdots, a_n).$$

定义 2.77. 设 S 是环 $k[x_1, \cdots, x_n]$ 的子集合. S 的**零点集** (zero locus, 或称零轨迹) 定义为

$$\mathcal{Z}(S) = \{a \in \mathbb{A}^n \mid f(a) = 0 \text{对任意} f(x_1, \cdots, x_n) \in S \text{成立}\}.$$

如 $S = \{f_1, \cdots, f_m\}$ 为有限集, 记

$$\mathcal{Z}(S) = \mathcal{Z}(f_1, \cdots, f_m).$$

若 $\mathbb{A}^n$ 的子集合 $V = \mathcal{Z}(S)$ 对某个 $S \subseteq k[\mathbb{A}^n]$ 成立, 则称 V 是**仿射代数集** (affine algebraic set).

例 2.78. (1) $\mathcal{Z}(0)=\mathbb{A}^n$, $\mathcal{Z}(1)=\varnothing$.

(2) $\mathcal{Z}(x_1-a_1,\cdots,x_n-a_n)=\{(a_1,\cdots,a_n)\}$ 是独点集.

(3) 对于 $f\in k[\mathbb{A}^n]$, $\deg f>0$, 称 $\mathcal{Z}(f)$ 是 $\mathbb{A}^n$ 上的**超曲面** (hypersurface).

(4) 若 $n=1$, 则 $\mathcal{Z}(f)$ 是 f 在 k 中的零点的集合. 若 $f\neq 0$, 则 $\mathcal{Z}(f)$ 是有限集. 故 $\mathbb{A}^1$ 中的仿射代数集包括三种形式: 空集 $\varnothing$, 有限点集及全集合 $k=\mathbb{A}^1$.

命题 2.79. 仿射代数集有如下性质:

(1) 若 $S\subseteq T$, 则 $\mathcal{Z}(S)\supseteq\mathcal{Z}(T)$.

(2) 令 $\langle S\rangle$ 为 $k[\mathbb{A}^n]$ 中由 S 生成的理想, 则 $\langle S\rangle=\langle f_1,\cdots,f_m\rangle$, $\mathcal{Z}(S)=\mathcal{Z}(\langle S\rangle)=\mathcal{Z}(f_1,\cdots,f_m)$.

(3) 任意多个仿射代数集之交是仿射代数集: 若 $(S_i)_{i\in I}$ 是 $\mathbb{A}^n$ 的子集合族, 则 $\bigcap\limits_{i\in I}\mathcal{Z}(S_i)=\mathcal{Z}(\bigcup\limits_{i\in I}S_i)$ 还是仿射代数集.

(4) 若 I,J 是 $k[\mathbb{A}^n]$ 中的理想, 则 $\mathcal{Z}(I)\cup\mathcal{Z}(J)=\mathcal{Z}(IJ)$. 故有限多个仿射代数集之并还是仿射代数集.

(5) $\mathcal{Z}(0)=\mathbb{A}^n$ 及 $\mathcal{Z}(1)=\varnothing$ 是仿射代数集.

由性质 (2), 我们有映射

$$\begin{aligned}\mathcal{Z}:\{k[\mathbb{A}^n]\text{中的理想}\}&\longrightarrow\{\mathbb{A}^n\text{上的仿射代数集}\},\\ I&\longmapsto\mathcal{Z}(I).\end{aligned}$$

若 $I=\langle f_1,\cdots,f_m\rangle$, 则 $\mathcal{Z}(I)=\mathcal{Z}(f_1,\cdots,f_m)=\mathcal{Z}(f_1)\cap\cdots\cap\mathcal{Z}(f_m)$.

反过来, 设 A 是 $\mathbb{A}^n$ 的子集. 令

$$\mathcal{I}(A)=\{f\in k[\mathbb{A}^n]\mid f(a)=0\text{对任意}a\in A\text{成立}\}.$$

则 $\mathcal{I}(A)$ 是 $k[\mathbb{A}^n]$ 中的理想, 且是在 A 上取值为 0 的所有理想的极大元, 称为 A 的**零化理想**.

命题 2.80. 映射

$$\begin{aligned}\mathcal{I}:\{\mathbb{A}^n\text{中的子集合}\}&\longrightarrow\{k[\mathbb{A}^n]\text{中的理想}\},\\ A&\longmapsto\mathcal{I}(A)\end{aligned}$$

满足条件:

(1) $\mathcal{I}(A)$ 是根式理想.

(2) 若 $A\subseteq B$, 则 $\mathcal{I}(A)\supseteq\mathcal{I}(B)$.

(3) $\mathcal{I}(A\cup B)=\mathcal{I}(A)\cap\mathcal{I}(B)$.

(4) $\mathcal{I}(\varnothing)=k[\mathbb{A}^n]$, 且若 k 是无限域, 则 $\mathcal{I}(\mathbb{A}^n)=0$.

更进一步地, 映射 $\mathcal{Z}$ 与 $\mathcal{I}$ 有如下联系:

(i) 若 I 是理想, 则 $I \subseteq \mathcal{I}(\mathcal{Z}(I))$; 若 $A \subseteq \mathbb{A}^n$, 则 $A \subseteq \mathcal{Z}(\mathcal{I}(A))$.

(ii) 若 $V = \mathcal{Z}(I)$ 是仿射代数集, 则 $V = \mathcal{Z}(\mathcal{I}(V))$.

证明. 只证 (ii). $V \subseteq \mathcal{Z}(\mathcal{I}(V))$ 由定义立知. 反之, 由 $I \subseteq \mathcal{I}(\mathcal{Z}(I))$ 知 $\mathcal{Z}(I) \supseteq \mathcal{Z}(\mathcal{I}(\mathcal{Z}(I)))$, 故 $V \supseteq \mathcal{Z}(\mathcal{I}(V))$. □

定义 2.81. 仿射空间 $\mathbb{A}^n$ 里的仿射代数集 V 的**坐标环** $k[V]$ 定义为商环 $k[\mathbb{A}^n]/\mathcal{I}(V)$.

注记. 若 k 是无限域, $V = \mathbb{A}^n$, 则 $\mathcal{I}(V) = 0$. 则上述定义与前述定义是一致的.

我们注意到:

(1) 对于 $f \in k[\mathbb{A}^n]$, 考虑映射

$$f : \mathbb{A}^n \longrightarrow k$$

在 V 上的限制 $f|_V$. 则 $f|_V = g|_V$ 当且仅当 $f - g \in \mathcal{I}(V)$. 故对任意 $\bar{f} \in k[V]$, 令 $f \in k[\mathbb{A}^n]$ 为它的一个原像, 映射

$$\bar{f} : V \longrightarrow k, \quad a \mapsto f(a)$$

是定义良好的映射.

(2) $k[V]$ 是有限生成 k–代数, 因此是诺特环.

定义 2.82. 设 $V \subseteq \mathbb{A}^n$ 和 $W \subseteq \mathbb{A}^m$ 为仿射代数集. 如存在多项式 $\varphi_1, \cdots, \varphi_m \in k[x_1, \cdots, x_n]$ 使得映射 $\varphi : V \to W$ 满足等式

$$\varphi(a) = (\varphi_1(a), \varphi_2(a), \cdots, \varphi_m(a))$$

对所有 $a = (a_1, \cdots, a_n) \in V$ 成立, 称 φ 为代数集 V 到 W 的**态射**.

态射 $\varphi : V \to W$ 称为**同构**, 是指存在态射 $\psi : W \to V$ 使得 $\varphi \circ \psi = 1_W$ 且 $\psi \circ \varphi = 1_V$.

注记. 对于态射 φ, 多项式 $\varphi_1, \cdots, \varphi_m$ 不是唯一确定的.

设 $\varphi : V \to W$ 是态射. 定义

$$\begin{aligned} \widetilde{\varphi} : k[W] &\longrightarrow k[V], \\ f + \mathcal{I}(W) &\longmapsto f(\varphi_1, \cdots, \varphi_m) + \mathcal{I}(V). \end{aligned}$$

我们证明 $\widetilde{\varphi}$ 是定义良好的 k–代数同态. 若

$$f_1 = f_2 \bmod \mathcal{I}(W), \quad 则\ F = f_1 - f_2 \in \mathcal{I}(W),$$

故 $F(\varphi_1,\cdots,\varphi_m)\in\mathcal{I}(V)$, 即 $\widetilde{\varphi}$ 是定义良好的. 至于 $\widetilde{\varphi}$ 是 k–代数同态容易证明.

反过来, 设 $\Phi: k[W]\to k[V]$ 是 k–代数同态. 设

$$\Phi(x_i+\mathcal{I}(W))=F_i(x_1,\cdots,x_n)+\mathcal{I}(V),\quad \text{其中 } 1\leqslant i\leqslant m.$$

若 $g(x_1,\cdots,x_m)\in\mathcal{I}(W)$, 则 $\Phi(g(x_1,\cdots,x_m)+\mathcal{I}(W))=g(F_1,\cdots,F_m)\in\mathcal{I}(V)$. 若 $(a_1,\cdots,a_n)\in V$, 则 $g(F_1(a),\cdots,F_m(a))=0$. 所以

$$(F_1(a),\cdots,F_m(a))\in\mathcal{Z}(\mathcal{I}(W))=W.$$

这样 $\varphi: V\to W$, $a=(a_1,\cdots,a_n)\mapsto(F_1(a),\cdots,F_m(a))$ 是 V 到 W 的态射. 它与 F_i 的选取无关且 $\widetilde{\varphi}=\Phi$.

总结一下上面的讨论, 即有如下定理.

定理 2.83. 设 $V\subseteq\mathbb{A}^n$ 和 $W\subseteq\mathbb{A}^m$ 为仿射代数集. 则存在一一对应

$$\{V\text{ 到 }W\text{ 的态射}\}\to\{k[W]\text{ 到 }k[V]\text{ 的 }k\text{–代数同态}\},$$
$$\varphi\mapsto\widetilde{\varphi},$$

满足如下条件:

(1) 对任意 k–代数同态 $\Phi: k[W]\to k[V]$, 存在唯一态射 $\varphi: V\to W$ 使得 $\Phi=\widetilde{\varphi}$.

(2) $\widetilde{\psi\circ\varphi}=\widetilde{\varphi}\circ\widetilde{\psi}$.

(3) φ 是同构当且仅当 $\widetilde{\varphi}$ 是同构.

2.5.2 希尔伯特零点定理

希尔伯特零点定理 (Hilbert's nullstellensatz) 是交换代数一个伟大定理.

定理 2.84 (希尔伯特零点定理). 设 k 是代数封闭域. 则

$$\mathcal{I}(\mathcal{Z}(I))=\sqrt{I}$$

对所有理想 $I\subseteq k[x_1,\cdots,x_n]$ 成立. 故 $\mathcal{I}$ 与 $\mathcal{Z}$ 给出互逆的一一对应:

$$\{\mathbb{A}^n\text{中的仿射代数集}\}\underset{\mathcal{Z}}{\overset{\mathcal{I}}{\rightleftarrows}}\{k[\mathbb{A}^n]\text{中的根式理想}\}.$$

特别地, 若 I 是 $k[\mathbb{A}^n]$ 的真理想, 则 $\mathcal{Z}(I)$ 非空.

为证明此定理, 我们先证明如下的诺特正规化引理 (Noether's normalization lemma):

定理 2.85 (诺特正规化引理). 设 k 是域, $A = k[r_1, \cdots, r_m]$ 是有限生成 k–代数, 则存在整数 q, $0 \leqslant q \leqslant m$, 以及元素 $y_1, \cdots, y_q \in A$, 它们在 k 上代数独立, 使得 A 在 $k[y_1, \cdots, y_q]$ 上整.

证明. 我们对 m 作归纳. 当 $m = 1$ 时定理是显然的.

对于一般的 m, 如 $r_1, \cdots, r_m$ 代数独立, 令 $q = m, y_i = r_i$ 即可.

否则, 存在多项式 $f(x_1, \cdots, x_m) \in k[x_1, \cdots, x_m]$, 次数 $\deg f = d > 0$ 使得 $f(r_1, \cdots, r_m) = 0$. 我们不妨假设 f 是系数在 $k[x_1, \cdots, x_{m-1}]$ 中关于未定元 x_m 的非常值多项式.

对于 $1 \leqslant i \leqslant m-1$, 令

$$\alpha_i = (1+d)^i, \quad X_i = x_i - x_m^{\alpha_i}.$$

则

$$\begin{aligned} g(X_1, \cdots, X_{m-1}, x_m) &= f(X_1 + x_m^{\alpha_1}, \cdots, X_{m-1} + x_m^{\alpha_{m-1}}, x_m) \\ &\in k[X_1, \cdots, X_{m-1}, x_m] \end{aligned}$$

可以写成

$$c x_m^N + \sum_{i=0}^{N-1} h_i(X_1, \cdots, X_{m-1}) x_m^i$$

的形式, 其中 $c \in k, c \neq 0$. 令 $s_i = r_i - r_m^{\alpha_i}$, 则

$$\frac{1}{c} g(s_1, \cdots, s_{m-1}, r_m) = \frac{1}{c} f(r_1, \cdots, r_m) = 0.$$

故 r_m 在环 $B = k[s_1, \cdots, s_{m-1}]$ 上整. 又由于 $r_1, \cdots, r_{m-1}$ 在 $B[r_m]$ 上整, 故 A 在 B 上整. 由于 B 是由 $m-1$ 个元素生成的 k–代数, 由归纳假设以及整性的传递性, 定理得证. □

定理 2.86 (希尔伯特零点定理的弱形式). 设 k 是代数封闭域. 理想 $\mathfrak{m}$ 是多项式环 $k[x_1, \cdots, x_m]$ 的极大理想当且仅当 $\mathfrak{m} = (x_1 - a_1, \cdots, x_n - a_n)$. 特别地, 如 I 是 $k[x_1, \cdots, x_n]$ 的真理想, 则 $\mathcal{Z}(I)$ 非空.

证明. $\Leftarrow$. 满同态 $k[x_1, \cdots, x_n] \to k$, $f(x_1, \cdots, x_n) \mapsto f(a_1, \cdots, a_n)$ 的核是 $\mathfrak{m}$. 故 $\mathfrak{m}$ 是极大理想.

$\Rightarrow$. 如 $\mathfrak{m}$ 是极大理想, 令 $E = k[x_1, \cdots, x_n]/\mathfrak{m} = k[\widetilde{x}_1, \cdots, \widetilde{x}_n]$. 这是有限生成 k–代数, 故由诺特正规化引理, E 在多项式环 $k[y_1, \cdots, y_q]$ 上整. 由 E 是域, 故 $k[y_1, \cdots, y_q]$ 也是域. 故 $q = 0$, E 在代数封闭域上整, 故 $E = k$. 这就是说 $\widetilde{x}_i = a_i \in k$. 即 $x_i - a_i \in \mathfrak{m}$. 故 $\mathfrak{m} = (x_1 - a_1, \cdots, x_n - a_n)$.

如 I 是 $k[x_1, \cdots, x_n]$ 上的真理想. 设 $\mathfrak{m} \supseteq I$ 是极大理想. 则 $\mathfrak{m} = (x_1 - a_1, \cdots, x_n - a_n)$, $(a_1, \cdots, a_n) \in \mathcal{Z}(I) \neq \varnothing$. □

希尔伯特零点定理的证明. 设 $I=(f_1,\cdots,f_m)$, $g\in\mathcal{I}(\mathcal{Z}(I))$. 令 I' 是多项式环 $k[x_1,\cdots,x_n,x_{n+1}]$ 中由 $\{f_1,\cdots,f_m,x_{n+1}g-1\}$ 生成的理想. 则 $\mathcal{Z}(I')=\varnothing$. 故由希尔伯特零点定理的弱形式, $1\in I'$, 即存在 $a_i=a_i(x_1,\cdots,x_{n+1})$ 使得

$$1=a_1f_1+\cdots+a_mf_m+a_{m+1}\,(x_{n+1}g-1).$$

令 $y=\frac{1}{x_{n+1}}$, 则存在 N 使得

$$y^N=c_1f_1+\cdots+c_mf_m+c_{m+1}\,(g-y), c_i\in k[x_1,\cdots,x_n,y].$$

取 $y=g$ 代入上述恒等式. 则有 $g^N=y^N\in I$, 故 $g\in\sqrt{I}$. □

2.5.3 仿射代数集上的拓扑

设 X 为集合. 回忆一下 X 上的**拓扑**是指 X 的一些子集构成的集合族 T, 其元素称为**闭集**, 满足如下公理:

(1) $X\in T$, $\varnothing\in T$. 即全集 X 与空集 $\varnothing$ 均是闭集.

(2) 闭集的任意交还是闭集. 即若 $\{X_i\}_{i\in I}\subseteq T$, 则 $\bigcap\limits_{i\in I}X_i\in T$.

(3) 闭集的有限并是闭集. 即若 $\{X_i\}_{i=1}^n\subseteq T$, 则 $\bigcup\limits_{i=1}^{n}X_i\in T$.

此时, X 称为**拓扑空间**.

闭集的余集称为**开集**. 故开集满足公理:

(1′) X 与 $\varnothing$ 是开集.

(2′) 开集的任意并是开集.

(3′) 开集的有限交是开集.

由仿射代数集的性质, 它满足闭集的三个条件.

定义 2.87. 仿射空间 $\mathbb{A}^n$ 以其上仿射代数集作为闭集决定的拓扑称为 $\mathbb{A}^n$ 上的扎里斯基拓扑 (Zariski topology).

例 2.88. 如 $n=1$, $\mathbb{A}^1=k$ 的扎里斯基拓扑即是说除去全空间 k 外, 其余闭集均是有限集. 这与通常所谓的有限补空间一致. 如 $k=\mathbb{R}$ 或 $\mathbb{C}$, 它的扎里斯基拓扑比我们在分析中学习到的欧氏距离空间拓扑要粗糙得多. 若 k 是无限集, 则 k 的扎里斯基拓扑总是 T_1 的但不是 T_2 (豪斯多夫, Hausdorff) 的.

定义 2.89. 设 V 是非空仿射代数集. 如对于 $V=V_1\cup V_2$, 其中 V_1,V_2 为仿射代数集, 必有 $V=V_1$ 或 $V=V_2$ 成立, 我们称 V 是**不可约**的, 否则称 V 是**可约**的. 不可约仿射代数集称为**仿射簇**.

命题 2.90. *设 V 是非空仿射代数集.*

(1) V 不可约当且仅当 $\mathcal{I}(V)$ 是素理想. 换言之, V 是代数簇当且仅当其坐标环 $k[V]$ 是整环.

(2) V 可以唯一表示成如下形式:

$$V = V_1 \cup V_2 \cup \cdots \cup V_q,$$

其中 V_i 不可约且 $V_i \not\subseteq V_j$ 对于任意 $j \neq i$ 成立.

证明. (1) 设 $I = \mathcal{I}(V)$. 如 $V = V_1 \cup V_2$ 是可约的, 可设 V_1 与 V_2 均是 V 的真闭子集. 由于 $V_i \neq V$, 故存在 $f_i \in \mathcal{I}(V_i) - I$, 但 $f_1 f_2$ 在 $V_1 \cup V_2 = V$ 上取值为 0. 故 $f_1 f_2 \in I$. 即 I 不是素理想. 反之, 若 I 不是素理想, 则存在 $f_1 f_2 \in k[x_1, \cdots, x_n]$, 且 f_1 和 $f_2 \notin I$. 令 $V_1 = \mathcal{Z}(f_1) \cap V$, $V_2 = \mathcal{Z}(f_2) \cap V$. 则 $V = V_1 \cup V_2$ 且 $V_i \neq V$, 即 V 可约.

(2) 设 S 是由所有不能写为不可约代数集有限并的非空代数集构成的集合族. 假设 $S \neq \varnothing$. 由于 $k[\mathbb{A}^n]$ 是诺特环, 集合 $\{\mathcal{I}(V) | V \in S\}$ 有最大元 I_0, 故 $V_0 = \mathcal{Z}(I_0)$ 是 S 中的极小元. 由于 $V_0 \in S$, 故 V_0 是可约的, 即有 $V_0 = V_1 \cup V_2$, V_1 与 V_2 是 V_0 的真闭子集. 但由 V_0 的极小性, V_1 与 V_2 不在 S 中, 故均是有限多不可约代数集之并. 所以 V_0 也是有限多不可约代数集之并, 即 $V_0 \notin S$. 矛盾. 所以 $S = \varnothing$, 即任意代数集均是不可约代数集的有限并.

要证唯一性. 设

$$V = V_1 \cup V_2 \cup \cdots \cup V_r = U_1 \cup U_2 \cup \cdots \cup U_s$$

为 V 的两个分解, V_i, U_j 不可约, 且 $V_i \not\subseteq V_{i'}$, $U_j \not\subseteq U_{j'}$. 则

$$V_1 = V_1 \cap V = (V_1 \cap U_1) \cup \cdots \cup (V_1 \cap U_s).$$

由 V_1 的不可约性知, 存在 j, 使得 $V_1 = V_1 \cap U_j$. 即 $V_1 \subseteq U_j$. 同样可知, 对 U_j 存在 i', 使得 $U_j \subseteq V_{i'}$ 对某个 i' 成立. 所以 $V_1 \subseteq U_j \subseteq V_{i'}$, 故 $i' = 1$ 且 $V_1 = U_j$. 同样道理有 $V_i = U_{\sigma(i)}$ 对某个 $1 \leqslant \sigma(i) \leqslant s$ 成立. 故 $r = s$ 且 $\{V_1, \cdots, V_r\} = \{U_1, \cdots, U_s\}$. □

2.5.4 交换环素谱上的拓扑

设 R 是含幺交换环. 回忆一下 Spec R 是 R 的素谱, 即 R 中所有素理想的集合, Max $R \subseteq$ Spec R 是 R 的极大谱, 即 R 中极大理想的集合.

例 2.91. 设 k 是域.

(1) Spec $k =$ Max $k = \{0\}$.

(2) Spec $\mathbb{Z} = \{(0)\} \cup$ Max $\mathbb{Z} = \{(0)\} \cup \{p\mathbb{Z} \mid p$ 是素数$\}$.

(3) Spec $k[x] = \{(0)\} \cup$ Max $k[x] = \{0\} \cup \{(f) \mid f \in k[x]$, 首一不可约$\}$.

(4) Spec $\mathbb{Z}[x]$ 由如下四类素理想组成:

(i) 零理想 (0).

(ii) (p), 其中 p 为素数.

(iii) (f), 其中 $f(x)$ 在 $\mathbb{Z}[x]$ 上不可约 ($\Leftrightarrow f$是本原的且在$\mathbb{Q}[x]$上不可约).

(iv) 极大理想 (p,g), 其中 p 为素数, $g(x)\in\mathbb{Z}[x]$ 为首一多项式且 $g \bmod p$ 在 $\mathbb{F}_p[x]$ 中不可约.

定义 2.92. 设 $f\in R$, $\mathfrak{p}\in\operatorname{Spec} R$. 则 f 在点 $\mathfrak{p}$ 处的值为 $f(\mathfrak{p})=f \bmod \mathfrak{p}\in R/\mathfrak{p}$. 故 $f(\mathfrak{p})=0\Leftrightarrow f\in\mathfrak{p}$.

定义 2.93. 设 A 是 R 的子集. A 的**零点集**定义为素谱 $\operatorname{Spec} R$ 的子集

$$\begin{aligned}\mathcal{Z}(A)&=\{\mathfrak{p}\in\operatorname{Spec} R\,|\,A\subseteq\mathfrak{p}\}\\&=\{\mathfrak{p}\in\operatorname{Spec} R\,|\,a(\mathfrak{p})=0\text{对任意}a\in A\text{ 成立}\}.\end{aligned}$$

设 Y 是 $\operatorname{Spec} R$ 的子集. Y 的**零化理想**定义为环 R 的理想

$$\mathcal{I}(Y)=\bigcap_{\mathfrak{p}\in Y}\mathfrak{p}=\{a\in R\,|\,a(\mathfrak{p})=0\text{对任意}\mathfrak{p}\in Y\text{成立}\}.$$

由于 $\mathcal{Z}(A)=\mathcal{Z}(\langle A\rangle)$, 我们下面只需考虑 $A=I$ 是 R 的理想的情形.

命题 2.94. 映射 $\mathcal{Z}$ 与 $\mathcal{I}$ 满足如下性质:

(1) 对 R 的理想 I, $\mathcal{Z}(I)=\mathcal{Z}(\sqrt{I})$ 而 $\mathcal{I}(\mathcal{Z}(I))=\sqrt{I}$.

(2) 对任意理想 I,J 有 $\mathcal{Z}(I\cap J)=\mathcal{Z}(IJ)=\mathcal{Z}(I)\cup\mathcal{Z}(J)$.

(3) $\mathcal{Z}(\bigcup\limits_j I_j)=\bigcap\limits_j\mathcal{Z}(I_j)$.

证明. (1) 若 $\mathfrak{p}\supseteq I$, 则 $\mathfrak{p}\supseteq\sqrt{I}$. 故 $\mathcal{Z}(I)=\mathcal{Z}(\sqrt{I})$. 类似地, $\mathcal{I}(\mathcal{Z}(I))=\bigcap\limits_{\mathfrak{p}\in\mathcal{Z}(I)}\mathfrak{p}=\bigcap\limits_{I\subseteq\mathfrak{p}}\mathfrak{p}=\sqrt{I}$.

(2) $\mathcal{Z}(I\cap J)=\mathcal{Z}(I)\cup\mathcal{Z}(J)$ 显然. 若 $\mathfrak{p}\supseteq IJ$, 则 $\mathfrak{p}\supseteq I$ 或 $\mathfrak{p}\supseteq J$. 故 $\mathcal{Z}(IJ)=\mathcal{Z}(I)\cup\mathcal{Z}(J)$.

(3) 易验证. □

由上述命题

$$T=\{\mathcal{Z}(I)\,|\,I\text{为 }R\text{ 中理想}\}$$

满足 $\operatorname{Spec} R$ 中拓扑闭集三公理.

定义 2.95. 以 $\mathcal{Z}(I)$ 作为闭集定义的拓扑称为 $\operatorname{Spec} R$ 上的 **扎里斯基拓扑**.

由定义, 若独点集 $\{\mathfrak{p}\}$ 是 $\operatorname{Spec} R$ 的闭集, 则

$$\{\mathfrak{p}\}=\overline{\{\mathfrak{p}\}}=\bigcap_{I:\mathfrak{p}\in\mathcal{Z}(I)}\mathcal{Z}(I)=\{\mathfrak{q}\in\operatorname{Spec} R\,|\,\mathfrak{q}\supseteq\mathfrak{p}\}.$$

故 $\{\mathfrak{p}\}$ 是闭集当且仅当 $\mathfrak{p} \in \mathrm{Max}\ R$ 是极大理想, 即 $\mathrm{Max}\ R$ 是 $\mathrm{Spec}\ R$ 中的闭点构成的集合.

同样, 可以定义 $\mathrm{Spec}\ R$ 上的不可约闭集: Y不可约 $\Leftrightarrow$ 若$Y = Y_1 \cup Y_2$, 则 $Y = Y_1$ 或 $Y = Y_2$. 可以证明 $Y = \mathcal{Z}(I)$ 不可约当且仅当 $\mathcal{I}(Y) = \sqrt{I}$ 是素理想.

命题 2.96. 映射 $\mathcal{I}$ 与 $\mathcal{Z}$ 定义互逆双射

$$\{\mathrm{Spec}\ R\text{中的扎里斯基闭子集}\} \underset{\mathcal{Z}}{\overset{\mathcal{I}}{\rightleftarrows}} \{R\text{中的根式理想}\}.$$

此对应将 $\mathrm{Spec}\ R$ 中的闭点集对应到 R 中的极大理想, $\mathrm{Spec}\ R$ 中的不可约闭集对应到 R 中的素理想.

2.6 格罗布纳 (Gröbner) 基

设 k 是域, I 是多项式环 $k[X] := k[x_1, \cdots, x_n]$ 中的理想. 由希尔伯特基定理, $k[X]$ 是诺特环, 故 I 是有限生成的. 那么如何寻找 I 的一组合适的生成元呢? 布赫伯格 (Buchberger) 发明一种算法, 得到 I 的一组合适生成元, 即它的格罗布纳基, 并由此回答如下问题:

(1) 判断多项式 $h(X)$ 是否在 I 中.

(2) 判断多项式 $g(X)$ 是否在 $\sqrt{I}$ 中.

(3) 判断两个理想是否相等.

格罗布纳基在计算数学领域有巨大应用. 在本节, 我们将介绍布赫伯格的理论.

2.6.1 域上多元多项式环上的带余除法

在本节, 我们总是假设 $I = (f_1, \cdots, f_r)$ 是 n 元多项式环 $k[X] = k[x_1, \cdots, x_n]$ 的理想.

多项式环 $k[X]$ 中的单项式可以记为 $X^\alpha = x_1^{\alpha_1} \cdots, x_n^{\alpha_n}$, 其中 $\alpha = (\alpha_1, \cdots, \alpha_n) \in \mathbb{N}^n$, α 的**权** $|\alpha| = \alpha_1 + \cdots + \alpha_n$. 注意到 $\mathbb{N}^n$ 是加法含幺半群, 单项式的乘法与 $\mathbb{N}^n$ 的加法相容:

$$X^\alpha X^\beta = X^{\alpha+\beta}.$$

定义 2.97. 集合 S 称为**偏序集** (partially ordered set) 是指 S 上有二元关系 $\leqslant$ 满足自反性、反对称性和传递性, 此时关系 $\leqslant$ 称为**偏序** (partial order). 我们称 $x < y$ 或 $y > x$ 如 $x \leqslant y$ 且 $x \neq y$, 称 $x \geqslant y$ 如 $y \leqslant x$.

偏序集称为**良序集** (well-ordered set) 是指它的非空子集均有最小元.

定义 2.98. 集合 $\mathbb{N}^n$ 中的偏序 $\leqslant$ 若是良序且与 $\mathbb{N}^n$ 的加法相容, 即

$$\alpha \leqslant \beta \Rightarrow \alpha+\gamma \leqslant \beta+\gamma, \text{对任意}\gamma\text{成立},$$

则称此序为**单项式序** (monomial order).

定义 2.99. 给定 $\mathbb{N}^n$ 中的单项式序. 对于 $0 \neq f(X)=f(x_1,\cdots,x_n) \in k[X]$, 则

$$f(X)=c_\alpha X^\alpha+\sum_{\beta<\alpha} c_\beta X^\beta.$$

我们称 $\mathrm{LT}(f)=c_\alpha X^\alpha$ 是 f 的**首项**, $\operatorname{Deg} f=\alpha$ 是 f 的**次数**. 若 $\mathrm{LT}(f)=X^\alpha$, 则称 $f(X)$ 是首一多项式.

定义 2.100. 集合 $\mathbb{N}^n$ 的**字典序** (lexicographic order) 是指如下定义的偏序:

$$\alpha \leqslant_{\text{lex}} \beta \text{如}\alpha=\beta\text{或}\beta-\alpha\text{的第一个非零分量为正}.$$

命题 2.101. *字典序是单项式序.*

证明. 要证字典序满足:

(i) 自反性、反对称性和传递性.

(ii) 良序性.

(iii) 单项式序条件.

这里 (i) 和 (iii) 都是很显然的. 对于 (ii), 令 $S \subseteq \mathbb{N}^n$ 为非空集. 令

$$\delta_1=\min\{\alpha_1 \mid \alpha=(\alpha_1,\cdots,\alpha_n) \in S\},$$
$$C_1=\min\{\alpha \in S \mid \alpha_1=\delta_1\}.$$

归纳定义

$$\delta_i=\min\{\alpha_i \mid \alpha \in C_{i-1}\},$$
$$C_i=\min\{\alpha \in C_{i-1} \mid \alpha_i=\delta_i\}.$$

则 $(\delta_1,\delta_2,\cdots,\delta_n)$ 是 S 中的最小元. □

下面这两个命题是显然的:

命题 2.102. *设 $\leqslant$ 是 $\mathbb{N}^n$ 的一个单项式序. 对于多项式 $f(X), g(X) \in k[X]$, 如 $f(X)$ 中存在单项式 $c_\beta X^\beta$, 使得 $\mathrm{LT}(g) \mid c_\beta X^\beta$, 令*

$$h(X)=f(X)-\frac{c_\beta X^\beta}{\mathrm{LT}(g)} g(X).$$

则

(1) *若 $\beta=\operatorname{Deg} f$, 则 $h(X)=0$ 或 $\operatorname{Deg} h<\operatorname{Deg} f$.*

(2) *若 $\beta<\operatorname{Deg} f$, 则 $\operatorname{Deg} h=\operatorname{Deg} f$ 且 $\mathrm{LT}(h)=\mathrm{LT}(f)$.*

命题 2.103. 设 $\leqslant$ 为 $\mathbb{N}^n$ 的一个单项式序, $\operatorname{Deg} f \in \mathbb{N}^n$. 则

(1) 若 $\operatorname{Deg} f = \operatorname{Deg} g$, 则 $\mathrm{LT}(f) = c\mathrm{LT}(g)$, $c \in k, c \neq 0$.

(2) $\mathrm{LT}(hg) = \mathrm{LT}(h)\mathrm{LT}(g)$, 故 $\operatorname{Deg}(fg) = \operatorname{Deg} f + \operatorname{Deg} g$.

(3) 若 $\operatorname{Deg} f = \operatorname{Deg}(hg)$, 则 $\mathrm{LT}(g) \mid \mathrm{LT}(f)$.

(4) $\operatorname{Deg}(f+g) \leqslant \max\{\operatorname{Deg} f, \operatorname{Deg} g\}$.

定义 2.104. 集合 $\mathbb{N}^n$ 上的**次数 – 字典序** (degree-lexicographic order) 是指序 $\leqslant_{\mathrm{dlex}}$, 对于 $\alpha, \beta \in \mathbb{N}^n$, $\alpha \leqslant_{\mathrm{dlex}} \beta$ 当且仅当下列三情形之一成立:

(1) $\alpha = \beta$.

(2) $|\alpha| < |\beta|$.

(3) $|\alpha| = |\beta|$ 但 $\alpha \leqslant_{\mathrm{lex}} \beta$.

换言之,

$$\alpha >_{\mathrm{dlex}} \beta \Leftrightarrow |\alpha| > |\beta|, \quad \text{或 } |\alpha| = |\beta| \text{ 且 } \alpha >_{\mathrm{lex}} \beta.$$

命题 2.105. 次数–字典序 $\leqslant_{\mathrm{dlex}}$ 是 $\mathbb{N}^n$ 上的单项式序.

证明. 显然. 留作练习. □

定义 2.106. 设 $\{g_1, \cdots, g_m\} \subseteq k[X]$. 多项式 $r(X) \in k[X]$ 称为模 $\{g_1, \cdots, g_m\}$ 是**约化的** (reduced) 是指 $r(X)$ 或者等于 0 或者它中间不存在被某个 $\mathrm{LT}(g_i)$ 整除的非零项.

定理 2.107 (多元多项式环上的带余除法). 设 $\leqslant$ 是 $\mathbb{N}^n$ 的一个单项式序. 对于 $f(X) \in k[X]$, $G = [g_1, \cdots, g_m]$ 为 $k[X]$ 中 m 元多项式组, 则存在算法, 给出 $r(X), a_1(X), \cdots, a_m(X) \in k[X]$,

$$f = a_1 g_1 + a_2 g_2 + \cdots + a_m g_m + r,$$

使得

(1) $r(X)$ 模 $\{g_1, \cdots, g_m\}$ 是约化的.

(2) $\operatorname{Deg}(a_i g_i) \leqslant \operatorname{Deg} f$ 对任意 $1 \leqslant i \leqslant m$ 成立.

证明. 我们的算法如下:

输入 $f(X) = \sum\limits_{\beta} c_\beta X^\beta$, $G = [g_1, \cdots, g_m]$.

输出 $r, a_1, \cdots, a_m$.

(i) 设 $r = f, a_i = 0$.

(ii) 如 r 模 $\{g_1, \cdots, g_m\}$ 不是约化的. 则找到最小的 i 使得 $\mathrm{LT}(g_i) \mid c_\beta X^\beta$

对 $r(X)$ 的某单项式成立. 令

$$r := r - \frac{c_\beta X^\beta}{\mathrm{LT}(g_i)} g_i,$$

$$a_i := a_i + \frac{c_\beta X^\beta}{\mathrm{LT}(g_i)}, a_j := a_j, \text{如} j \neq i.$$

然后循环.

我们须证明上述算法一定会在有限步终止. 对于 $f(X) \in k[X]$, $f(X) \neq 0$. 则 $f(X) = c_\alpha X^\alpha + c_\beta X^\beta + c_\gamma X^\gamma + \cdots, \alpha > \beta > \gamma > \cdots$. 记 $W(f) = \alpha\beta\gamma\cdots$, 它是以 $\mathbb{N}^n$ 为字母表的一个字. 令 $W(\mathbb{N}^n)$ 是以 $\mathbb{N}^n$ 为字母表的字的集合. 并采用字典序 $\leqslant_{\mathrm{lex}}$. 则 $\leqslant_{\mathrm{lex}}$ 是 $W(\mathbb{N}^n)$ 的一个良序. 如 $r(X)$ 中有非零项 $c_\beta X^\beta$, 使得 $\mathrm{LT}(g_i) \mid c_\beta X^\beta$. 我们有 $W(r) > W\big(r - \frac{c_\beta X^\beta}{\mathrm{LT}(g_i)} g_i\big)$. 故每经过一次循环 $W(r)$ 必降低. 若得到的 $W(r) < \min\limits_{1 \leqslant i \leqslant m} \{W(\mathrm{LT}(g_i))\}$, 则 r 必是约化的. 而从 $W(f)$ 到 $\min\limits_{1 \leqslant i \leqslant m} \{W(\mathrm{LT}(g_i))\}$ 之间只有有限步.

由算法给出的 r 自然模 $\{g_1, \cdots, g_m\}$ 是约化的, 而每个 a_i 是形如 $\frac{c_\beta X^\beta}{\mathrm{LT}(g_i)}$ 的单项式之和. 故 $\mathrm{Deg}\,(a_i g_i) \leqslant \mathrm{Deg}\, f$. □

注记. 上述算法给出的 $r(X)$ 与 $g_1, \cdots, g_m$ 的次序有关, 即是由 n 元有序组 $G = [g_1, \cdots, g_m]$ 决定, 我们称之为 $f(X)$ **模** G **的余数**.

例 2.108. 设在多项式环 $k[x, y, z]$ 中 $z < y < x$ 并采用次数–字典序. 设 $f(x, y, z) = x^2y^2 + xy$, $g_1 = y^2 + z^2$, $g_2 = x^2y + yz$, $g_3 = z^3 + xy$. 则对于 $G = [g_1, g_2, g_3]$, $r = -x^2z^2 + xy$; 而对于 $G = [g_2, g_1, g_3]$, $r = 0$.

2.6.2 格罗布纳基和布赫伯格 (Buchberger) 算法

定义 2.109. 设 I 是 $k[X]$ 的理想. $\{g_1, \cdots, g_m\}$ 称为 I 的 **格罗布纳基** (Gröbner basis) 是指 $\{g_1, \cdots, g_m\}$ 生成 I, 且对任意 $f \in I$, 存在 i, 使得 $\mathrm{LT}(g_i) \mid \mathrm{LT}(f)$.

例 2.110. 继续讨论例 2.108 的理想 I. 由例 2.108 可知 $r(x, y, z) = -x^2z^2 + xy \in I$, 但 $\mathrm{LT}(r) = -x^2z^2$ 不整除 $\mathrm{LT}(g_1) = y^2$, $\mathrm{LT}(g_2) = x^2y$ 和 $\mathrm{LT}(g_3) = z^3$, 故由定义知 $\{g_1 = y^2 + z^2, g_2 = x^2y + yz, g_3 = z^3 + xy\}$ 不是 $I = (g_1, g_2, g_3)$ 的格罗布纳基. 当然, 由例 2.108 的计算和下面的命题也可得出这个结论.

命题 2.111. 集合 $\{g_1, \cdots, g_m\}$ 是 $I = (g_1, \cdots, g_m)$ 的格罗布纳基当且仅当对任意 $\sigma \in S_m$, 对任意 $f \in I$, f 模 $G_\sigma = [g_{\sigma(1)}, \cdots, g_{\sigma(m)}]$ 的余数 $r_\sigma = 0$.

证明. 若对 $\sigma \in S_m$, 存在 $f \in I$, f 模 G_σ 的余数不等于 0. 取满足这样条件且次数最低的 f. 若 $\{g_1, \cdots, g_m\}$ 是 I 的格罗布纳基, 存在 i, $\mathrm{LT}(g_i) \mid \mathrm{LT}(f)$. 取

最小的 i 使得 $\mathrm{LT}(g_{\sigma(i)}) \mid \mathrm{LT}(f)$. 则 $h=f-\frac{\mathrm{LT}(f)}{\mathrm{LT}(g_{\sigma(i)})}\mathrm{LT}(g_{\sigma(i)})$ 是求 f 模 $G_{\sigma(i)}$ 余数的算法的第一步, 故 f 模 G_σ 的余数等于 $h \bmod G_\sigma$ 的余数. 但 $\mathrm{Deg}\, h<\mathrm{Deg}\, f$, 由 f 的次数最低性, $h \bmod G_\sigma$ 的余数等于 0, 矛盾. 故 $\{g_1,\cdots,g_m\}$ 不是 I 的格罗布纳基.

反之, 若对任意 $\sigma\in S_m$, f 模 G_σ 的余数 $r_\sigma=0$, 但 $\{g_1,\cdots,g_m\}$ 不是 I 的格罗布纳基, 则存在 $0\neq f\in I$ 使得 $\mathrm{LT}(g_i)\nmid \mathrm{LT}(f)$ 对任意 i 成立. 故在求 f 模 G 的余数时, 每一次约化得到的 r 与前面的 r 的次数不变均为 $\mathrm{Deg}\, f\neq 0$, 这与 $r=0$ 矛盾. □

推论 2.112. 若 $\{g_1,\cdots,g_m\}$ 是理想 $I=(g_1,\cdots,g_m)$ 的格罗布纳基, 则对于任意 $f(X)\in k[X]$, 存在唯一的 $r(X)\in k[X]$, $r(X)$ 模 $\{g_1,\cdots,g_m\}$ 是约化的且 $f-r\in I$. 事实上 r 是 f 模 G_σ 的余数, 其中 σ 为 S_m 中的任意元.

证明. $k[X]$ 上的带余除法算法给出 $r(X)$ 模 $\{g_1,\cdots,g_m\}$ 是约化的, 且 $f-r=a_1g_1+\cdots+a_mg_m\in I$, 故存在性成立.

设 r 和 r' 均模 $\{g_1,\cdots,g_m\}$ 是约化的且 $f-r\in I, f-r'\in I$. 则 $r-r'\in I$. 如 $r-r'\neq 0$. 由约化的性质, $r-r'$ 中任意单项式均不被任何 $\mathrm{LT}(g_i)$ 整除. 这与 $r-r'\in I$ 且 $\{g_1,\cdots,g_m\}$ 是格罗布纳基矛盾. 故 $r=r'$. 唯一性成立. □

推论 2.113. 若 $\{g_1,\cdots,g_m\}$ 是 $I=(g_1,\cdots,g_m)$ 的格罗布纳基, 则

(1) 对任意 $\sigma\in S_m$, f 模 G_σ 的余数是一样的.

(2) $f\in I$ 当且仅当 f 模 G 的余数是 0.

定义 2.114. 对 $\alpha,\beta\in\mathbb{N}^n$, 定义 $\alpha\vee\beta=\mu=(\mu_1,\cdots,\mu_n)$, 其中 $\mu_i=\max\{\alpha_i,\beta_i\}$.

定义 2.115. 设 $f,g\in k[X]$, $\mathrm{LT}(f)=a_\alpha X^\alpha$, $\mathrm{LT}(g)=b_\beta X^\beta$. 定义

$$\mathrm{LT}(f,g)=X^{\alpha\vee\beta},$$
$$S(f,g)=\frac{\mathrm{LT}(f,g)}{\mathrm{LT}(f)}f-\frac{\mathrm{LT}(f,g)}{\mathrm{LT}(g)}g.$$

后者称为 f 与 g 的 **S–多项式** (S-polynomial), 它可以写为

$$S(f,g)=a_\alpha^{-1}X^{\mu-\alpha}f(X)-b_\beta^{-1}X^{\mu-\beta}g(X)=-S(g,f).$$

例 2.116. 若 f 和 g 均是单项式, 则 $S(f,g)=0$.

引理 2.117. 对于 $j=1,\cdots,l$, 给定 $g_j\in k[X]$ 及单项式 $c_jX^{\alpha(j)}$. 令 $h(X)=\sum\limits_{j=1}^{l}c_jX^{\alpha(j)}g_j(X)$. 若 $\mathrm{Deg}\, h<\delta$, 但对于任意 $1\leqslant j\leqslant l$, 均有 $\mathrm{Deg}\,(X^{\alpha(j)}g_j\,(X))=$

δ, 则对于 $1 \leqslant j \leqslant l-1$, 存在 $d_j \in k$, 使得

$$h(X) = \sum_{j=1}^{l-1} d_j X^{\delta-\mu(j)} S(g_j, g_{j+1}),$$

这里 $\mu(j) = \mathrm{Deg}\,(g_j) \vee \mathrm{Deg}\,(g_{j+1})$, 且

$$\mathrm{Deg}\,(X^{\delta-\mu(j)} S(g_j, g_{j+1})) < \delta.$$

证明. 令 $\mathrm{LT}(g_j) = b_j X^{\beta(j)}$. 则

$$\mathrm{LT}(c_j X^{\alpha(j)} g_j) = c_j b_j X^{\alpha(j)+\beta(j)} = c_j b_j X^{\delta}.$$

由 $\mathrm{Deg}\, h < \delta$ 知 $\sum\limits_j c_j b_j = 0$. 令 $u_j(X) = b_j^{-1} X^{\alpha(j)} g_j(X)$. 则由阿贝尔求和公式(分部求和公式),

$$\begin{aligned} h(X) &= \sum_{j=1}^{l} c_j b_j u_j \\ &= \sum_{j=1}^{l-1} \left(\sum_{k=1}^{j} c_k b_k \right) (u_j - u_{j+1}) + \left(\sum_{k=1}^{l} c_k b_k \right) u_l \\ &= \sum_{j=1}^{l-1} (u_j - u_{j+1}) \cdot \sum_{k=1}^{j} c_k b_k. \end{aligned}$$

注意到 $u_j - u_{j+1}$ 即 $X^{\delta-\mu(j)} S(g_j, g_{j+1})$. 由于 u_j 和 u_{j+1} 都是首一多项式且次数为 δ, 故多项式 $X^{\delta-\mu(j)} S(g_j, g_{j+1})$ 的次数 $< \delta$. 令 $d_j = \sum\limits_{k=1}^{j} c_k b_k$, 则引理得证. □

定理 2.118. 集合 $\{g_1, \cdots, g_m\}$ 是 $I = (g_1, \cdots, g_m)$ 的格罗布纳基当且仅当对任意 $1 \leqslant p, q \leqslant m$, $S(g_p, g_q)$ 模 $G = [g_1, \cdots, g_m]$ 的余数都是 0.

证明. $\Rightarrow$. 显然, 因为 $S(g_p, g_q) \in I$.

$\Leftarrow$. 设 $S(g_p, g_q)$ 模 G 的余数均为 0. 对于 $f \neq 0$, $f \in I$, 记 $f = \sum\limits_{i=1}^{m} h_i g_i$. 则

$$\mathrm{Deg}\, f \leqslant \max_{1 \leqslant i \leqslant m} \{\mathrm{Deg}\,(h_i g_i)\}.$$

若等式成立, 则 $\mathrm{Deg}\, f = \mathrm{Deg}\,(h_i g_i)$ 对某个 i 成立, 故 $\mathrm{LT}(g_i) \mid \mathrm{LT}(f)$. 所以我们不妨假设 $\mathrm{Deg}\, f < \max\limits_i \{\mathrm{Deg}\,(h_i g_i)\} = \delta$ 且选取表达式 $f = \sum\limits_i h_i g_i$ 使得 δ 最小. 记

$$f = \sum_{\substack{j \\ \mathrm{Deg}(h_j g_j) = \delta}} h_j g_j + \sum_{\substack{j' \\ \mathrm{Deg}(h_{j'} g_{j'}) < \delta}} h_{j'} g_{j'}.$$

对于满足条件 $\mathrm{Deg}\,(h_j g_j) = \delta$ 的 j, 不妨设为 $j = 1, \cdots, l$, 则 $\mathrm{Deg}\left(\sum\limits_{j=1}^{l} \mathrm{LT}(h_j) g_j\right)$ $< \delta$. 故由引理, 存在 $d_j \in k$, $\mu(j) \in \mathbb{N}^n$, $1 \leqslant j \leqslant l-1$, 使得

$$\sum_{j=1}^{l} \mathrm{LT}(h_j) g_j = \sum_{j=1}^{l-1} d_j X^{\delta-\mu(j)} S(g_j, g_{j+1}),$$

而 $X^{\delta-\mu(j)} S(g_j, g_{j+1})$ 的次数小于 δ. 由已知条件和带余除法, $X^{\delta-\mu(j)} S(g_j, g_{j+1})$ 可以写成 $h'_{1j} g_1 + \cdots + h'_{mj} g_m$ 的形式, 其中 $\mathrm{Deg}\,(h'_{ij} g_i) < \delta$. 故 $f = \sum\limits_{i=1}^{m} \widetilde{h}_i g_i$, 其中 $\mathrm{Deg}\,(\widetilde{h}_i g_i) < \delta$ 对每个 $1 \leqslant i \leqslant m$ 均成立. 这与 δ 的最小性矛盾. 故假设不成立. □

推论 2.119. 若 $I = (f_1, \cdots, f_s)$ 且 f_i 均是单项式, 则 $\{f_1, \cdots, f_s\}$ 是 I 的格罗布纳基.

定理 2.120 (布赫伯格). 由 I 的一组生成元, 存在算法求 I 的一组格罗布纳基.

证明. 算法如下. 首先设 $I = (f_1, \cdots, f_s)$. 循环计算: 令 $B = \{f_1, \cdots, f_s\}$, $G = [f_1, \cdots, f_s]$. 对于 $g, g' \in B$, $g \neq g'$. 计算 $S(g, g') \bmod G$. 若 $S(g, g') \bmod G$ 为 $r(X) \neq 0$, 则令

$$B = B \cup \{r\}, \quad G = [f_1, \cdots, f_s, r],$$

并循环. 若 $S(g, g') \bmod G$ 全为 0, 则输出 B 为 I 的格罗布纳基.

我们需要证明上述算法不会无限循环下去. 事实上, 对于集合 $B' \subseteq B$. 则

$$\langle \mathrm{LT}(g') \mid g' \in B' \rangle \subseteq \langle \mathrm{LT}(g) \mid g \in B \rangle.$$

在算法中, 若 r 是 $S(g, g') \bmod G$ 的余数, 则

$$\mathrm{LT}(r) \notin \langle \mathrm{LT}(g) \mid g \in B \rangle.$$

故每经过一次循环

$$\langle \mathrm{LT}(g) | g \in B \rangle \subsetneqq \langle \mathrm{LT}(g) \mid g \in B \cup \{r\} \rangle.$$

这样就得到 $k[X]$ 中的理想严格升链. 由希尔伯特基定理, $k[X]$ 是诺特环, 这样的升链只能是有限长的. □

例 2.121. 我们还是回到例 2.108 的例子. 对于 $I = (y^2+z^2, x^2y+yz, z^3+xy)$, 由于 $S(y^2+z^2, x^2y+yz) = x^2z^2 - y^2z \neq 0$ 模 $[y^2+z^2, x^2y+yz, z^3+xy]$. 故 $\{y^2+z^2, x^2y+yz, z^3+xy\}$ 不是 I 的格罗布纳基, 但 $\{y^2+z^2, x^2y+yz, z^3+xy, x^2z^2-y^2z\}$ 是 I 的格罗布纳基.

下面的推论回答了本节开篇提出的问题.

推论 2.122. (1) 若 $I=(f_1,\cdots,f_s)$ 是 $k[X]$ 的理想, 则可通过算法判定 $h(X)$ 是否在 I 中.

(2) 若 $I=(f_1,\cdots,f_s)$ 是 $k[X]$ 的理想, 则可通过算法判定 $g(X)$ 是否在 $\sqrt{I}$ 中.

(3) 若 $I=(f_1,\cdots,f_s)$, $I'=(f_1',\cdots,f_{s'}')$, 则可通过算法判定 I 与 I' 是否相等.

证明. (1) 先求出 I 的一组格罗布纳基 $\{g_1,\cdots,g_m\}$, 然后计算 $h(X) \bmod [g_1,\cdots,g_m]$, 看其是否为 0.

(2) 这等价于判定 $k[X,y]$ 中的理想 $(f_1,\cdots,f_s,1-yg)$ 是否包含 1.

(3) 先求出 I 与 I' 的格罗布纳基 $\{g_1,\cdots,g_m\}$ 与 $\{g_1',\cdots,g_{m'}'\}$, 然后求 $g_i' \bmod [g_1,\cdots,g_m]$ 及 $g_i \bmod [g_1',\cdots,g_{m'}']$. 若全为零, 则 $I=I'$, 否则不是. □

定义 2.123. 设 k 为域, I 是 $k[X,Y]=k[x_1,\cdots,x_n,y_1,\cdots,y_m]$ 的理想. $I_X=I\cap k[X]$ 称为 I 关于 $k[X]$ 的**消去理想** (elimination ideal).

例 2.124. 若 $I=(x^2,xy)$, 则 $I_x=(x^2)$, $I_y=(0)$.

命题 2.125. 设 $k[X]$ 中的单项式序满足 $x_1>x_2>\cdots>x_n$. 固定 $p>1$, $Y=\{x_p,\cdots,x_n\}$. 若 $I\subseteq k[X]$ 的格罗布纳基 $G=[g_1,\cdots,g_m]$, 则 $G\cap I_Y$ 是 $I_Y=I\cap k[x_p,\cdots,x_n]$ 的格罗布纳基.

证明. 设 $\{g_1,\cdots,g_m\}$ 是 I 的格罗布纳基. 对于 $0\neq f\in I$, 存在 i, 使得 $\mathrm{LT}(g_i)\mid \mathrm{LT}(f)$. 设 $f(x_p,\cdots,x_n)\in I_Y\subseteq I$. 若 $\mathrm{LT}(g_i)\mid\mathrm{LT}(f)$, 则 $g_i\in k[x_p,\cdots,x_n]$, 故 $g_i\in I_Y$. 又此时 $f'=f-\frac{\mathrm{LT}(f)}{\mathrm{LT}(g_i)}g_i\in I_Y$, 但 $\operatorname{Deg} f'<\operatorname{Deg} f$, 由归纳可知 I_Y 由 $G\cap I_Y$ 生成. 故 $G\cap I_Y$ 是 I_Y 的格罗布纳基. □

命题 2.126. 设 $I_1,\cdots,I_t$ 是 $k[X]=k[x_1,\cdots,x_n]$ 中的理想.

(1) 对于多项式环 $k[X,y_1,\cdots,y_t]=k[x_1,\cdots,x_n,y_1,\cdots,y_t]$, 令

$$J=\langle 1-(y_1+\cdots+y_t), y_jI_j \mid 1\leqslant j\leqslant t\rangle.$$

则 $\bigcap\limits_{j=1}^{t} I_j=J_X$.

(2) 给定 $I_1,\cdots,I_t$ 的格罗布纳基, 可以计算 $\bigcap\limits_{j=1}^{t} I_j$ 的格罗布纳基.

证明. (1) 如 $f(X)\in J_X=J\cap k[X]$. 记

$$f(X)=g(X,Y)\left(1-\sum_{j=1}^{t}y_j\right)+\sum_{j=1}^{t}h_j(X,y_1,\cdots,y_t)y_jq_j(X).$$

其中 $q_j(X) \in I_j$. 对于给定的 j, 取 $y_j = 1$, 且对于 $l \neq j$ 取 $y_l = 0$. 则

$$f(X) = h_j(X,0,\cdots,0,1,\cdots,0)q_j(X) \in I_j.$$

所以 $f(X) \in \bigcap_{j=1}^{t} I_j$, 即 $J_X \subseteq \bigcap_{j=1}^{t} I_j$.

反之, 若 $f \in \bigcap_{j=1}^{t} I_j$, 则

$$f(X) = f(X) \cdot \left(1 - \sum_{j=1}^{t} y_j\right) + \sum_{j=1}^{t} y_j f(X) \in J_X.$$

故 $J_X = \bigcap_{j=1}^{t} I_j$.

(2) 定义单项式的序: $x_1 < x_2 < \cdots < x_n < y_1 < \cdots < y_t$. 则先由 I_j 的基得到 J 的生成元, 求出 J 的格罗布纳基 G, 再由前面命题 $G \cap J_X$ 即 $J_X = \bigcap_{j=1}^{t} I_j$ 的格罗布纳基. □

例 2.127. 设 $I = (x) \cap (x^2, xy, y^2) \subseteq k[x, y]$. 则

$$J = (1 - u - v, ux, vx^2, vxy, vy^2) \subseteq k[x, y, u, v].$$

取 $x < y < u < v$, 求得 J 的格罗布纳基为

$$G = \{v + u - 1, x^2, yx, ux, uy^2 - y^2\}.$$

故 $G \cap I = \{x^2, xy\}$ 是 I 的格罗布纳基.

2.7 结 式

设 R 是交换环,

$$f(x) = a_d x^d + a_{d-1} x^{d-1} + \cdots + a_0, a_d \neq 0$$

和

$$g(x) = b_e x^e + b_{e-1} x^{e-1} + \cdots + b_0, b_e \neq 0$$

是 R 上的多项式. 设 $\mathcal{P}_i$ 是 R 上次数 $< i$ 的多项式集合. 则 $\mathcal{P}_i$ 是秩为 i 的自由 R–模, $\{1, x, \cdots, x^{i-1}\}$ 是它的一组基. 所以 $\mathcal{P}_d \times P_e$ 与 $\mathcal{P}_{d+e}$ 均是秩为 $d + e$ 的自

由 R–模. 映射

$$\begin{aligned}\varphi=\varphi(f,g):\mathcal{P}_e\times\mathcal{P}_d&\longrightarrow\mathcal{P}_{d+e},\\(P,Q)&\longmapsto fP+gQ\end{aligned}$$

是 R–模同态.

定义 2.128. f 和 g 的**结式** (resultant) 即

$$\operatorname{Res}(f,g)=\det\varphi(f,g)\in R.$$

令

$$e_i=\begin{cases}(x^i,0), & 0\leqslant i<e;\\(0,x^{i-e}), & e\leqslant i<d+e,\end{cases}$$
$$\widetilde{e}_i=x^i,\quad 0\leqslant i<d+e.$$

则 $\{e_i\}$ 是 $\mathcal{P}_e\times\mathcal{P}_d$ 的一组基, $\{\widetilde{e}_i\}$ 是 $\mathcal{P}_{e+d}$ 的一组基. 线性映射 φ 在这两组基下的矩阵为

$$A=\begin{pmatrix}a_0 & & & b_0 & & \\ a_1 & \ddots & & b_1 & \ddots & \\ \vdots & \ddots & a_0 & \vdots & \ddots & b_0\\ a_d & & a_1 & b_e & & b_1\\ & \ddots & \vdots & & \ddots & \vdots\\ & & a_d & & & b_e\end{pmatrix},$$

即 $\varphi(e_0,e_1,\cdots,e_{d+e-1})=(\widetilde{e}_0,\widetilde{e}_1,\cdots,\widetilde{e}_{d+e-1})A$.

故由线性代数知识, 我们有

引理 2.129. $\operatorname{Res}(f,g)=\det A$.

定理 2.130. 设 R 为整环,

$$f(x)=a_d\,(x-\alpha_1)\cdots(x-\alpha_d),$$
$$g(x)=b_e(x-\beta_1)\cdots(x-\beta_e),$$

其中 $\alpha_1,\cdots,\alpha_d$ 和 $\beta_1,\cdots,\beta_e$ 分别是 f 和 g 在 R 的分式域 K 的代数闭包 $\overline{K}$ 中的根. 则

$$\operatorname{Res}(f,g)=a_d^eb_e^d\cdot\prod_{\substack{1\leqslant i\leqslant d\\1\leqslant j\leqslant e}}(\alpha_i-\beta_j).$$

证明. 令 $W=(w_{ij})$, 其中

$$w_{ij}=\begin{cases}\beta_i^j, & \text{如 } i\leqslant e;\\ \alpha_{i-e}^j, & \text{如 } e<i\leqslant d+e.\end{cases}$$

则

$$WA=\begin{pmatrix} f(\beta_1) & \beta_1 f(\beta_1) & \cdots & \beta_1^{e-1}f(\beta_1) & & & & \\ f(\beta_2) & \beta_2 f(\beta_2) & \cdots & \beta_2^{e-1}f(\beta_2) & & & & \\ \vdots & \vdots & & \vdots & & & & \\ f(\beta_e) & \beta_e f(\beta_e) & \cdots & \beta_e^{e-1}f(\beta_e) & & & & \\ & & & & g(\alpha_1) & \alpha_1 g(\alpha_1) & \cdots & \alpha_1^{d-1}g(\alpha_1) \\ & & & & g(\alpha_2) & \alpha_2 g(\alpha_2) & \cdots & \alpha_2^{d-1}g(\alpha_2) \\ & & & & \vdots & \vdots & & \vdots \\ & & & & g(\alpha_d) & \alpha_d g(\alpha_d) & \cdots & \alpha_d^{d-1}g(\alpha_d) \end{pmatrix}.$$

由范德蒙德行列式的计算, 我们知

$$\begin{aligned}\det(WA)&=f(\beta_1)\cdots f(\beta_e)g(\alpha_1)\cdots g(\alpha_d)\prod_{i<j}(\beta_i-\beta_j)\prod_{i<j}(\alpha_i-\alpha_j)\\&=\det W\cdot\det A,\end{aligned}$$

及

$$\det W=\prod_{i<j}(\beta_i-\beta_j)\prod_{i<j}(\alpha_i-\alpha_j)\prod_{\substack{1\leqslant i\leqslant d\\1\leqslant j\leqslant e}}(\beta_j-\alpha_i).$$

若 α_i,β_j 两两不同, 则

$$\det A\cdot\prod_{\substack{1\leqslant i\leqslant d\\1\leqslant j\leqslant e}}(\beta_j-\alpha_i)=f(\beta_1)\cdots f(\beta_e)g(\alpha_1)\cdots g(\alpha_d).$$

但

$$\begin{aligned}f(\beta_1)\cdots f(\beta_e)&=a_d^e\prod_{\substack{1\leqslant i\leqslant d\\1\leqslant j\leqslant e}}(\beta_j-\alpha_i),\\ g(\alpha_1)\cdots g(\alpha_d)&=b_e^d\prod_{\substack{1\leqslant i\leqslant d\\1\leqslant j\leqslant e}}(\alpha_i-\beta_j).\end{aligned}$$

故

$$\begin{aligned}\mathrm{Res}(f,g)=\det A&=a_d^e g(\alpha_1)\cdots g(\alpha_d)\\&=(-1)^{ed}b_e^d f(\beta_1)\cdots f(\beta_e)\\&=a_d^e b_e^d\prod_{\substack{1\leqslant i\leqslant d\\1\leqslant j\leqslant e}}(\alpha_i-\beta_j).\end{aligned}$$

若 α_i,β_j 均等于 α, 则可将其中一个换为 $\alpha+\delta a$, 其中 a 是某固定的非零数, δ 变化. 则 A 中元素是 δ 的多项式, 故 $\det A$ 也是 δ 的多项式. 当 $\delta\neq 0$ 时定理成立, 故等式两边作为多项式是一样的, 所以 $\delta=0$ 时定理也成立. □

推论 2.131. *如 R 是整环, 结式由如下性质刻画:*

(1) *若 $d=0$, 则 $\mathrm{Res}(f,g)=a_d^e$, 若 $e=0$, 则 $\mathrm{Res}(f,g)=b_e^d$.*

(2) $\mathrm{Res}(x-a_1)(x-b_1)=a_1-b_1$.

(3) $\mathrm{Res}(g,f)=(-1)^{de}\mathrm{Res}(f,g)$.

(4) $\mathrm{Res}(fg,h)=\mathrm{Res}(f,h)\mathrm{Res}(g,h)$.

证明. 一方面由定理知结式满足 (1)—(4). 反过来, 若

$$f(x)=a(x-\alpha_1)\cdots(x-\alpha_d),$$

$$g(x)=b(x-\beta_1)\cdots(x-\beta_e),$$

$R'(f,g)$ 为满足 (1)—(4) 的函数, 则

$$R'(f,g)=a^eb^d\prod_{\substack{1\leqslant i\leqslant d\\1\leqslant j\leqslant e}}(\alpha_i-\beta_j)=\mathrm{Res}(f,g).$$ □

推论 2.132. *设 R 是唯一因子分解环 (UFD). 则 f 与 g 有公因子当且仅当它们的结式 $\mathrm{Res}(f,g)=0$.*

证明. 这是定理的直接推论. □

设 R 是整环, $K=\mathrm{Frac}\,R$ 是它的分式域. 令 V_i 是次数 $<i$ 的 K 上多项式的集合, 则 V_i 是 i 维 K–线性空间, $\varphi(f,g)$ 可以自然看成 K–线性映射

$$\begin{aligned}V_e\times V_d&\longrightarrow V_{d+e},\\(P,Q)&\longmapsto fP+gQ.\end{aligned}$$

仍记此映射为 $\varphi(f,g)$.

故由线性代数知识, 我们知

$$\mathrm{Res}(f,g)\neq 0\Leftrightarrow\ker\varphi=0.$$

即有

命题 2.133. 设 R 是整环, $f(x)$ 和 $g(x) \in R[x]$ 是正次数多项式.

(1) $\mathrm{Res}(f,g)=0$ 当且仅当存在非零多项式 $P_0(x)\in\mathcal{P}_e$ 和 $Q_0(x)\in\mathcal{P}_d$, 使得 $fP_0+gQ_0=0$.

(2) 存在多项式 $P_1(x)\in\mathcal{P}_e, Q_1(x)\in\mathcal{P}_d$, 使得

$$fP_1(x)+gQ_1(x)=\mathrm{Res}(f,g).$$

更进一步地, 总可以假设 $P_1(x)$ 和 $Q_1(x)$ 的系数是 f 和 g 的系数的整系数多项式.

证明. (1) $\mathrm{Res}(f,g)=0$ 等价于存在非零 $p(x)\in V_e, q(x)\in V_d$ 使得

$$f(x)p(x)+g(x)q(x)=0.$$

将 $p(x),q(x)$ 的系数进行通分, 即得 $P_0(x)\in\mathcal{P}_e$, $Q_0(x)\in\mathcal{P}_d$, 使得 $fP_0+gQ_0=0$.

(2) 如 $\mathrm{Res}(f,g)=0$, 只要取 $P_1=Q_1=0$ 即可. 如 $\mathrm{Res}(f,g)\neq 0$, 取定 $V_e\times V_d$ 的基 $\{e_i\}$ 和 V_{d+e} 的基 $\{\widetilde{e}_i\}$ 如同本节开始时 $\mathcal{P}_e\times\mathcal{P}_d$ 和 $\mathcal{P}_{d+e}$ 的基, 则

$$\varphi(f,g)(e_0,\cdots,e_{d+e-1})=(\widetilde{e}_0,\cdots,\widetilde{e}_{d+e-1})A.$$

此时 $\mathrm{Res}(f,g)=\det A\neq 0$, 故 K 上的线性方程组

$$A\begin{pmatrix} c_0\\ c_1\\ \vdots\\ c_{d+e-1}\end{pmatrix}=\begin{pmatrix}1\\0\\ \vdots\\ 0\end{pmatrix}$$

有唯一解. 由克拉默法则, 此唯一解即

$$\left(c_i=\frac{\det A_i}{\det A}\,\middle|\; 0\leqslant i<d+e\right),$$

其中 A_i 是将矩阵 A 的第 i 列替换为 $(1,0,\cdots,0)^{\mathrm{T}}$ 得到. 故

$$c_i=\frac{a_s,b_t\text{的整系数多项式}}{\mathrm{Res}(f,g)}.$$

令

$$p_1(x)=\sum_{i=0}^{e-1}c_ix^i=\frac{P_1(x)}{\mathrm{Res}(f,g)},\quad q_1(x)=\sum_{j=0}^{d-1}c_{e+j}x^j=\frac{Q_1(x)}{\mathrm{Res}(f,g)}.$$

则 $P_1(x),Q_1(x)$ 的系数是 f 和 g 系数的整系数多项式, 且

$$fp_1+gq_1=1,$$

即 $fP_1+gQ_1=\mathrm{Res}(f,g)$. □

第二章习题

习题 2.1. 设 R 是诺特环. 证明: M 是诺特 R–模当且仅当 M 是有限生成 R–模.

习题 2.2. 设 R 是诺特环. 证明: R^n 是诺特 R–模.

习题 2.3. 设 k 是域. 证明: 多项式环 $k[x]$ 中包含 k 的子环都是诺特环.

习题 2.4. 证明: R 是诺特环当且仅当 R 中每个素理想都是有限生成的.

习题 2.5. 给出例子, 对交换环 R 及真理想 $I \subsetneqq J \subsetneqq R$, J 是有限生成的但 I 不是有限生成的.

习题 2.6. 设 R 是诺特环. 证明: 幂级数环 $R[[x]]$ 是诺特环.

习题 2.7. 设 R 是诺特环, 且对任意 $a, b \in R$, 存在 a 和 b 的公因子是它们的线性组合. 证明: R 是 PID.

习题 2.8. 设 M 是诺特 R–模, 证明: $R/\operatorname{ann}(M)$ 是诺特环.

习题 2.9. 证明希尔伯特基定理的逆定理, 即若 $R[x]$ 是诺特环, 则 R 也是诺特环.

习题 2.10. 证明例 2.3 (3)—(6) 中出现的环不是诺特环, 即

(1) 设 k 是域. 多项式环 $k[x_i]_{i\in I}$, 其中 I 是无限集, 不是诺特环.

(2) 设 k 是域. 多项式 $k[x,y]$ 的子环 $k + xk[x,y]$ 不是诺特环.

(3) 区间 $[a,b]$ 上所有实值连续函数构成的环 $C([a,b])$ 不是诺特环.

(4) 无限集 X 到 $\mathbb{Z}/2\mathbb{Z}$ 的函数全体构成的环不是诺特环.

习题 2.11. 证明: R 是诺特环当且仅当任意有限生成 R–模的子模都是有限生成的.

习题 2.12. 设 $f: R \to T$ 和 $g: S \to T$ 是环的满同态, $R \times_T S = \{(r,s) \mid f(r) = g(s)\}$ 为其纤维积. 证明: 若 R 与 S 是诺特环, 则 $R \times_T S$ 也是诺特环.

习题 2.13. 设 p 是素数. 证明: $\mathbb{Z}$–模 $\mathbb{Z}[\frac{1}{p}]/\mathbb{Z}$ 是阿廷模, 不是诺特模.

习题 2.14. 证明: 有限生成阿廷模是诺特模.

习题 2.15. 设 M 是阿廷模, $\varphi: M \to M$ 是单同态. 证明: φ 是同构.

习题 2.16. 设 M 是诺特 R–模, $\varphi: M \to M$ 是 R–模同态. 证明: 当 n 足够大时, $\ker\varphi^n \cap \operatorname{im}\varphi^n = \{0\}$. 由此证明若 φ 为满射, 则 φ 是同构.

习题 2.17. 设 S 是交换环 R 的乘性集, M 是有限生成 R–模. 证明: $S^{-1}M = 0$ 当且仅当 $sM = 0$ 对某个 $s \in S$ 成立.

习题 2.18. 证明: M 是平坦 R–模当且仅当对所有 $\mathfrak{p} \in \operatorname{Spec} R$, $M_\mathfrak{p}$ 是平坦 $R_\mathfrak{p}$–模. 将素理想换为极大理想, 此结论仍然成立.

习题 2.19. 设 N 与 N' 是模 M 的子模. 证明: $N = N'$ 当且仅当对所有 R 的素理想 $\mathfrak{p}$, $N_\mathfrak{p} = N'_\mathfrak{p}$. 将素理想换为极大理想, 此结论仍然成立.

习题 2.20. 设 $\varphi: M \to N$ 是 R–模同态. 证明: φ 是单射或满射当且仅当对每个素理想 $\mathfrak{p}$, 诱导映射 $\varphi_\mathfrak{p}: M_\mathfrak{p} \to N_\mathfrak{p}$ 是单射或满射. 将素理想换为极大理想, 此结论仍然成立.

习题 2.21. 设 $\mathfrak{p} \subseteq \mathfrak{q}$ 是 R 上的两个素理想. 证明: $R_\mathfrak{p} \cong (R_\mathfrak{q})_{\mathfrak{p}R_\mathfrak{q}} = (R_\mathfrak{q} - \mathfrak{p}R_\mathfrak{q})^{-1}R_\mathfrak{q}$.

习题 2.22. 对于模 M, 定义 M 的支集 $\mathrm{Supp}(M) = \{\mathfrak{p} \in \mathrm{Spec}\, R \mid M_\mathfrak{p} \neq 0\}$. 证明:

(1) $M = 0$ 当且仅当 $\mathrm{Supp}(M) = \varnothing$.

(2) 若 $0 \to L \to M \to N \to 0$ 是 R–模正合列, 则 $\mathrm{Supp}(M) = \mathrm{Supp}(L) \cup \mathrm{Supp}(N)$.

(3) 设 $\mathfrak{p} \subseteq \mathfrak{q}$ 为素理想. 若 $\mathfrak{p} \in \mathrm{Supp}(M)$, 则 $\mathfrak{q} \in \mathrm{Supp}(M)$.

习题 2.23. 设 S 是交换环 R 的乘性集, M, N 是 R–模. 证明: 存在唯一的 $S^{-1}R$–模同构 $\varphi: (S^{-1}M) \otimes_{S^{-1}R} (S^{-1}N) \cong S^{-1}(M \otimes_R N)$, 使得 $\varphi((m/s) \otimes (n/s')) = (m \otimes n)/ss'$ 对任意 $m \in M, n \in N$ 和 $s, s' \in S$ 成立.

习题 2.24. 设 R 是整环, F 是它的分式域. 证明: F 是有限生成 R–模当且仅当 $R = F$.

习题 2.25. 设 $D \neq 0$ 是无平方因子整数. 试求二次域 $\mathbb{Q}(\sqrt{D})$ 的代数整数环.

习题 2.26. 设 R 是整闭整环, S 是 R 上的乘性集且 $0 \notin S$. 证明: $S^{-1}R$ 也是整闭整环.

习题 2.27. 设 S/R 是整扩张, $s_1, \cdots, s_m \in S$. 证明: $R[s_1, \cdots, s_m]$ 是有限生成 R–模.

习题 2.28. 设 S/R 是整扩张.

(1) 如果元素 $a \in R$ 在 S 中是单位, 证明: a 在 R 中也是单位.

(2) 证明: 对于雅各布森根, 有等式 $\mathrm{Jac}(R) = R \cap \mathrm{Jac}(S)$.

习题 2.29. 设 R 是整环, S/R 是整扩张. 证明: 若 R 中非零素理想均是极大理想, 则 S 中非零素理想也都是极大理想.

习题 2.30. 设 k 是域, $R = k[\overline{x}, \overline{y}] = k[x, y]/(x^2 - y^3)$, $t = \overline{x}/\overline{y} \in \mathrm{Frac}\, R$. 证明: $\mathrm{Frac}\, R = k(t)$, 且 R 在其中的整闭包是 $k[t]$.

习题 2.31. 设 $E/\mathbb{Q}$ 是伽罗瓦扩张, $\alpha \in E$ 是代数整数. 证明: 对任意 $\sigma \in \mathrm{Gal}(E/\mathbb{Q})$, $\sigma(\alpha)$ 是代数整数.

习题 2.32. 设 R 是整闭整环, F 是它的分式域.

(1) 如 K 为 F 的扩域且 $a \in K$, 证明: a 在 R 上整当且仅当 a 在 F 上代数且其最小多项式系数在 R 中.

(2) 由 (1), 证明: 若 $f(x)$ 是 R 上的首一多项式, $f(x)=a(x)b(x)$, 其中 $a(x),b(x)\in F[x]$ 且是首一的, 则 $a(x)$ 和 $b(x)$ 均在 $R[x]$ 中.

下面四道习题证明命题 2.49.

习题 2.33. 设 E/F 是 n 次有限域扩张, $u\in E$ 在 F 上的最小多项式是 $m(x)=x^m-c_{m-1}x^{m-1}+\cdots+(-1)^m c_0$, 设 $u_1,\cdots,u_m$ 是 $m(x)$ 的根. 证明:

$$\mathrm{tr}_{E/F}\,(u)=\frac{n}{m}c_{m-1}=\frac{n}{m}\sum_i u_i,\quad N_{E/F}\,(u)=c_0^{n/m}=\left(\prod_i u_i\right)^{n/m}.$$

习题 2.34. 更进一步地, 假设 E/F 是可分扩张, $\widetilde{E}$ 是 E 在 F 上的正规闭包. 令 $G=\mathrm{Gal}(\widetilde{E}/F)$, $H=\mathrm{Gal}(\widetilde{E}/E)$, T 是 G 关于 H 的左培集代表元系. 证明:

$$\prod_{\sigma\in T}(x-\sigma(u))=m(x)^{n/m},$$

从而

$$\mathrm{tr}_{E/F}\,(u)=\sum_{\sigma\in T}\sigma(u),\quad N_{E/F}\,(u)=\prod_{\sigma\in T}\sigma(u).$$

习题 2.35. 假设同前. 设 $\{e_1,\cdots,e_n\}$ 是 E 的 F–基, 设 $T=\{\sigma_1,\cdots,\sigma_n\}$. 证明:

$$\det(t(e_i,e_j)_{i,j})=\det(\sigma_\ell(e_i)_{\ell,i})^2.$$

习题 2.36. 设 E/F 是域扩张, $\sigma_1,\cdots,\sigma_n$ 是 E 的 F–自同构群 $\mathrm{Gal}(E/F)$ 中的不同元. 证明: 若 $\sum\limits_i c_i\sigma_i(x)=0 (c_i\in E)$ 对所有 $x\in E$ 成立, 则 c_i 恒等于 0. 由此得出习题 2.35 中 $\det(t(e_i,e_j))\neq 0$, 从而迹形式 t 是非退化双线性型.

习题 2.37. 设 I,J 是环 R 的理想. 证明:

(1) $\sqrt{IJ}=\sqrt{I\cap J}=\sqrt{I}\cap\sqrt{J}$.

(2) $\sqrt{\sqrt{I}}=\sqrt{I}$.

(3) $\sqrt{\sqrt{I}+\sqrt{J}}=\sqrt{I+J}$.

习题 2.38. 证明: 理想 (x^3-y^2) 是环 $\mathbb{F}_2[x,y]$ 中的根式理想.

习题 2.39. 设 $\mathfrak{p}$ 为素理想且 $\mathfrak{p}\supseteq I$, 证明: $\mathfrak{p}\supseteq\sqrt{I}$.

习题 2.40. 设 R 是诺特环. 证明: 理想 I 是根式理想当且仅当 I 是有限多个素理想之交.

习题 2.41. 试举例, 使得:

(1) $\mathfrak{p}$ 是素理想, 但 $\mathfrak{p}^2$ 不是准素理想.

(2) Q 是准素理想, 但 Q 不是 $\mathfrak{p}=\sqrt{Q}$ 的幂次.

(3) I 不是准素理想但 $\sqrt{I}$ 是素理想.

习题 2.42. 证明定理 2.72: 设 R 是诺特环. 则 R 的每个真理想 I 均有极小准素分解

$$I=\bigcap_{i=1}^{m} Q_i$$

且 $\{\sqrt{Q_1},\sqrt{Q_2},\cdots,\sqrt{Q_m}\}$ 由 I 唯一决定.

习题 2.43. 证明: 对任意域 k, $\mathbb{A}^1$ 中的仿射代数集为 $\mathbb{A}^1$, $\varnothing$ 和 k 的有限子集.

习题 2.44. 如果 $k=\mathbb{F}_2$, $V=\{(0,0),(1,1)\}\subseteq\mathbb{A}^2$, 证明: $\mathcal{I}(V)$ 是极大理想 $\mathfrak{m}_1=(x,y)$ 与 $\mathfrak{m}_2=(x-1,y-1)$ 的乘积 $\mathfrak{m}_1\mathfrak{m}_2$.

习题 2.45. 试举例说明当 k 不是代数封闭域时, 零点定理可能不成立.

习题 2.46. 设 V 是 $\mathbb{A}^n$ 的有限仿射代数集. 证明: 若 V 的元素个数是 m, 则 $k[V]$ 作为 k–代数同构于 k^m.

习题 2.47. 设 k 是有限域. 证明: $\mathbb{A}^n$ 的任意子集均是仿射代数集.

习题 2.48. 设 f 是域 k 上的一元多项式, 次数 $\geqslant 1$. 证明: $\mathcal{I}(\mathcal{Z}(f))=(f)$ 当且仅当 f 是 $k[x]$ 中不同线性因子的乘积.

习题 2.49. 设 $f,g\in k[x,y]$ 为不可约多项式且互不关联, 即 $(f)\neq(g)$. 证明: $\mathcal{Z}((f,g))$ 或者是空集, 或者是 $\mathbb{A}^2$ 中的有限集.

习题 2.50. 设 $V\subseteq\mathbb{A}^n$ 是仿射代数集, $f\in k[V]$. f 的图是指集合

$$\{(a_1,\cdots,a_n,f(a_1,\cdots,a_n))\mid(a_1,\cdots,a_n)\in V\}.$$

证明: f 的图是 $\mathbb{A}^{n+1}$ 上的仿射代数集.

习题 2.51. 设 V,W 是仿射代数集. 证明: $V\times W$ 也是仿射代数集, 且 $k[V\times W]\cong k[V]\otimes_k k[W]$.

习题 2.52. 设 $f:A\to B$ 是环同态. 令 $f^*:\operatorname{Spec}B\to\operatorname{Spec}A$ 为映射 $\mathfrak{p}\mapsto f^{-1}(\mathfrak{p})$. 证明: f^* 在扎里斯基拓扑下是连续映射.

习题 2.53. 证明: 自然同态 $\varphi:R\to R/\operatorname{nil}(R)$ 诱导的映射 $\varphi^*:\operatorname{Spec}(R/\operatorname{nil}(R))\to\operatorname{Spec}R$ 是同胚.

习题 2.54. 证明: 若有限生成 $\mathbb{Z}$–代数是域, 则一定是有限域.

习题 2.55. (1) 分别写出 $k[x,y]$ 中以字典序和次数–字典序的前 10 个单项式.

(2) 以字典序和次数–字典序写出 $k[x,y,z]$ 中所有权 $\leqslant 2$ 的单项式.

习题 2.56. 使用次数–字典序求:

(1) $x \mod [x-y,x-z]$ 与 $x \mod [x-z,x-y]$.

(2) $x^7y^2+x^3y^2-y+1 \mod [xy^2-x,x-y^3]$ 和 $x^7y^2+x^3y^2-y+1 \mod [x-y^3,xy^2-x]$.

习题 2.57. 设 $c_\alpha X^\alpha$ 是非零单项式, $f(X),g(X)$ 是 $k[X]$ 中的多项式且它们的每一项都不被 $c_\alpha X^\alpha$ 整除. 证明: $f(X)-g(X)$ 的每一项都不被 $c_\alpha X^\alpha$ 整除.

习题 2.58. 设 $k[X]$ 中的理想 I 是**单项式理想** (monomial ideal), 即是指它由单项式 $X^{\alpha(1)},\cdots,X^{\alpha(q)}$ 生成. 证明:

(1) $f(X)\in I$ 当且仅当 f 的每一项均被某 $X^{\alpha(i)}$ 生成.

(2) 若 $G=[g_1,\cdots,g_m]$ 而 r 模 G 是约化的, 则 $r\notin[\mathrm{LT}(g_1),\cdots,\mathrm{LT}(g_m)]$.

习题 2.59. 给定 $k[X]$ 中一个单项式序. 设 I 是 $k[X]$ 中的理想, $\{g_1,\cdots,g_m\}\subseteq I$. 如对任意非零 $f\in I$, 存在 g_i 使得 $\mathrm{LT}(g_i)\mid\mathrm{LT}(f)$, 证明: $I=(g_1,\cdots,g_m)$. 这说明在格罗布纳基的定义中, 不需要假设 I 由 $g_1,\cdots,g_m$ 生成.

以下三题采用次数 – 字典单项式序.

习题 2.60. 试求 $I=(x^2-y,y^2-x,x^2y^2-xy)$ 的格罗布纳基并判断 x^4+x+1 是否在 I 中.

习题 2.61. 设 $I=(y-x^2,z-x^3)$.

(1) 设 $x<y<z$, 令 $\leqslant_{\mathrm{lex}}$ 是对应的次数 – 字典单项式序. 证明: $\{y-x^2,z-x^3\}$ 不是 I 的格罗布纳基.

(2) 设 $y<z<x$, 令 $\leqslant_{\mathrm{lex}}$ 是对应的次数 – 字典单项式序. 证明: $\{y-x^2,z-x^3\}$ 不是 I 的格罗布纳基.

习题 2.62. 试求 $I=(xz,xy-z,yz-x)$ 的格罗布纳基并判断 x^3+x+1 是否在 I 中.

习题 2.63. 设 $f(x)=x^n+a_{n-1}x^{n-1}+\cdots+a_0$ 的根为 $\alpha_1,\cdots,\alpha_n$. 令 $f'(x)=nx^{n-1}+(n-1)a_{n-1}x^{n-2}+\cdots+a_1$ 是 $f(x)$ 的形式微分. 证明:

$$\mathrm{Res}(f,f')=\prod_{i=1}^{n}f'(\alpha_i).$$

更进一步地, 回顾 $f(x)$ 的判别式 (见《代数学 I: 代数学基础》)

$$D(f)=\prod_{1\leqslant i<j\leqslant n}(\alpha_j-\alpha_i).$$

证明:

$$D(f)=(-1)^{n(n-1)/2}\mathrm{Res}(f,f').$$

第三章 半单代数与有限群表示

3.1 一般环上的模

在本书第一部分学习模论时, 我们一般假设环是含幺交换环. 事实上, 模的理论可以建立在一般环的情形, 即环可以是非交换的.

定义 3.1. 设 R 是含幺环, 加法阿贝尔群 M 称为**左 R–模**是指存在**左乘映射**

$$R \times M \longrightarrow M, \quad (r, m) \longmapsto rm,$$

满足如下性质:

(1) **恒等元**: 对任意的 $m \in M$, 均有 $1m = m$.

(2) **分配律**: 对于 $r, s \in R$ 和 $m, n \in M$, 等式 $(r+s)m = rm + sm$ 和 $r(m+n) = rm + rn$ 成立.

(3) **结合律**: 对于 $r, s \in R$, $m \in M$, $(rs)m = r(sm)$ 成立.

同样地, M 称为**右 R–模**是指存在**右乘映射**

$$M \times R \longrightarrow M, \quad (m, r) \mapsto mr$$

满足如下性质:

$(1)'$ **恒等元**: 对任意的 $m \in M$, 均有 $m1 = m$.

$(2)'$ **分配律**: 对于 $r, s \in R$, $m, n \in M$, 等式 $m(r+s) = mr + ms$ 和 $(m+n)r = mr + nr$ 成立.

$(3)'$ **结合律**: 对于 $r, s \in R$, $m \in M$, $m(rs) = (mr)s$ 成立.

定义 3.2. 设 R 为环, R 的**反环** (opposite ring) R^{op} 是指作为集合 $R^{\mathrm{op}} = R$, 它的加法与 R 的加法一样, 但它的乘法 $\circ$ 如下定义: $r \circ s = sr$.

对于反环, 我们有如下简单性质:

命题 3.3. 设 R 是含幺环, R^{op} 是它的反环. 则

(1) R 为交换环当且仅当 $R^{\mathrm{op}}=R$.

(2) $R=(R^{\mathrm{op}})^{\mathrm{op}}$.

(3) 若 R 是域 F 上的代数, 则 R^{op} 也是.

例 3.4. 设 R 为环, M 为左 R–模, 定义映射

$$M\times R^{\mathrm{op}}\longrightarrow M,\quad (m,r)\longmapsto m\circ r=rm.$$

则此映射是右乘映射, M 可以视作右 R^{op}–模. 特别地, 若 R 是交换环, 由于 $R^{\mathrm{op}}=R$, 故此时左模 = 右模 = 模.

类似地, 若 M 是右 R–模, 我们可以自然定义 M 上的左 R^{op}–模结构. 由于 $R=(R^{\mathrm{op}})^{\mathrm{op}}$, 我们通常只需考虑左模的情形. 今后如不特殊说明, 我们讨论的模都是左模, 我们常常称模的左乘映射为数乘映射.

定义 3.5. 设 R 与 S 为环, M 为加法阿贝尔群. M 称为 (R,S)–**双模** 是指 M 既是左 R–模, 也是右 S–模, 且对任意的 $r\in R$, $s\in S$, $m\in M$, 等式 $r(ms)=(rm)s$ 恒成立.

例 3.6. 以环的乘法作为左乘和右乘映射, 则 R 具备自然的左 R–模, 右 R–模和 (R,R)–双模结构.

定义 3.7. 设 R 为环, M 为左 R–模. M 的加法子群 N 称为 M 的**子模** 是指 N 对于数乘封闭, 即对任意的 $r\in R$ 和 $n\in N$, 均有 $rn\in N$.

例 3.8. 我们给出子模的一些例子:

(1) 对于任意模 M, $0=\{0\}$ 和 M 是 M 的子模, 称为**平凡子模**.

(2) 环 R 作为左 R–模时的子模 I 称为 R 的**左理想** (left ideal), 此时对任意的 $r\in R$, 均有 $rI\subseteq I$; R 作为右 R–模时的子模 J 称为 R 的**右理想** (right ideal), 此时对任意的 $r\in R$, 均有 $Jr\subseteq J$. 如果 I 既是左理想又是右理想, 那么称 I 是**双边理想** (two-sided ideal), 即通常定义的理想, 此时 I 是 (R,R)–双模 R 的子模.

定义 3.9. 非零模 M 称为**单模** (simple module) 或**不可约模** (irreducible module) 是指它没有非平凡的子模.

定义 3.10. 如 N 是 M 的子模, 在商群 M/N 上通过数乘映射

$$R\times M/N\longrightarrow M/N,\quad (r,m+N)\mapsto rm+N$$

得到的模 M/N 称为 M 对 N 的**商模** (quotient module).

定义 3.11. 设 M,N 是 R–模. 映射 $f:M\to N$ 称为**模同态** (homomorphism of modules) 是指如 f 为加法群同态, 且对任意 $r\in R$, $m\in M$, 均有 $f(rm)=rf(m)$.

若同态 f 是单射 (满射、双射), 则称 f 为单同态 (满同态、同构).

注意到若 f 为同构, 则 f^{-1} 也是同构.

对于交换环上模的情形, 我们有如下模的同构定理和对应定理:

定理 3.12 (同态基本定理). 设 $f: M \longrightarrow N$ 为 R–模同态, 则 $\ker f = f^{-1}(0)$ 是 M 的子模, $\operatorname{im} f = f(M)$ 是 N 的子模, 且 f 诱导 R–模同构

$$\bar{f}: M/\ker f \xrightarrow{\sim} \operatorname{im} f, \quad m + \ker f \longmapsto f(m).$$

定理 3.13 (第二同构定理). 若 S 和 T 是模 M 的子模, 则存在 R–模同构

$$S/(S \cap T) \xrightarrow{\sim} (S+T)/T, \quad s + (S \cap T) \longmapsto s + T.$$

定理 3.14 (第三同构定理). 设模 $T \subseteq S \subseteq M$, 则存在 R–模同构

$$\frac{M/T}{S/T} \xrightarrow{\sim} M/S, \quad \overline{m+T} \longmapsto m + S.$$

定理 3.15 (对应定理). 设 T 是模 M 的子模, $\pi: M \to M/T$ 是自然商映射. 则存在一一对应

$$\varphi: \{\text{中间模}S \mid T \subseteq S \subseteq M\} \longrightarrow \{M/T\text{的子模}\},$$
$$S \longmapsto S/T,$$

其逆映射为 $\overline{S} \mapsto \pi^{-1}(\overline{S})$. 更进一步地, $S \subseteq S'$ 当且仅当 $S/T \subseteq S'/T$.

下面定理在表示论研究中起到了至关重要的作用.

定理 3.16 (舒尔 (Schur) 引理). 单模间的任意非零同态均是同构.

证明. 设 $f: M_1 \to M_2$ 为单模间的非零同态. 则一方面 $\ker f \neq M_1$ 为 M_1 的子模, 故 $\ker f = 0$. 另一方面 $\operatorname{im} f \neq 0$ 为 M_2 的子模, 故 $\operatorname{im} f = M_2$. 由同态基本定理, 故得 f 为同构. □

定义 3.17. 设 M, N 是 R–模. 记 $\operatorname{Hom}_R(M,N)$ 为 M 到 N 的模同态集合, 记 $\operatorname{End}_R(M) = \operatorname{Hom}_R(M,M)$ 为 M 的 R–模自同态集合.

在 $\operatorname{Hom}_R(M,N)$ 中定义加法

$$f + g: M \to N, \quad m \mapsto f(m) + g(m).$$

由此加法, $\operatorname{Hom}_R(M,N)$ 构成加法群.

在 $\operatorname{End}_R(M)$ 中, 定义乘法

$$f \cdot g = f \circ g: M \xrightarrow{g} M \xrightarrow{f} M.$$

由此加法和乘法, $\operatorname{End}_R(M)$ 构成环, 称为 M 的**自同态环** (endomorphism ring).

舒尔引理的一个直接推论是

推论 3.18. 若 M 是单模, 则 $\mathrm{End}_R(M)$ 是可除环.

对于 $\mathrm{Hom}_R(R,M)$, 可以在其上定义左乘

$$r\varphi(u)=\varphi(ur),\quad r\in R,\quad \varphi\in \mathrm{Hom}_R(R,M).$$

则 $\mathrm{Hom}_R(R,M)$ 是 R–模, 且容易得出

引理 3.19. 映射 $\mathrm{Hom}_R(R,M)\to M$, $\varphi\mapsto\varphi(1)$ 是模同构.

定义 3.20. (1) 设 M 是 R–模, $(M_\alpha)_{\alpha\in I}$ 是 M 的子模集合, 则它们的和

$$\sum_{\alpha\in I}M_\alpha=\left\{\sum_{\alpha\in I}m_\alpha\,\middle|\, m_\alpha\in M_\alpha,\text{且 } m_\alpha \text{ 只在有限个 } \alpha \text{ 处非零}\right\}$$

是 M 的子模.

(2) 设 $(M_\alpha)_{\alpha\in I}$ 是 R–模集合, 则它们的**直积**定义为 R–模

$$\prod_{\alpha\in I}M_\alpha=\{(m_\alpha)_{\alpha\in I}\mid m_\alpha\in M_\alpha\}.$$

它们的**直和**定义为

$$\bigoplus_{\alpha\in I}M_\alpha=\{(m_\alpha)_{\alpha\in I}\mid m_\alpha\in M_\alpha\text{且只在有限个 } \alpha \text{ 处非零}\}.$$

命题 3.21. (1) 若 I 是有限集, 则直和与直积相同.

(2) 若 N_1 和 N_2 是 M 的子模, 则 N_1+N_2 是直和, 即 $N_1+N_2\cong N_1\oplus N_2$, 当且仅当 $N_1\cap N_2=0$.

(3) 令 $\pi_k:\prod\limits_{\alpha\in I}M_\alpha\to M_k$, $(m_\alpha)_{\alpha\in I}\mapsto m_k$. 则 π_k 是满同态, 且满足**泛性质**: 若对任意 $\alpha\in I$, 均给定模同态 $f_\alpha: X\to M_\alpha$, 则存在唯一的模同态 $\varphi: X\to\prod\limits_{\alpha\in I}M_\alpha$, 使得 $f_\alpha=\pi_\alpha\circ\varphi$. 也就是说, 我们有如下的交换图表:

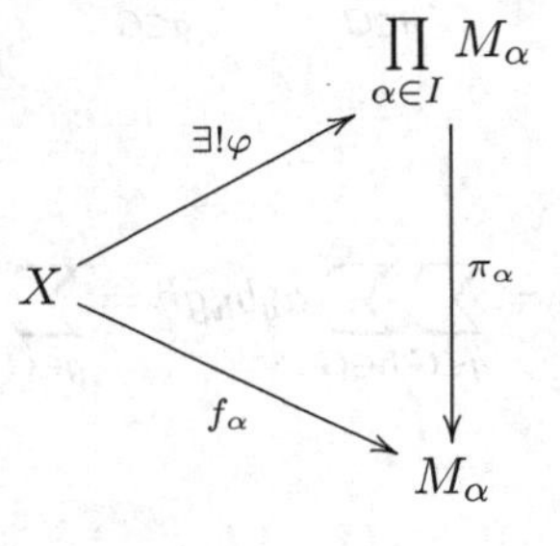

(4) 令 $\iota_k : M_k \to \bigoplus_{\alpha\in I} M_\alpha$, $m_k \mapsto (0,\cdots,m_k,\cdots,0)$. 则 ι_k 是单同态, 且满足**泛性质**: 若对任意 $\alpha \in I$, 均给定模同态 $g_\alpha : M_\alpha \longrightarrow Y$, 则存在唯一的模同态 $\psi : \bigoplus_{\alpha\in I} M_\alpha \to Y$, 使得 $g_\alpha = \psi \circ \iota_\alpha$. 也就是说, 我们有如下的交换图表:

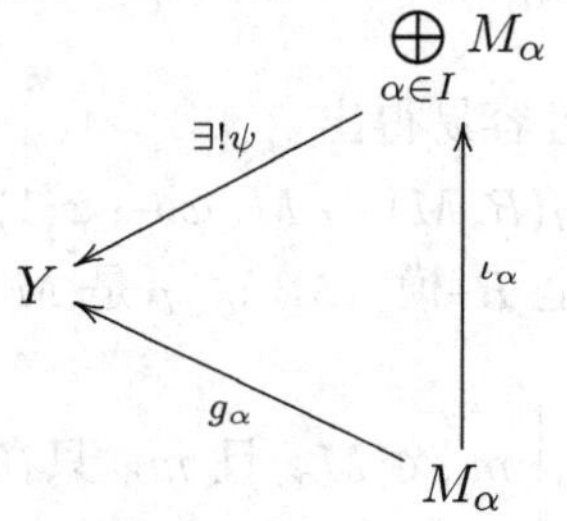

注记. 今后 π_α 称为 $\prod_{\alpha\in I} M_\alpha$ 到 M_α 的**典范投射**, ι_α 称为 M_α 到 $\bigoplus_{\alpha\in I} M_\alpha$ 的**典范嵌入映射**, 命题 3.21 (3) 与 (4) 即通常意义下直积、直和的定义.

注记. 如 I 是有限指标集, 我们将不区分直积与直和, 直接记它们为 $\bigoplus_{\alpha\in I} M_\alpha$. 我们记 n 个 M 的直和 $M \oplus \cdots \oplus M = nM$.

3.2 群的表示

本章自此以后各节, 如无特别说明, 我们均假设 F 是域, G 是群.

定义 3.22. 群 G 在域 F 上的**群环** (group ring), 记作 $F[G]$, 是由所有形如

$$\sum_{g\in G} a_g g \ (a_g \in R, g \in G\text{且 } a_g \text{ 只在有限个 } g \text{ 处非零})$$

的形式和构成的集合, 并配备加法

$$\sum_{g\in G} a_g g + \sum_{g\in G} b_g g = \sum_{g\in G} (a_g + b_g) g$$

和乘法

$$\sum_{g\in G} a_g g \cdot \sum_{g\in G} b_g g = \sum_{g\in G}\sum_{h\in G} a_g b_h gh = \sum_{g\in G} \left(\sum_{h\in G} a_h b_{h^{-1}g}\right) g$$

构成的环.

我们首先注意到

(1) $F[G]$ 是 F–代数.

(2) $F[G]$ 是交换环当且仅当 G 是阿贝尔群.

(3) $F[G]$ 是以 G 为基的 F–线性空间, 故它的维数有限当且仅当 G 是有限群.

引理 3.23. 设 G 是有限群, V 是 $F[G]$–模. 则 V 是有限生成 $F[G]$–模当且仅当 V 作为 F–线性空间维数有限.

证明. 显然. □

定义 3.24. 设 V 是 F–线性空间. 群 G 在 V 上的群作用称为**线性作用** (linear action)是指对于任意 $v, w \in V$, $g \in G$, $\lambda \in F$, 有

$$g(v+w) = gv + gw, \quad g(\lambda v) = \lambda gv.$$

对于线性空间 V, 记 $\mathrm{GL}(V)$ 是所有 V 到 V 的可逆线性变换构成的群, 它是自同态环 $\mathrm{End}_F(V)$ 的单位群.

命题 3.25. 群 G 在线性空间 V 上的线性作用集合与 G 到 $\mathrm{GL}(V)$ 的群同态集合一一对应.

证明. 若 $\rho : G \longrightarrow \mathrm{GL}(V)$ 是群同态, 定义群作用 $g \cdot v = \rho(g)(v)$, 则此作用是线性作用. 反过来, 给定 G 在 V 上的线性作用, 定义 $\rho(g)(v) = gv$. 则 $\rho(g)$ 是 V 到自身的线性变换, 且由于 $\rho(g)\rho(g^{-1})v = v$ 知 $\rho(g)$ 可逆. □

定义 3.26. 设 G 是群, F 为域. 则 (V, ρ) 称为 **G 的 F–线性表示** (linear representation) 或者简称 **G 的 F–表示** 是指 V 是 F–线性空间并配备群同态 $\rho : G \to \mathrm{GL}(V)$, 该表示的**维数**是 V 作为 F–线性空间的维数 $\dim_F V$.

命题 3.27. 设 G 是有限群, F 是域. 则下列集合存在自然双射:

(1) G 的有限维 F–表示集合.

(2) 有限维 F–线性空间并配备 G 线性作用的集合.

(3) 有限生成 $F[G]$–模集合.

证明. (1) 和 (2) 间的双射即前面的命题. 若 V 是有限生成 $F[G]$–模, 则由引理 3.23 知 $\dim_F V < \infty$, 且

$$G \times V \longrightarrow V, \quad (g, v) \longmapsto gv$$

是 G 在 V 上的线性作用.

反之, 对于有限维 F–表示 (V, ρ), 定义数乘

$$F[G] \times V \longrightarrow V, \quad \left(\sum_g a_g g, v\right) \longmapsto \sum_g a_g \rho(g)(v).$$

则 V 是 $F[G]$–模, 且是有限生成的. □

命题 3.28. 设 G 是有限群, F 是域. 设 (V_1,ρ_1) 与 (V_2,ρ_2) 是 G 的有限维表示. 则下列条件等价:

(1) V_1 与 V_2 作为有限生成 $F[G]$–模同构.

(2) 存在可逆 F–线性变换 $\varphi: V_1 \to V_2$ 使得对所有 $g \in G$, 均有 $\rho_2(g) = \varphi \circ \rho_1(g) \circ \varphi^{-1}$.

(3) 存在可逆 F–线性变换

$$\varphi: V_1 \longrightarrow V_2, \quad g \cdot \varphi(v) = \varphi(g \cdot v),$$

这里等式左边 $g \cdot \varphi(v)$ 是 G 在 V_2 上的线性作用, 右边 $g \cdot v$ 是 G 在 V_1 上的线性作用.

证明. 显然. 留作练习. □

定义 3.29. 设 $n \geqslant 1$. 称群同态 $\rho: G \to \mathrm{GL}_n(F)$ 为 G 的 n 维**矩阵表示**.

对 n 维矩阵表示 ρ_1 和 ρ_2, 如存在可逆矩阵 P 使得 $\rho_1(g) = P^{-1}\rho_2(g)P$ 对任意 $g \in G$ 成立, 则称矩阵表示 ρ_1 与 ρ_2 **同构**.

命题 3.30. 设 G 是有限群, F 是域. 则存在一一对应:

(1) G 的 n 维表示同构类集合.

(2) G 的 n 维矩阵表示同构类集合.

证明. 令 F^n 是 F 的 n 维列向量空间. 一方面, 如 $\rho: G \to \mathrm{GL}_n(F)$ 为群同态, 由于 $\mathrm{GL}(F^n) = \mathrm{GL}_n(F)$, 我们得到 G 的表示 (F^n, ρ).

反过来, 如 (V,ρ) 是 n 维表示, 设 $\{e_1, \cdots, e_n\}$ 是 V 的一组基, 对于 $g \in G$, 令 $A(g) \in \mathrm{GL}_n(F)$ 是线性变换 $v \mapsto gv$ 在基 $\{e_1, \cdots, e_n\}$ 下的矩阵, 即

$$g(e_1, \cdots, e_n) = (e_1, \cdots, e_n)A(g).$$

则 $\widetilde{\rho}: G \to GL_n(F), g \mapsto A(g)$ 是群同态. 若另选一组基, 则得到等价的矩阵表示. 这样定义的对应将 (1) 中的同构类与 (2) 中的同构类等同起来. □

从现在开始, 我们假设 F 为域, G 为有限群. G 的 F–表示是指如下的三种等价定义:

(1) (V,ρ): V 是有限维 F–线性空间, 且配备群同态 ρ: $G \to \mathrm{GL}(V)$.

(2) 有限维 F–线性空间 V, 并配备 G 的一个线性作用.

(3) 有限生成 $F[G]$–模.

如取定 V 的一组基, 则 (V,ρ) 给出矩阵表示 $\widetilde{\rho}: G \to \mathrm{GL}_n(F)$, 其中 $n = \dim_F V$. 不同基给出的矩阵表示等价, 即存在可逆矩阵 P, $P\widetilde{\rho}(g)P^{-1} = \widetilde{\rho}'(g)$ 对任意 $g \in G$ 成立.

定义 3.31. (1) W 是表示 V 的**子表示** (sub representation)是指 W 是 V 的 $F[G]$–子模, 或等价地说, G 在 V 上的线性作用对 W 封闭, 即 $gW \subseteq W$ 对任意 $g \in G$ 成立.

(2) 表示 V 称为**不可约表示** (irreducible representation) 是指 V 作为 $F[G]$–模是单模.

例 3.32. (1) $V = F$ 并配备平凡作用, 此表示称为**平凡表示** (trivial representation). 平凡表示自然是不可约表示. 更进一步地, 任何 1 维表示都是不可约表示.

(2) 设 X 是有限 G–集. 令

$$F[X] = \left\{ \text{形式和} \sum_{x \in X} a_x x \,\middle|\, a_x \in F, x \in X \right\},$$

并定义

$$g\left(\sum_{x \in X} a_x x\right) = \sum_{x \in X} a_x (gx) = \sum_{x \in X} a_{g^{-1}x} x.$$

则 $F[X]$ 是维数为 $|X|$ 的 G–表示, 称为 X 的**置换表示** (permutation representation).

(3) 在上例中令 $X = G$, 则群环 $F[G]$ 是 G 的 F–表示, 称为 G 的**正则表示** (regular representation). 它有两个子表示:

$$N = \left\langle \sum_{g \in G} g \right\rangle \cong F \text{和} \ I = \left\{ \sum_{g \in G} a_g g \,\middle|\, \sum_{g} a_g = 0 \right\}.$$

这里 I 是同态 $\deg : F[G] \to F, \sum_{g} a_g g \mapsto \sum_{g} a_g$ 的核, 称为 $F[G]$ 的**增广理想** (augmentation ideal).

设 U 和 V 是 G 的 F–表示, 则 $\mathrm{Hom}_F(U, V)$ 和 $U \otimes_F V$ 均是 F–线性空间. 对于 $\varphi \in \mathrm{Hom}_F(U, V)$, 定义

$$(g\varphi)(u) = g(\varphi(g^{-1}u)).$$

则 $(g, \varphi) \mapsto g\varphi$ 是 G 在 $\mathrm{Hom}_F(U, V)$ 上的线性作用. 考虑映射

$$\alpha_g : U \times V \longrightarrow U \otimes_F V, \quad (u, v) \longmapsto (gu) \otimes (gv).$$

则 α_g 是 F–双线性映射, 它诱导 F–线性映射

$$\widetilde{\alpha_g} : U \otimes_F V \longrightarrow U \otimes_F V, \quad u \otimes v \longmapsto (gu) \otimes (gv).$$

定义 $g.(u\otimes v)=\widetilde{\alpha_g}\,(u\otimes v)=(gu)\otimes(gv)$, 则我们得到 G 在 $U\otimes_F V$ 上的线性作用. 故 $\mathrm{Hom}_F(U,V)$ 与 $U\otimes_F V$ 均是 G 的 F–表示.

定义 3.33. 对于 G 的 F–表示 U, $\mathrm{Hom}_F(U,F)$ 称为 U 的**对偶表示** (dual representation), 记为 U^*.

命题 3.34. 设 U,V 是 G 的 F–表示. 则映射

$$\Gamma: U^*\otimes_F V \longrightarrow \mathrm{Hom}_F(U,V),\quad \varphi\otimes v\longmapsto (u\mapsto \varphi(u)v)$$

是表示间的同构.

证明. 首先映射

$$U^*\times V\longrightarrow \mathrm{Hom}_F(U,V),\quad (\varphi,v)\longmapsto (u\mapsto\varphi(u)v)$$

是 F–双线性映射, 故它诱导的映射 Γ 是定义良好的 F–线性映射. 我们要证明 Γ 是单射和满射, 且是 $F[G]$–模同态.

设 $\{u_1,\cdots,u_n\}$ 是 U 的一组基, $\{u_1^*,\cdots,u_n^*\}$ 是 U^* 的对偶基, 即 $u_i^*(u_j)=\delta_{ij}$. 故 $U^*\otimes_F V$ 中的元素可以写为

$$\sum_k\left(\sum_{i=1}^n\beta_{ik}u_i^*\right)\otimes v_k=\sum_{i=1}^n u_i^*\otimes\left(\sum_k\alpha_{ik}v_k\right)$$

的形式, 即 $\sum\limits_i u_i^*\otimes v_i$ 的形式, 其中 $v_i\in V$. 由于

$$\Gamma\left(\sum_i u_i^*\otimes v_i\right)(u_j)=v_j,$$

故若 $\Gamma\left(\sum\limits_i u_i^*\otimes v_i\right)=0$, 则 $v_i=0$, 所以 $\sum\limits_i u_i^*\otimes v_i=0$. 即 Γ 为单射. 若 $\sigma\in\mathrm{Hom}_F(U,V)$, 则对任意 u_j, $\Gamma(\sum\limits_i u_i^*\otimes\sigma(u_i))(u_j)=\sigma(u_j)$. 故 Γ 为满射.

由于

$$\begin{aligned}\Gamma(g(\varphi\otimes v))(u)&=\Gamma(g\varphi\otimes gv)(u)=(g\varphi)(u)\cdot(gv)\\&=g(\varphi(g^{-1}u))\cdot(gv)=\varphi(g^{-1}u)\cdot(gv),\end{aligned}$$

而

$$\begin{aligned}(g\Gamma(\varphi\otimes v))(u)&=g(\Gamma(\varphi\otimes v)(g^{-1}u))=g(\varphi(g^{-1}u)v)\\&=\varphi(g^{-1}u)\cdot(gv),\end{aligned}$$

故 Γ 是模同态. □

定理 3.35 (马施克, Maschke). 设域 F 的特征为 0 或与 G 的阶互素. 对于任意表示 V, 若 U 是 V 的真子表示, 则存在子表示 W, 使得 $V=U\oplus W$. 换言之, G 的任意 F–表示的子表示均是直和项.

证明. 设 $\pi: V\to U$ 为 F–线性空间之间的一个投射. 令

$$\pi': V\longrightarrow V,\quad v\longmapsto \frac{1}{|G|}\sum_{g\in G} g\pi(g^{-1}v).$$

由 $\pi(g^{-1}v)\in U$ 知 $\pi'(v)\in U$, 即 π' 是 V 到 U 的线性映射. 对于 $u\in U$, $\pi(g^{-1}u)=g^{-1}u$, 故 $\pi'(u)=u$, 即 $\pi'|_U=\mathrm{Id}$. 特别地, π' 为满射. 作为 F–线性空间, 我们有直和 $V=U\oplus\ker\pi'$. 只要证明 $\ker\pi'$ 为 V 的子表示即可, 这等价于证明 π' 是 $F[G]$–模同态, 即证对任意 $x\in G$ 和 $v\in V$, 均有 $\pi'(xv)=x\pi'(v)$. 由于

$$\begin{aligned}\pi'(xv)&=\frac{1}{|G|}\sum_{g\in G} g\pi(g^{-1}xv)=\frac{1}{|G|}x\left(\sum_{g\in G}(x^{-1}g)\pi(g^{-1}xv)\right)\\&=x\left(\frac{1}{|G|}\sum_{h=x^{-1}g\in G} h\pi(h^{-1}v)\right)=x\pi'(v),\end{aligned}$$

故定理得证. □

定义 3.36. 若模 M 是单模的直和, 则称 M 为**半单模** (semisimple module).

推论 3.37. 若 F 的特征为 0 或与 $|G|$ 互素, 则 G 的非零 F–表示均是不可约表示的直和. 等价地说, 任意有限生成非零 $F[G]$–模是半单模.

3.3 半单代数

在本节, 设 F 是域, A 是有限维 F–代数. 设所有 A–模均是有限生成的, 即是有限维 F–线性空间.

引理 3.38. 设 M 是 A–模. 则下列断言等价:

(1) M 的任意子模均是 M 的直和项.

(2) M 是半单模.

(3) M 是单子模之和.

证明. (1) $\Rightarrow$ (2) $\Rightarrow$ (3) 显然. 下证 (3) $\Rightarrow$ (1).

设 N 是 M 的子模. 令 V 是 M 的子模, 且是与 N 之交平凡的所有子模中的极大元. 我们要证 $M = N \oplus V = N + V$. 如不然, 由于 M 是单子模之和, 故存在单子模 S, $S \nsubseteq N + V$. 但由于 S 是单模, 故 $S \cap (N+V) \subsetneq S$, 故它只能是 0, 这说明 $N \cap (V + S) = 0$. 由于 $V \subsetneq V + S$, 这与 V 的极大性矛盾. □

引理 3.39. 半单模的子模和商模都是半单模.

证明. 若 N 是半单模 M 的子模, 则存在 W, $M = N \oplus W$, 故 $N \cong M/W$ 是 M 的商模. 故只要对商模是半单模证明即可.

若 M 是半单模, 则 $M = S_1 + \cdots + S_n$. 其中 S_i 为单模. 令 $\pi : M \longrightarrow M/N$ 为自然映射, 则 $\pi(S_i) = S_iN/N \cong S_i/S_i \cap N$. 故 $\pi(S_i)$ 同构于 S_i 或者 $\pi(S_i) = 0$. 所以 $M/N = \pi(S_1) + \cdots + \pi(S_n)$ 是单模之和. 由前面引理即知 M/N 是半单模.□

定义 3.40. 若代数 A 的非零 A–模均是半单模, 则称 A 是**半单代数** (semisimple algebra).

例 3.41. 如 G 为有限群, $\operatorname{char} F = 0$ 或与 $|G|$ 互素, 马施克定理即是说群环 $F[G]$ 是半单 F–代数.

引理 3.42. A 是半单代数当且仅当它作为 A–模是半单模.

证明. 一方面, 如 A 是半单代数, 由定义即知它作为 A–模是半单模. 另一方面, 如 A–模是半单模, 则对于任意正整数 n, 自由模 A^n 也是半单模, 而任意有限生成 A–模是 A^n 的商模, 故也是半单模. □

命题 3.43. 设 A 是半单代数, 且作为 A–模, $A \cong S_1 \oplus \cdots \oplus S_r$, 其中 S_i 为单模. 则任意单 A–模均同构于某个 S_i.

证明. 设 S 为单模, $0 \neq s \in S$. 令 $\varphi : A \to S, a \mapsto as$. 则 φ 为满同态. 令 $\varphi_i = \varphi|_{S_i} : S_i \to S$. 则 φ_i 不全为 0. 由舒尔引理, 若 $\varphi_i \neq 0$, 则 $\varphi_i : S_i \cong S$. □

命题 3.44. 如 $\{S_1, \cdots, S_r\}$ 是半单代数 A 的所有非同构单模的集合. 对于 A–模 M, 若 $M \cong n_1S_1 \oplus \cdots \oplus n_rS_r$, 则 $\{n_i\}_{i=1}^r$ 是唯一确定的.

证明. 设 $\varphi : n_1S_1 \oplus \cdots \oplus n_rS_r \cong m_1S_1 \oplus \cdots \oplus m_rS_r$. 要证 $m_i = n_i$ 对于 $1 \leqslant i \leqslant r$ 均成立. 令

$$\varphi_{ij} : n_iS_i \xrightarrow{\beta_i} n_1S_1 \oplus \cdots \oplus n_rS_r \xrightarrow{\varphi} m_1S_1 \oplus \cdots \oplus m_rS_r \xrightarrow{\alpha_j} m_jS_j,$$

其中 α_j, β_i 分别是直积和直和定义的投射和内射. 则若 $i \neq j$, 由于任何 $\psi : S_i \to S_j$ 为零同态. 由直和与直积的泛性质, 知 $\varphi_{ij} = 0$. 故 $\varphi = \bigoplus_{i=1}^r \varphi_{ii}$. 由于 φ 是同构, 故 $\varphi_{ii} : n_iS_i \to m_iS_i$ 也是同构. 比较维数即知 $m_i = n_i$. □

定义 3.45. 如可除环 D 是 F–代数, 称 D 为 F–**可除代数** (division algebra).

我们下面设 D 是可除代数. 对于 $n > 0$, D 上的 n 阶矩阵构成的环 $M_n(D)$ 也是 F–代数. 令 $D^n = \{(v_1, \cdots, v_n)^{\mathrm{T}} \mid v_i \in D\}$ 表示 D 上的 n 维列向量空间.

则通过矩阵乘法, D^n 是自然的 $M_n(D)$–模.

令 $E_{ij} \in M_n(D)$, 它在 (i,j) 位置为 1, 其余位置为 0. 令 $P_{ij} = I_n - E_{ii} - E_{jj} + E_{ji} + E_{ij}$ 为对换 (i,j) 对应的置换矩阵. 令 $e_i \in D^n$, 它在第 i 个位置为 1, 其余位置为 0.

定理 3.46. 设 D 是可除代数, $n > 0$, 则环 $M_n(D)$ 是半单代数, 它的单模均同构于 D^n, 而 $M_n(D)$ 作为 $M_n(D)$–模同构于 nD^n.

证明. 先证 D^n 是单 $M_n(D)$–模. 设 N 是 D^n 的非零子模. 若 $v = (v_1, \cdots, v_n)^{\mathrm{T}} \in N$, $v \neq 0$, 不妨令 $v_j \neq 0$, 则 $(v_j^{-1}E_{ij}) \cdot v = e_j \in N$. 再由于 $P_{ij}e_j = e_i \in N$, 所以 $N = D^n$. 故 D^n 是单 $M_n(D)$–模.

对于 $1 \leqslant k \leqslant n$, 令 C_k 是 $M_n(D)$ 中在第 k 列外均为零的矩阵集合. 则 C_k 是 $M_n(D)$ 的子模, $C_k \cong D^n$, 且 $M_n(D) \cong \bigoplus\limits_{k=1}^{n} C_k \cong nD^n$. 故 $M_n(D)$ 是半单代数, 且 D^n 是唯一的单 $M_n(D)$–模. □

定义 3.47. 若代数只有平凡的双边理想, 即它作为环是单环, 则称该代数为**单代数** (simple algebra).

引理 3.48. 单代数都是半单代数.

证明. 设 A 是单代数, Σ 是 A 的所有单子模之和. 如 S 为 A 的单子模, $a \in A$. 则 $\varphi : S \to Sa, s \mapsto sa$ 为模的满同态, 故或者 $Sa = 0$ 或 $Sa \cong S$ 为单模. 所以总有 $Sa \subset \Sigma$, 即 Σ 是 A 的双边理想. 由于 A 是单代数而 $\Sigma \neq 0$, 故 $\Sigma = A$. 所以 A 是半单模, 故为半单代数. □

定理 3.49. 设 D 为可除代数, 则 $M_n(D)$ 是单代数.

证明. 只要证对任意 $0 \neq M \in M_n(D)$, M 生成的理想 $J = M_n(D)$. 这等价于证明对任意 $1 \leqslant i, j \leqslant n$, 都有 $E_{ij} \in J$. 设 $M = (m_{ij})$ 且 $m_{rs} = a \neq 0$. 则

$$E_{ss} = (a^{-1}E_{sr}) \cdot M \cdot E_{ss} \in J.$$

对于一般情况,

$$E_{ij} = P_{is}E_{ss}P_{sj} \in J.$$

定理得证. □

引理 3.50. 代数 B 的反代数 B^{op} 与它的自同态代数 $\mathrm{End}_B(B) = \mathrm{Hom}(B, B)$ 同构.

证明. 设 $\varphi \in \mathrm{End}_B(B)$, $a = \varphi(1)$. 则 $\varphi(b) = b\varphi(1) = ba$ 对任意 $b \in B$ 成立. 即 $\varphi = \rho_a = (b \mapsto ba)$. 所以 $\mathrm{End}_B(B) = \{\rho_a \mid a \in B\}$. 映射 $\rho : B^{\mathrm{op}} \to \mathrm{End}_B(B), a \mapsto \rho_a$ 满足

(1) $\rho_1 = \mathrm{Id}$.

(2) $\rho_a + \rho_b = \rho_{a+b}$.

(3) $\rho_a\rho_b = \rho_{a\circ b}$ (这是由于 $\rho_a\rho_b(x) = \rho_a(xb) = xba = \rho_{ba}\ (x) = \rho_{a\circ b}\ (x)$).

(4) ρ 为双射且保持代数结构.

故 ρ 为代数同构. □

引理 3.51. (1) 设 S 是单模, 则 $D = \mathrm{End}_A(S)$ 是可除代数且 $\mathrm{End}_A(nS) \cong M_n(D)$.

(2) 如 $S_1, \cdots, S_r$ 是互不同构的单模, $U_i = n_iS_i$, $D_i = \mathrm{End}_A(S_i)$. 则

$$\mathrm{End}_A(U_1 \oplus \cdots \oplus U_r) \cong M_{n_1}\ (D_1) \oplus \cdots \oplus M_{n_r}\ (D_r).$$

证明. (1) D 是可除代数是舒尔引理的结论.

将 nS 看作 n 维列向量空间 S^n. 对于 $\varPhi = (\varphi_{ij}) \in M_n(D)$, 令

$$\varGamma(\varPhi)\begin{pmatrix} s_1 \\ \vdots \\ s_n \end{pmatrix} = \varPhi\begin{pmatrix} s_1 \\ \vdots \\ s_n \end{pmatrix} = \begin{pmatrix} \varphi_{11}\ (s_1) + \cdots + \varphi_{1n}\ (s_n) \\ \vdots \\ \varphi_{n1}\ (s_1) + \cdots + \varphi_{nn}\ (s_n) \end{pmatrix}.$$

则 $\varGamma(\varPhi) \in \mathrm{End}_A(nS)$. 我们得到代数同态

$$\varGamma : M_n(D) \longrightarrow \mathrm{End}_A(nS).$$

如 $\varGamma(\varPhi) = 0$, 取 $s_i \neq 0$ 而对于 $j \neq i$ 取 $s_j = 0$. 则

$$(\varphi_{1i}\ (s_i), \cdots, \varphi_{ni}\ (s_i))^{\mathrm{T}} = 0.$$

由 s_i 的任意性, $\varphi_{1i} = \cdots = \varphi_{ni} = 0$. 故 $\varPhi = 0$, $\varGamma$ 为单射.

若 $\varPsi \in \mathrm{End}_A(nS)$, 对于 $1 \leqslant i \leqslant n$, 令

$$\varPsi((0, \cdots, s_i, \cdots, 0)^{\mathrm{T}}) = (\psi_{1i}\ (s_i), \cdots, \psi_{ni}\ (s_i))^{\mathrm{T}}.$$

则 $\psi_{ij} \in \mathrm{End}_A(S) = D$. 令 $\varPhi = (\psi_{ij})$. 则 $\varGamma(\varPhi) = \varPsi$. 故 $\varGamma$ 为满射.

(2) 令 $U = U_1 \oplus \cdots \oplus U_r$. 对于 $\varphi \in \mathrm{End}_A(U)$, 令

$$\varphi_{ij} = (U_i \longrightarrow U \xrightarrow{\varphi} U \longrightarrow U_j).$$

则对任意 $i \neq j$, $\varphi_{ij} = 0$. 故 $\varphi = \bigoplus_{i=1}^{r} \varphi_{ii}$. 由 (1) 即得欲证. □

引理 3.52. 若 F 是代数封闭域, S 是单模, 则 $\mathrm{End}_A(S) \cong F$.

证明. 若 $\varphi \in \mathrm{End}_A(S)$, 取 λ_φ 为 φ 作为线性变换的一个特征值, 则 $\varphi - \lambda_\varphi \mathrm{Id}_S \in \mathrm{End}_A(S)$, 且它有非零核, 故不可能为同构. 由舒尔引理知 $\varphi - \lambda_\varphi \mathrm{Id}_S = 0$, 即 $\varphi = \lambda_\varphi \mathrm{Id}_S$. 这样 $\varphi \mapsto \lambda_\varphi$ 定义了 $\mathrm{End}_A(S)$ 到 F 的同构. □

引理 3.53. $M_n(B)^{\text{op}} \cong M_n(B^{\text{op}})$.

证明. 定义映射

$$\psi : M_n(B)^{\text{op}} \longrightarrow M_n(B^{\text{op}}),\ X \longmapsto X^{\text{T}}.$$

则 ψ 显然是双射, 且保持加性. 令 $X=(x_{ij}), Y=(y_{ij})$, 则

$$\begin{aligned}(\psi(X)\psi(Y))_{ij} = (X^{\text{T}}Y^{\text{T}})_{ij} &= \sum_{k=1}^{n} x_{ki} \circ y_{jk} \\ &= \sum_{k=1}^{n} y_{jk}x_{ki} = (YX)_{ji} \\ &= (YX)^{\text{T}}_{ij} = (X\circ Y)^{\text{T}}_{ij} \\ &= \psi(X\circ Y)_{ij}.\end{aligned}$$

故 ψ 是代数同构. □

定理 3.54 (韦德伯恩, Wedderburn). 代数 A 是半单代数当且仅当 $A \cong \bigoplus_{i=1}^{r} M_{n_i}(D_i)$, 其中 D_i 是可除代数.

证明. $\Longleftarrow$. 已证.

$\Longrightarrow$. 若 A 是半单代数, 则 $A \cong U_1 \oplus \cdots \oplus U_r$, $U_i = n_iS_i$, S_i 是互不同构的单模. 故

$$A^{\text{op}} \cong \text{End}_A(A) \cong M_{n_1}(\text{End}_A(S_1)) \oplus \cdots \oplus M_{n_r}(\text{End}_A(S_r)).$$

故

$$A = (A^{\text{op}})^{\text{op}} \cong M_{n_1}(\text{End}_A(S_1)^{\text{op}}) \oplus \cdots \oplus M_{n_r}(\text{End}_A(S_r)^{\text{op}}).$$

再由可除代数的反代数还是可除代数即得. □

命题 3.55. 设 $A_1, A_2, \cdots, A_n$ 是半单代数, $\{S_{i1}, \cdots, S_{it_i}\}$ 是 A_i 的所有单子模同构类代表元. 则 $A_1 \oplus A_2 \oplus \cdots \oplus A_n$ 也是半单代数, 它的单子模同构类代表元为 $\{\widetilde{S_{ij}} = (0, \cdots, S_{ij}, \cdots, 0) \mid 1 \leqslant i \leqslant n, 1 \leqslant j \leqslant t_i\}$.

证明. 由数学归纳法, 只要证 $n=2$ 的情形即可.

设 J 为 $A_1 \oplus A_2$ 的子模. 视 $A_1 = A_1 \oplus \{0\}, A_2 = \{0\} \oplus A_2$, 令 $J_i = J \cap A_i$. 则 J_i 为 A_i 的子模, 且 $J_1 \oplus J_2 \subset J$. 另一方面, 若 $(a_1, a_2) \in J$, 则 $(1,0)\cdot(a_1,a_2) \in J$, 知 $(a_1, 0) \in J_1$. 同理 $(0, a_2) \in J_2$. 故 $(a_1, a_2) \in J_1 \oplus J_2$. 故 $A_1 \oplus A_2$ 的子模均有 $J_1 \oplus J_2$ 的形式. 任何这样形式的集合也是 $A_1 \oplus A_2$ 的子模, 所以 $A_1 \oplus A_2$ 的单子模均有 $S_1 \oplus \{0\}$ 或 $\{0\} \oplus S_2$ 这样的形式, 其中 S_1 和 S_2 分别为 A_1 与 A_2 的单子模. 由于 A_1 和 A_2 均为自身的单子模之和, $A_1 \oplus A_2$ 也是它自己的单子模之和. 故 $A_1 \oplus A_2$ 是半单代数.

现在只需证若 S_1, S_2 分别为 A_1 与 A_2 的单子模, 则 $S_1 \oplus \{0\}$ 与 $\{0\} \oplus S_2$ 不同构. 如不然, 设 $\varphi: S_1 \oplus \{0\} \longrightarrow \{0\} \oplus S_2$ 为 $A_1 \oplus A_2$–模的同构. 故存在 $s_1 \in S_1, s_1 \neq 0$, 使得 $\varphi((s_1, 0)) = (0, s_2) \neq 0$. 但另一方面,

$$\varphi((s_1,0)) = \varphi((1,0)(s_1,0)) = (1,0)\varphi((s_1,0)) = (1,0)(0,s_2) = 0.$$

矛盾. 至于 S_1 与 S_1' 为 A_1 的不同构单子模, 显然 $S_1 \oplus \{0\}$ 与 $S_1' \oplus \{0\}$ 作为 $A_1 \oplus A_2$–模也不同构. □

推论 3.56. 设 $A \cong M_{n_1}(D_1) \oplus \cdots \oplus M_{n_r}(D_r)$ 是半单代数. 则 A 的单子模同构类恰有 r 个. 令 $S_i = D_i^{n_i}$ 为 $M_{n_i}(D_i)$ 的唯一的单子模, 则 $\{\widetilde{S_1}, \cdots, \widetilde{S_r}\}$ 是 A 的单子模同构类代表元, 其中

$$\widetilde{S}_i = \{0\} \oplus \cdots \oplus S_i \oplus \cdots \oplus \{0\}.$$

故 $\dim_F \widetilde{S}_i = \dim_F S_i$ 总是 n_i 的倍数, 且当 F 为代数封闭域时, $\dim_F \widetilde{S}_i = n_i$.

3.4 有限群的特征标理论

在本节, 我们设 G 为有限群. $F = \mathbb{C}$ 为复数域.

由韦德伯恩定理及其推论, 有

定理 3.57. 作为 $\mathbb{C}$–代数,

$$\mathbb{C}[G] \cong M_{f_1}(\mathbb{C}) \oplus \cdots \oplus M_{f_r}(\mathbb{C}).$$

它恰好有 r 个单模同构类 (即不可约子表示的同构类). 若令 $\{V_1, \cdots, V_r\}$ 为其代表元, 令 $V_1 = \mathbb{C}$ 是平凡表示, 则

$$\mathbb{C}[G] \cong f_1 V_1 \oplus \cdots \oplus f_r V_r, \quad \dim V_i = f_i.$$

任何 G 的 $\mathbb{C}$–表示 V 均可唯一写成如下形式

$$V \cong a_1 V_1 \oplus \cdots \oplus a_r V_r, \quad a_i \in \mathbb{Z}_{\geqslant 0}.$$

注记. 由于 $V_1 = \mathbb{C}$, $f_1 = 1$.

推论 3.58. $|G| = f_1^2 + \cdots + f_r^2 = 1 + f_2^2 + \cdots + f_r^2$.

下面我们确定互不同构的不可约表示的个数 r 的确切值.

定理 3.59. r 等于 G 的共轭类个数.

证明. 令 Z 是 $\mathbb{C}[G]$ 的中心, 则

$$Z \cong \bigoplus_{i=1}^{r} Z(M_{f_i}(\mathbb{C})).$$

但由线性代数, 我们知道

$$Z(M_{f_i}(\mathbb{C})) = \{\lambda I_{f_i} \mid \lambda \in \mathbb{C}\} \cong \mathbb{C}.$$

故 $Z \cong \mathbb{C}^r$, $\dim_{\mathbb{C}} Z = r$.

另一方面, 设 $K_1, \cdots, K_s$ 为 G 的所有共轭类. 如 $x = \sum\limits_{g} \lambda_g g \in Z$, 由 $hx = xh$ 知 $\lambda_g = \lambda_{hgh^{-1}}$ 对任意 $h \in G$ 成立. 故对于 $g \in K_i, \lambda_g = c_i$ 为常值. 所以

$$x = c_1 \sum_{g \in K_1} g + \cdots + c_s \sum_{g \in K_s} g.$$

反过来, 这样的形式的 x 总在 Z 中. 故 Z 是以 $\{\sum\limits_{g \in K_1} g, \cdots, \sum\limits_{g \in K_s} g\}$ 为基的 s 维复线性空间, 故 $r = s = G$ 的共轭类个数. □

定义 3.60. 设 (V, ρ) 是 G 的表示. V 的**特征** (character) 是指函数

$$\chi_V : G \longrightarrow \mathbb{C}, \quad \chi_V(g) = \operatorname{tr}(\widetilde{\rho}\,(g)) = \operatorname{tr} \rho(g),$$

其中 $\widetilde{\rho}$ 为 V 对应的矩阵表示.

注记. 尽管 $\widetilde{\rho}$ 的形式与 V 的基的选取有关, 但不同的 $\widetilde{\rho}\,(g)$ 相似, 故迹 $\operatorname{tr}(\widetilde{\rho}\,(g))$ 与基的选取以及 $\widetilde{\rho}$ 的具体形式没有关系.

若 $(V, \rho) \cong (V', \rho')$, 则 $\rho'(g) = \varphi\rho(g)\varphi^{-1}$, 其中 $\varphi : V \to V'$ 是可逆线性变换, 因此 $\chi_V(g) = \chi_{V'}(g)$. 故同构的表示有相同的特征.

基于同样的理由, 我们知道 $\chi_V(g) = \chi_V(hgh^{-1})$, 故 χ_V 在 G 的共轭类上取值为常数.

定义 3.61. 若函数 $f: G \to \mathbb{C}$ 在 G 的共轭类上取值为常值, 则称 f 为**类函数** (class function).

所有类函数集合构成的 r 维复线性空间, 称为 G 的**类函数空间**, 记作 $\mathfrak{Cl}$.

定义 3.62. 记 $\chi_i = \chi_{V_i}$, 其中 $V_1, \cdots, V_r$ 是 G 的所有不同构不可约表示. 特别地, 平凡表示的特征记为 χ_1, 称为 G 的**主特征** (principal character).

正则表示的特征称为 G 的**正则特征** (regular character).

1 维表示的特征称为**线性特征** (linear character).

引理 3.63. 每个线性特征是 G 到乘法群 $\mathbb{C}^\times$ 的同态. 不同构的 1 维表示对应不同的线性特征. 所有线性特征的集合即 $\operatorname{Hom}(G, \mathbb{C}^\times) \cong \operatorname{Hom}(G/G', \mathbb{C}^\times) = \operatorname{Hom}(G/G', S^1)$, 这里 G' 是 G 的换位子群, S^1 是单位圆.

证明. 若 $V=\mathbb{C}x$ 是 1 维表示, 则 $gx=\lambda_g x$ 对某个 $\lambda_g\in\mathbb{C}^\times$ 成立. 由 $(gh)(x)=g(h(x))$ 即得 $\lambda_g\lambda_h=\lambda_{gh}$. 因此函数 $\chi_V: g\mapsto\lambda_g$ 是 G 到 $\mathbb{C}^\times$ 的群同态.

若 $\chi_V=\chi_{V'}$, 令 $\varphi: V=\mathbb{C}x\to V'=\mathbb{C}x'$ 为线性映射, 使得 $\varphi(x)=x'$. 则

$$\varphi(gx)=\varphi(\lambda_g x)=\lambda_g\varphi(x)=\lambda_g x'=g\varphi(x),$$

故 φ 是表示 V 到 V' 的同构.

设 $\chi\in\mathrm{Hom}(G,\mathbb{C}^\times)$. 令 $V=\mathbb{C}e$ 为 1 维复空间. 对任意 $\lambda\in\mathbb{C}$, 定义 $g(\lambda e)=\lambda\chi(g)e$. 容易验证 G 在 V 上的作用是线性作用, 故 V 是 G 的复表示且 $\chi_V=\chi$. □

命题 3.64. 设 (V,ρ) 是 G 的 n 维表示, g 是 G 中 m 阶元. 则

(1) $\rho(g)$ 可对角化, 特征值均为 m 次单位根.

(2) $\chi_V(g)$ 是 n 个 m 次单位根之和.

(3) $\chi_V(g^{-1})=\overline{\chi_V(g)}$.

(4) $|\chi_V(g)|\leqslant n$.

(5) $\{g\in G\mid\chi_V(g)=n\}$ 是 G 的正规子群.

证明. (1) 由 $g^m=1$ 知 $\rho(g)^m-\mathrm{Id}_V=0$, 故 $\rho(g)$ 有零化多项式 $X^m-1=0$, 而此多项式无重根, 所以 $\rho(g)$ 可对角化, 且其特征值均为 m 次单位根.

(2) 由 (1) 立得.

(3) 这是由于如 $\lambda\in\mathbb{C}, |\lambda|=1$. 则 $\lambda^{-1}=\bar{\lambda}$, 再由 (2) 即得.

(4) 显然.

(5) 这个集合即 $\ker\rho$. □

命题 3.65. 设 U,V 是 G 的两个表示, 则

(1) $\chi_{U\oplus V}=\chi_U+\chi_V$.

(2) $\chi_{U\otimes V}=\chi_U\cdot\chi_V$.

(3) $\chi_{U^*}=\overline{\chi_U}$, 其中 U^* 是 U 的对偶表示 $\mathrm{Hom}_{\mathbb{C}}(U,\mathbb{C})$.

(4) $\chi_{\mathrm{Hom}(U,V)}=\overline{\chi_U}\cdot\chi_V$.

证明. (1) 取 U 的一组基 $\{e_1,\cdots,e_m\}$, V 的一组基 $\{f_1,\cdots,f_n\}$. 则 $\{e_1\oplus 0,\cdots,e_m\oplus 0,0\oplus f_1,\cdots,0\oplus f_n\}$ 是 $U\oplus V$ 的基. 在此基下

$$\rho_{U\oplus V}(g)=\begin{pmatrix}\rho_U(g) & 0\\ 0 & \rho_V(g)\end{pmatrix}.$$

故 $\chi_{U\oplus V}=\chi_U+\chi_V$.

(2) 由于 $\rho_U(g)$ 与 $\rho_V(g)$ 可对角化, 故可取 U 的基 $\{e_1,\cdots,e_m\}$, 其中 e_i 是 $\rho_U(g)$ 的以 λ_i 为特征值的特征向量, 取 V 的基 $\{f_1,\cdots,f_n\}$, 其中 f_j 是 $\rho_V(g)$

的以 μ_j 为特征值的特征向量. 则 $\{e_i \otimes f_j \mid 1 \leqslant i \leqslant m, 1 \leqslant j \leqslant n\}$ 是 $U \otimes V$ 的基, 且 $e_i \otimes f_j$ 是 $\rho_{U\otimes V}(g)$ 的以 $\lambda_i\mu_j$ 为特征值的特征向量. 所以

$$\chi_{U\otimes V}(g) = \sum_{1\leqslant i\leqslant m}\sum_{1\leqslant j\leqslant n}\lambda_i\mu_j = \chi_U(g)\cdot\chi_V(g).$$

(3) 设 $\{e_1, \cdots, e_m\}$ 是 U 的一组由 $\rho_U(g)$ 的特征向量组成的基, $\rho_U(g)(e_i) = \lambda_i e_i$. 令 $\{e_1^*, \cdots, e_m^*\}$ 是 U^* 的对偶基. 故由

$$(ge_i^*)(e_j) = e_i^*(g^{-1}e_j) = \lambda_j^{-1}\delta_{ij}$$

知 $\rho_{U^*}(g)(e_i^*) = ge_i^* = \lambda_i^{-1}e_i^*$. 所以

$$\chi_{U^*}(g) = \sum_{i=1}^m \lambda_i^{-1} = \sum_{i=1}^m \overline{\lambda_i} = \overline{\chi_U(g)}.$$

(4) 这是由于 $\operatorname{Hom}(U,V) \cong U^* \otimes V$. □

推论 3.66. 群 G 的任意表示 V 的特征 χ_V 是不可约特征 $\chi_i = \chi_{V_i}(i = 1, \cdots, r)$ 的非负整数线性组合.

对于类函数 $\alpha, \beta \in \mathfrak{Cl}$, 定义

$$(\alpha, \beta) = \frac{1}{|G|}\sum_{g\in G}\alpha(g)\overline{\beta(g)}.$$

命题 3.67. $(,)$ 是复线性空间 $\mathfrak{Cl}$ 上的内积, 即满足

(1) 正定性: $(\alpha,\alpha) \geqslant 0$ 对所有 $\alpha \in \mathfrak{Cl}$ 成立, 且等号成立当且仅当 $\alpha = 0$.

(2) 共轭对称性: $(\alpha,\beta) = \overline{(\beta,\alpha)}$.

(3) 线性性: $(\lambda\alpha_1 + \mu\alpha_2, \beta) = \lambda(\alpha_1,\beta) + \mu(\alpha_2,\beta)$ 对所有 $\lambda,\mu \in \mathbb{C}$ 和 $\alpha,\beta \in \mathfrak{Cl}$ 成立.

证明. 简单验证. □

引理 3.68. 设 V 是 G 的复表示, $V^G = \{v \in V \mid gv = v\text{对所有}g \in G\text{成立}\}$. 则

$$\dim_{\mathbb{C}} V^G = \frac{1}{|G|}\sum_{g\in G}\chi_V(g).$$

证明. 记 $a = \frac{1}{|G|}\sum\limits_{g\in G} g \in \mathbb{C}[G]$, 则 $ga = a$ 对所有 $g \in G$ 成立, 故 $a^2 = a$. 线性变换

$$\rho_a : V \to V, \quad v \mapsto av$$

满足 $\rho_a^2 - \rho_a = 0$, 故可以对角化, 且它最多有两个特征值: 0 和 1. 故 $V = V_1 \oplus V_0$, 其中 V_1 是 1 的特征子空间, V_0 是 0 的特征子空间. 若 $v \in V_1$, 则 $av = v$,

$gv = gav = av = v$, 故 $v \in V^G$. 反过来, 如 $v \in V^G$, 自然有 $av = v$. 所以 $V_1 = V^G$. 我们知

$$\operatorname{tr}(\rho_a) = \dim_{\mathbb{C}} V_1 = \dim_{\mathbb{C}} V^G.$$

另一方面 $\rho_a = \frac{1}{|G|} \sum\limits_{g \in G} \rho(g)$, 故 $\operatorname{tr}(\rho_a) = \frac{1}{|G|} \sum\limits_{g \in G} \chi_V(g)$. 引理得证. □

定理 3.69. 设 U 和 V 是 G 的复表示, 则

$$(\chi_U, \chi_V) = \dim_{\mathbb{C}} \operatorname{Hom}_{\mathbb{C}[G]}(U, V).$$

证明. 视 $\operatorname{Hom}_{\mathbb{C}[G]}(U, V)$ 为 $\operatorname{Hom}_{\mathbb{C}}(U, V)$ 的子空间. 若 $\varphi \in \operatorname{Hom}_{\mathbb{C}[G]}(U, V)$, $g \in G$, 则

$$(g\varphi)(u) = g(\varphi(g^{-1}u)) = gg^{-1}\varphi(u) = \varphi(u).$$

故 $\varphi \in \operatorname{Hom}_{\mathbb{C}}(U, V)^G$. 反过来这也是对的. 因此

$$\operatorname{Hom}_{\mathbb{C}[G]}(U, V) = \operatorname{Hom}_{\mathbb{C}}(U, V)^G.$$

由引理 3.68 即得

$$\begin{aligned}
\dim_{\mathbb{C}} \operatorname{Hom}_{\mathbb{C}[G]}(U, V) &= \dim_{\mathbb{C}} \operatorname{Hom}_{\mathbb{C}}(U, V)^G \\
&= \frac{1}{|G|} \sum_{g \in G} \chi_{\operatorname{Hom}_{\mathbb{C}}(U, V)}(g) \\
&= \frac{1}{|G|} \sum_{g \in G} \overline{\chi_U}(g) \chi_V(g) \\
&= (\chi_V, \chi_U).
\end{aligned}$$

故 $(\chi_U, \chi_V) = \overline{(\chi_V, \chi_U)} = \dim_{\mathbb{C}} \operatorname{Hom}_{\mathbb{C}[G]}(U, V)$. □

定理 3.70. $\{\chi_1, \cdots, \chi_r\}$ 是内积空间 $\mathfrak{Cl}$ 的标准正交基. 故每个特征 χ_V 写为 $\chi_1, \cdots, \chi_r$ 的非负整系数线性组合的方式唯一, 表示 V 是由它的特征 χ_V 唯一确定.

证明. 只要证 $(\chi_i, \chi_j) = \delta_{ij}$ 即可. 由舒尔引理,

$$(\chi_i, \chi_j) = \dim_{\mathbb{C}} \operatorname{Hom}_{\mathbb{C}[G]}(V_i, V_j) = \begin{cases} 1, & V_i = V_j, \\ 0, & \text{其他}. \end{cases}$$

故定理得证. □

3.5 特征标表

3.5.1 基本性质

由上节我们知道任何一个表示 V 是由它的特征 χ_V(在同构意义下) 唯一确定, 而每个 χ_V 均是不可约特征 χ_i 的非负整系数线性组合. 因此如果我们能确定所有不可约特征, 我们对 G 的表示就有了比较深刻的认识.

定义 3.71. 设 G 是有限群, G 的共轭类记为 $K_1=\{1\}, K_2, \cdots, K_r$, 其中 K_i 的阶是 k_i, g_i 是它的一个代表元. G 的不可约特征集合记为 $\chi_1, \chi_2, \cdots, \chi_r$, 其中 χ_1 是主特征. 则 G 的**特征标表** (character table) 即 $r\times r$ 图表 $\mathfrak{X}=(\chi_i(g_j))_{1\leqslant i,j\leqslant r}$, 如表 3.1 所示. 我们约定 χ_i 所在的行是特征标表的第 i 行, g_j 所在的列是它的第 j 列.

表 3.1 特征标表 $\mathfrak{X}$

	1	k_2	$\cdots$	k_r
	1	g_2	$\cdots$	g_r
χ_1	1	1	$\cdots$	1
χ_2	f_2	$\chi_2(g_2)$	$\cdots$	$\chi_2(g_r)$
$\vdots$	$\vdots$	$\vdots$		$\vdots$
χ_r	f_r	$\chi_r(g_2)$	$\cdots$	$\chi_r(g_r)$

注记. 可以看出 $f_i=\dim V_i$ 即 V_i 的维数, $k_i=(G:Z_G(g_i))$ 即 g_i 的中心化子 $Z_G(g_i)$ 在群 G 中的指数.

首先, 上节最后一个定理 (定理 3.70) 可以表述为

定理 3.72 (行正交关系, row orthogonality relation).

$$(\chi_i,\chi_j)=\frac{1}{|G|}\sum_{g\in G}\chi_i(g)\overline{\chi_j(g)}=\frac{1}{|G|}\sum_{t=1}^{r}k_t\chi_i(g_t)\overline{\chi_j(g_t)}=\delta_{ij}.$$

推论 3.73. *若 $\alpha=\sum\limits_i a_i\chi_i$, $\beta=\sum\limits_i b_i\chi_i$ 是类函数, 其中 $a_i, b_j\in\mathbb{C}$, 则*

$$(\alpha,\beta)=\sum_i a_i\bar{b}_i.$$

推论 3.74. 设 V 是 G 的复表示, 令 $n_i = (\chi_V, \chi_i)$, 则

$$\chi_V = \sum_{i=1}^{r} n_i \chi_i,$$

故 $V \cong \bigoplus_{i=1}^{r} n_i V_i$.

推论 3.75. 若 α 是 G 的特征, 且 $(\alpha, \alpha) = n \leqslant 3$, 则 α 是 n 个互异不可约特征之和. 反之, 对任意 n, 若 α 是 n 个互异不可约特征之和, 则 $(\alpha, \alpha) = n$.

证明. 若 $\alpha = \sum\limits_{i=1}^{r} a_i \chi_i$, 则 $\sum\limits_{i=1}^{r} a_i^2 = n \leqslant 3$. 由 a_i 为非负整数知 $a_i = 0$ 或 1, α 为 n 个不可约特征之和. 反之显然. □

命题 3.76. 若 α 是线性特征, χ 是不可约特征, 则 $\alpha\chi$ 也是不可约特征.

证明. 只要证 $(\alpha\chi, \alpha\chi) = 1$. 事实上

$$\begin{aligned}(\alpha\chi, \alpha\chi) &= \frac{1}{|G|} \sum_{g \in G} \alpha(g)\chi(g)\overline{\alpha(g)\chi(g)} \\ &= \frac{1}{|G|} \sum_{g \in G} \alpha(g)\chi(g)\alpha(g)^{-1}\overline{\chi(g)} \\ &= (\chi, \chi) = 1.\end{aligned}$$

□

定理 3.77 (列正交关系, column orthogonality relation).

$$\sum_{t=1}^{r} \chi_t(g_i)\overline{\chi_t(g_j)} = \frac{|G|}{k_i}\delta_{ij} = |Z_G(g_i)|\delta_{ij}.$$

证明. 视 $\mathfrak{X} = (\chi_i(g_j))_{1 \leqslant i,j \leqslant r}$ 为 $r \times r$ 矩阵. 则行正交关系说明

$$\mathfrak{X} \begin{pmatrix} \frac{k_1}{|G|} & & 0 \\ & \ddots & \\ 0 & & \frac{k_r}{|G|} \end{pmatrix} \overline{\mathfrak{X}}^{\mathrm{T}} = I_r.$$

所以

$$\mathfrak{X}^{-1} = \begin{pmatrix} \frac{k_1}{|G|} & & 0 \\ & \ddots & \\ 0 & & \frac{k_r}{|G|} \end{pmatrix} \overline{\mathfrak{X}}^{\mathrm{T}}.$$

故

$$\begin{pmatrix} \frac{k_1}{|G|} & & 0 \\ & \ddots & \\ 0 & & \frac{k_r}{|G|} \end{pmatrix} \overline{\mathfrak{X}}^{\mathrm{T}} \mathfrak{X} = I_r.$$

展开即得列正交关系. □

3.5.2 计算实例

上面小节的结果给出了我们求 G 的特征标表的一些最基本方法.

(1) 由关系式 $|G| = \sum_{i=1}^{r} f_i^2$ 求得维数 f_i 的信息.

(2) 通过 $\mathrm{Hom}(G, \mathbb{C}^\times)$ 得到线性特征的信息.

(3) 利用行和列正交关系.

(4) 从一些容易得到的表示的特征求它满足的关系式.

(5) 由不可约特征乘线性特征得到新的不可约特征.

我们来看一些例子.

例 3.78 (循环群). 设 $G \cong \mathbb{Z}/n\mathbb{Z}$, g 是它的一个生成元. 设 ζ_n 为 n 次本原单位根. 令

$$\chi : G \to \mathbb{C}^\times, \quad g \mapsto \zeta_n.$$

则 χ^i $(0 \leqslant i \leqslant n-1)$ 是 G 的 n 个不同的线性特征, 而 $r \leqslant n$, 故 G 的所有不可约特征为 $\{\chi^i \mid 0 \leqslant i \leqslant n-1\}$, 其中 $\chi^i(g^j) = \zeta_n^{ij}$.

例 3.79 (有限阿贝尔群). 由有限阿贝尔群结构定理

$$G \cong \mathbb{Z}/n_1\mathbb{Z} \oplus \cdots \oplus \mathbb{Z}/n_s\mathbb{Z}.$$

它共有 $|G| = n_1 \cdots n_s$ 个共轭类. 故 $f_1 = \cdots = f_r = 1$, 即 G 的所有不可约特征都是线性特征, 即 $\mathrm{Hom}(G, \mathbb{C}^\times)$ 的元素. 如令 $G = \langle g_1 \rangle \times \cdots \times \langle g_s \rangle$, 其中 g_i 的阶为 n_i. 则 G 的所有线性特征有如下形式 $\chi = \chi_{i_1, \cdots, i_s}$:

$$\chi(g_1^{t_1} \cdots g_s^{t_s}) = \zeta_{n_1}^{i_1 t_1} \cdots \zeta_{n_s}^{i_s t_s}.$$

例 3.80 (有限群的直积). 设 $G = G_1 \times G_2$. 设 χ 为 G_1 的不可约特征, 对应的表示是 V_χ, ψ 为 G_2 的不可约特征, 对应的表示是 V_ψ. 则 G 如下作用于 $V_\chi \otimes_{\mathbb{C}} V_\psi$:

$$(g_1, g_2)(v_1 \otimes v_2) = (g_1 v_1) \otimes (g_2 v_2),$$

从而 $V_\chi \otimes_{\mathbb{C}} V_\psi$ 是 G–表示, 它的特征是

$$\alpha(g_1, g_2) = \chi(g_1)\psi(g_2) : G \to \mathbb{C}.$$

又由于

$$\begin{aligned}(\alpha,\alpha) &= \frac{1}{|G_1\times G_2|}\sum_{(g_1,g_2)\in G}\chi(g_1)\psi(g_2)\overline{\chi(g_1)\psi(g_2)}\\ &= \frac{1}{|G_1|}\sum_{g_1\in G_1}\chi(g_1)\overline{\chi(g_1)}\cdot\frac{1}{|G_2|}\sum_{g_2\in G_2}\psi(g_2)\overline{\psi(g_2)}\\ &= 1,\end{aligned}$$

故 α 为 G 的不可约特征. 同样可知如 $(\chi,\psi)\neq(\chi',\psi')$, 则 $(\alpha(\chi,\psi),\alpha(\chi',\psi'))=0$, 故 $\alpha(\chi,\psi)$ 是两两不同的不可约特征.

如令 G_1 的不可约特征为 $\{\chi_1,\cdots,\chi_r\}$, G_2 的不可约特征为 $\{\psi_1,\cdots,\psi_s\}$. 由上述讨论, 我们得到 G 的 rs 个互相正交的不可约特征 $\{\alpha(\chi_i,\psi_j)\mid 1\leqslant i\leqslant r, 1\leqslant j\leqslant s\}$. 若 $\{K_1,\cdots,K_r\}$ 为 G_1 的共轭类, $\{H_1,\cdots,H_s\}$ 为 G_2 的共轭类, 则 $\{K_i\times H_j\mid 1\leqslant i\leqslant r, 1\leqslant j\leqslant s\}$ 是 G 的共轭类集合. 故 $\{\alpha(\chi_i,\psi_j)\mid 1\leqslant i\leqslant r, 1\leqslant j\leqslant s\}$ 是 G 的所有不可约特征.

例 3.81 ($G=S_3$). 此时 G 有三个共轭类: $K_1=\{1\}$, $K_2=\{(12),(13),(23)\}$, $K_3=\{(123),(132)\}$. 由 $1+f_2^2+f_3^2=6$, 不妨设 $f_2\leqslant f_3$, 知 $f_2=1$, $f_3=2$. 对任意对称群 S_n,

$$S_n\to\{\pm1\}\hookrightarrow\mathbb{C}^\times,\quad \sigma\mapsto \mathrm{sgn}(\sigma)$$

是群同态, 故给出 S_n 的一个线性特征, 此处即 χ_2. 故 $\chi_2((12))=-1$, $\chi_2((123))=1$.

由于 χ_3 与 $\chi_2\cdot\chi_3$ 均是 S_3 的 2 维不可约特征, 故 $\chi_3=\chi_2\cdot\chi_3$. 所以 $\chi_3((12))=0$. 由行正交关系知 $\chi_3((123))=-1$. 故我们得到表 3.2.

表 3.2　S_3 的特征标表

	1	3	2
	1	(12)	(123)
χ_1	1	1	1
χ_2	1	–1	1
χ_3	2	0	–1

例 3.82 ($G=S_4$). 由于 S_4 中元素共轭当且仅当它们的型相同, 故它共有 5 个共轭类: $\{1\}$, {两个不相交对换之积}, {三轮换}, {对换} 和 {四轮换}. 它们的元素个数分别为 1, 3, 8, 6, 6. 由于 $g\in S_4$ 与 g^{-1} 同型, 故对任意特征 χ, $\chi(g)=\chi(g^{-1})=\overline{\chi(g)}$, 因此 $\chi(g)\in\mathbb{R}$.

与 S_n 的情形一样, χ_2 是线性特征: $\chi_2(\text{偶置换}) = 1$, $\chi_2(\text{奇置换}) = -1$. 故我们有 $1+1+f_3^2+f_4^2+f_5^2 = 24$. 不妨设 $f_3 \leqslant f_4 \leqslant f_5$. 则有 $f_3 = 2$, $f_4 = 3$, $f_5 = 3$. 由于 χ_3 是唯一的 2 维不可约特征, $\chi_3 = \chi_2 \cdot \chi_3$, 故 $\chi_3((12)) = \chi_3((1234)) = 0$. 令 $\chi_3((12)(34)) = a$, $\chi_3((123)) = b$. 则由行正交关系

$$2 + 3a + 8b = 0, \quad 4 + 3a^2 + 8b^2 = 24.$$

故 $b = -1$ 或 $b = 7/11$. 但 b 是两个单位根之和, 它一定是代数整数, 所以 $b = -1$, $a = 2$.

最后要求出 χ_4 与 χ_5. 考虑集合 $X = \{1, 2, 3, 4\}$ 生成的 4 维 G 表示 $V = \mathbb{C}[X]$: 对任意 $\sigma \in S_4$, $i \in X$, $\sigma \cdot i = \sigma(i)$. 则

$$\chi_V(g) = \operatorname{tr}(\rho(g)) = \sharp\{x \in X \mid gx = x\} = \begin{cases} 4, & \text{若 } g \in K_1, \\ 0, & \text{若 } g \in K_2, \\ 1, & \text{若 } g \in K_3, \\ 2, & \text{若 } g \in K_4, \\ 0, & \text{若 } g \in K_5. \end{cases}$$

计算 $(\chi_V - \chi_1, \chi_V - \chi_1)$ 知其值为 1. 故 $\chi_V - \chi_1$ 是不可约特征, 它的维数是 3. 不妨设其为 χ_4. 由于 $\chi_2\chi_4 \neq \chi_4$, 故 $\chi_2\chi_4 = \chi_5$ 为它的另一个不可约特征. 故我们得到表 3.3.

表 3.3 S_4 的特征标表

	1 1	3 (12)(34)	8 (123)	6 (12)	6 (1234)
χ_1	1	1	1	1	1
χ_2	1	1	1	−1	−1
χ_3	2	2	−1	0	0
χ_4	3	−1	0	1	−1
χ_5	3	−1	0	−1	1

事实上, 我们还可以用其他办法求 χ_4 与 χ_5.

若 $\chi_2\chi_4 = \chi_4$, 则 χ_4 所在行最后两个数都是 0. 令 $\chi_4((12)(34)) = a$, $\chi_4((123)) = b$. 由行正交关系知

$$\begin{cases} 3 + 3a + 8b = 0, \\ 9 + 3a^2 + 8b^2 = 24. \end{cases}$$

解出来的 a 和 b 不是代数整数, 故不可能. 所以 $\chi_2\chi_4 = \chi_5 \neq \chi_4$. 设 χ_4 所在行取值为 3, a, b, c, d. 则 χ_5 所在行取值必为 3, a, b, $-c$, $-d$. 由列正交关系 (第 1 列分别与第 2, 3 列作运算) 知 $a=-1$, $b=0$. 再由行正交关系知

$$(\chi_4,\chi_4) = 1 \Rightarrow 9+3+6c^2+6d^2 = 24,$$
$$(\chi_1,\chi_4) = 0 \Rightarrow c+d = 0.$$

故 $c=1, d=-1$ 或 $c=-1, d=1$. 这样就求得 S_4 的特征标表 3.3.

例 3.83 ($G = A_5$). 此时 A_5 中的元素在 S_5 中共有 4 个共轭类, 代表元分别为 1, (12)(34), (123) 和 (12345), 个数分别为 1, 15, 20 和 24. 由于 (分别) 存在奇置换与 1, (12)(34) 及 (123) 交换, 故它们所在 S_5 的共轭类还是 A_5 共轭类. 对于 $x=(12345)$ 所在的 S_5 共轭类中的元素, 它要么与 x 在 A_5 中共轭, 要么与 $(12)x(12)=(13452)$ 在 A_5 中共轭, 故此 S_5 共轭类中最多两个 A_5 共轭类. 但由于 $24 \nmid 60$, 故 x 在 A_5 中的共轭类 (元素个数是 60 的因子) 不可能等于 x 在 S_5 的共轭类, 所以 x 在 S_5 中的共轭类恰好分为两个 A_5 共轭类, 它们通过 $y \mapsto (12)y(12)$ 一一对应. 即各有 12 个元素.

设 $f_2 \leqslant f_3 \leqslant f_4 \leqslant f_5$. 由于 A_5 是单群, $\mathrm{Hom}(A_5, \mathbb{C}^\times) = \{1\}$, 知 $f_2 \neq 1$. 所以 $f_2 \geqslant 2$. 等式 $1+f_2^2+f_3^2+f_4^2+f_5^2 = 60$ 有唯一解 $f_2=3$, $f_3=3$, $f_4=4$ 和 $f_5=5$.

考虑 $X=\{1,2,3,4,5\}$, $V=\mathbb{C}[X]$ 为 5 维表示, 则

$$\chi_V(g) = \sharp\{x\in X \mid gx=x\} = \begin{cases} 5, & g=1, \\ 1, & g=(12)(34), \\ 2, & g=(123), \\ 0, & g=(12345), \\ 0, & g=(13452). \end{cases}$$

我们计算得到 $(\chi_V,\chi_V)=2$, 故 χ_V 是两个不同的不可约特征之和. 由 $(\chi_V,\chi_1)=1$ 而 $\dim V=5$, 故只能是 $\chi_V=\chi_1+\chi_4$.

考虑 $Y=\{\{i,j\}\mid\{i,j\}\subseteq X\}$, 则 $U=\mathbb{C}[Y]$ 为 10 维表示

$$\chi_U(g) = \sharp\{y\in Y \mid gy=y\} = \begin{cases} 10, & g=1, \\ 2, & g=(12)(34), \\ 1, & g=(123), \\ 0, & g=(12345), \\ 0, & g=(13452). \end{cases}$$

计算知 $(\chi_U, \chi_U) = 3$, χ_U 为三个不同的不可约特征之和. 再由于 $(\chi_U, \chi_1) = 1$, 故 $\chi_U = \chi_1 + \chi_4 + \chi_5$. 我们得到表 3.4.

表 3.4　A_5 的特征标表

	1	15	20	12	12
	1	(12)(34)	(123)	(12345)	(13452)
χ_1	1	1	1	1	1
χ_2	3	−1	0		
χ_3	3	−1	0		
χ_4	4	0	1	−1	−1
χ_5	5	1	−1	0	0

注意到对于 K_2 与 K_3, a, a^{-1} 同在共轭类中. 故 $\chi(\sigma) = \chi(\sigma^{-1}) = \overline{\chi(\sigma)}$ 知 $\chi(\sigma)$ 为实数. 现在设 $\chi_2((12)(34)) = a$, $\chi_3((12)(34)) = b$. 对表 3.4 第 2 列与第 1 列作列正交有

$$0 = 6 + 3a + 3b;$$

第 2 列自身作列正交, 则有

$$4 = 1 + 1 + a^2 + b^2.$$

联立求解得 $a = b = -1$.

令 $\chi_2((123)) = s$, $\chi_3((123)) = t$. 同样用列正交关系, 注意到 $s, t \in \mathbb{R}$, 得到 $s = t = 0$.

令 $\chi_2((12345)) = c$, $\chi_2((13452)) = d$. 由行正交关系, 则

$$0 = 3 - 15 + 12c + 12d,$$
$$60 = 9 + 15 + 12|c|^2 + 12|d|^2.$$

注意到 $(25)(34)x(25)(34) = x^{-1}$, 即 x, x^{-1} 在 A_5 的同一共轭类中. 故 c 与 d 均为实数. 所以

$$c + d = 1, c^2 + d^2 = 3.$$

解得 $c = \frac{1 \pm \sqrt{5}}{2}, d = 1 - c = \frac{1 \mp \sqrt{5}}{2}$. 由于 χ_2 与 χ_3 的地位对称, 我们得到特征标表 3.5.

表 3.5　A_5 的特征标表

	1	15	20	12	12
	1	(12)(34)	(123)	(12345)	(13452)
χ_1	1	1	1	1	1
χ_2	3	-1	0	$\frac{1+\sqrt{5}}{2}$	$\frac{1-\sqrt{5}}{2}$
χ_3	3	-1	0	$\frac{1-\sqrt{5}}{2}$	$\frac{1+\sqrt{5}}{2}$
χ_4	4	0	1	-1	-1
χ_5	5	1	-1	0	0

3.5.3　特征标表的更多性质与应用

引理 3.84. *设 N 是 G 的正规子群. 设 V 是商群 G/N 的表示. 则 V 具有自然的 G–表示结构, 且 V 的子空间 U 是 G–子模当且仅当 U 是 G/N–子模. 若 ψ 是 V 作为 G/N–表示的特征, 则 V 作为 G–表示的特征是 $\psi\circ\pi$, 其中 $\pi: G\to G/N$ 为自然映射.*

证明. 对于 $g\in G$, $v\in V$, 只要定义 $gv=(gN)v$ 即可. 其他易验证. □

例 3.85. 克莱因群 $K_2=\{1,(12)(34),(14)(23),(13)(24)\}$ 是 S_4 的正规子群, 且 $S_4/K_2\cong S_3$, 故 S_4 的特征标表中的 χ_3 可由 S_3 的特征标表中的 χ_3 获得.

定义 3.86. 对 G 的特征 χ, 令 $N_\chi=\{x\in G\mid \chi(x)=\chi(1)\}=\ker\rho$, 称为 χ 的**核**或称为对应表示 (V,ρ) 的核.

特别地, 令 $N_i=N_{\chi_i}$.

注记. (1) 正则表示的核平凡.

(2) $N_i=G$ 当且仅当 $i=1$, 即 χ 为主特征.

注意到 N_χ 作为群同态的核, 都是 G 的正规子群. 更进一步地, 我们有

命题 3.87. *G 的正规子群均有 $\bigcap\limits_{i\in I}N_i$ 的形式, 其中 I 是 $\{1,\cdots,r\}$ 的子集.*

证明. 如 $N\lhd G$, 令 $U=\mathbb{C}[G/N]$, 令 ψ 为 U 作为 G/N–表示的特征, χ 为 U 作为 G–表示的特征. 由于正则表示的核平凡, 故 $\chi(g)=\chi(1)$ 当且仅当 $gN=N$ 即 $g\in N$. 故 $N_\chi=N$.

记 $\chi=\sum\limits_{i\in I}a_i\chi_i$, 其中 $a_i>0$. 则

$$|\chi(g)|\leqslant\sum_{i\in I}a_i|\chi_i(g)|\leqslant\sum_i a_i\chi_i(1)=\chi(1).$$

故 $g\in N_\chi$ 当且仅当对所有的 $i\in I$, 均有 $\chi_i(g)=\chi_i(1)$, 即 $g\in N_i$. 故我们得到 $N=N_\chi=\bigcap\limits_{i\in I}N_i$.

反过来, $\bigcap\limits_{i\in I} N_i$ 自然是 G 的正规子群. □

注记. 我们知道正则表示的核是平凡群, 另一方面它又是所有 N_i 的交, 故 $\bigcap\limits_{i=1}^{r} N_i=\{1\}$.

推论 3.88. 下列条件等价:

(1) G 是单群.

(2) 对 $i=2,\cdots,r$, $N_i=\{1\}$.

(3) 若存在 $g\neq 1$, $\chi_i(g)=\chi_i(1)$, 则 χ_i 是主特征 χ_1.

证明. 显然. □

推论 3.89. G 的特征标表可以用来决定 G 是否是可解群.

证明. G 的特征标表决定了它的所有正规子群, 以及正规子群的包含关系, 从而决定了所有正规子群列. □

定义 3.90. 设 χ 为 G 的特征. 定义 $Z_\chi=\{x\in G \mid |\chi(x)|=\chi(1)\}$. 特别地, 记 $Z_i=Z_{\chi_i}$.

引理 3.91. (1) Z_χ 是 G 的子群.

(2) 若 $\chi=\chi_i$ 不可约, 则 $Z_i/N_i=Z(G/N_i)$, 即群 G/N_i 的中心.

(3) 特别地, 若 G 是非阿贝尔单群, 则对于 $i>1$ 均有 $Z_i=1$.

证明. (1) 令 $\chi=\chi_V$. 由于 $\chi(g)$ 是 $\chi(1)$ 个单位根之和, 故 $g\in Z_\chi$ 当且仅当这些单位根均相等. 等价地说, $g\in Z_\chi$ 即是说它对应的线性变换 $\rho(g)=\lambda_g\mathrm{Id}_V$, 其中 λ_g 为单位根. 故若 $g,h\in Z_\chi$, 则 $\rho(gh^{-1})=\lambda_g\lambda_h^{-1}\mathrm{Id}_V$ 知 $gh^{-1}\in Z_\chi$. 所以 Z_χ 是 G 的子群.

(2) 若 $\chi=\chi_i=\chi_{V_i}$, $gN_i\in Z(G/N_i)$, 则对所有 $x\in G$, $\rho(g)\rho(x)=\rho(x)\rho(g)$. 故 $\rho(g): v\mapsto gv$ 是 $\mathbb{C}[G]$–模同态. 但由舒尔引理, $\mathrm{End}_{\mathbb{C}[G]}(V_i)\cong\mathbb{C}$. 故 $\rho(g)=\mu\mathrm{Id}_V$, 所以 $g\in Z_i$. 即 $Z_i/N_i\supseteq Z(G/N_i)$. 另一方面的包含关系是显然的.

(3) 最后, 若 G 是非阿贝尔单群, 则对于 $i>1$ 有 $N_i=1$, 所以 Z_i 是 G 的中心也只能是 1. □

命题 3.92. 群 G 的中心 $Z(G)=\bigcap\limits_{i=1}^{r} Z_i$.

证明. 对于任意 i, $Z(G)N_i/N_i\leqslant Z(G/N_i)$, 故 $Z(G)\leqslant Z_i$ 对所有 i 成立. 反过来, 若 $g\in Z_i$ 对所有 i 成立, 则由

$$Z_i/N_i=Z(G/N_i),$$

故对所有 $x\in G$, 换位子 $[g,x]\in N_i$. 故 $[g,x]\in\bigcap\limits_{i=1}^{r} N_i=\{1\}$, 即 $g\in Z(G)$. □

引理 3.93. 如 $N\lhd G$. 则 G/N 的不可约特征由 G 的不可约特征决定.

证明. 设 $\chi=\chi_V$ 为 G 的不可约特征, 且 $N\leqslant N_\chi$, 则 N 作用在 V 上平凡.

故

$$(G/N)\times V\to V,\quad (gN,v)\mapsto gv$$

是定义良好的线性作用. 所以 V 可以视为 G/N–模, 其特征 $\psi(gN)=\chi_V(g)$.

另一方面, G/N 的不可约特征 ψ 都可以提升到 G 的不可约特征 χ, 且 $\chi(g)=\psi(gN)$. □

推论 3.94. *G 的特征标表可以用来决定 G 是否是幂零群.*

证明. 考虑上中心序列

$$1\leqslant G_1\leqslant G_2\leqslant\cdots,$$

其中 $G_i\lhd G, G_i/G_{i-1}=Z(G/G_{i-1})$. 首先特征标表可以决定 $Z(G)=G_1=\bigcap\limits_{i=1}^{r}Z_i$. 再由上面命题, $G/G_1=G/Z(G)$ 的不可约特征由 G 的不可约特征给出, 故特征标表可以决定

$$Z(G/Z(G))=G_2.$$

以此类推, 特征标表可以决定所有的 G_i, 从而决定 G 是否是幂零群. □

3.5.4 伯恩赛德 (Burnside) 定理

伯恩赛德定理的证明是有限群表示论的成功应用.

定理 3.95 (伯恩赛德). *对于任意素数 p 和 q, p^aq^b 阶群都是可解群.*

下面的引理即命题 2.55.

引理 3.96. *设 $\varepsilon_1,\cdots,\varepsilon_n$ 为单位根. 若*

$$\gamma=\frac{\varepsilon_1+\cdots+\varepsilon_n}{n}\neq 0$$

是代数整数, 则 $\varepsilon_1=\cdots=\varepsilon_n=\gamma$.

命题 3.97. *设 χ 为 G 的特征. 设 $g\in G$ 所在的共轭类 K_g 的元素个数为 $k_g=(G:Z_G(g))$. 则*

(1) $\chi(g)$ 是代数整数.

(2) 若 χ 不可约, 则 $\frac{k_g\chi(g)}{\chi(1)}$ 是代数整数.

证明. (1) 因为 $\chi(g)$ 是单位根之和.

(2) 令 $\alpha=\sum\limits_{x\in K_g}x$, 则对于任意 $h\in G$, 有 $h\alpha=\alpha h$. 令 χ 对应的不可约表示为 V. 则对任意 $h\in G$, $\varphi:V\to V,\varphi(v)=\alpha v$ 满足 $\varphi(hv)=\alpha hv=h\alpha v=h\varphi(v)$, 所以 $\varphi\in\mathrm{End}_{\mathbb{C}[G]}\ (V)\cong\mathbb{C}$. 故存在 $\lambda\in\mathbb{C}$, 使得 $\alpha v=\lambda v$ 对任意 $v\in V$ 成立.

现在考虑线性变换 $\tau : \mathbb{C}[G] \to \mathbb{C}[G], \tau(z) = z\alpha$. 则 $\tau \in \mathrm{End}_{\mathbb{C}[G]}(\mathbb{C}[G])$. 视 V 为 $\mathbb{C}[G]$ 的子模. 则对于 $v \in V$, $\tau(v) = v\alpha = \alpha v = \lambda v$, 故 λ 是 τ 的特征值. 令 A 是 τ 在基 G 下的矩阵, 则

$$\det(\lambda I - A) = 0.$$

由于 A 是 $(0,1)$ 矩阵, 故 $f(x) = \det(\lambda I - A)$ 是首一整系数多项式, 因此 λ 是代数整数. 但

$$\begin{aligned}\lambda\chi(1) = \mathrm{tr}(\varphi) &= \sum_{x \in K_g} \mathrm{tr}(\rho(x)) \\ &= \sum_{x \in K_g} \chi(x) = (G : Z_G(g))\chi(g),\end{aligned}$$

故 $\lambda = \frac{k_g \chi(g)}{\chi(1)}$. □

命题 3.98. *若 χ 为不可约特征, 则 $\chi(1) \mid |G|$.*

证明. 由行正交关系, 有理数

$$\begin{aligned}\frac{|G|}{\chi(1)} &= \frac{1}{\chi(1)} \sum_{i=1}^{r} k_{g_i} \chi(g_i) \overline{\chi(g_i)} \\ &= \sum_{i=1}^{r} \frac{k_{g_i} \chi(g_i)}{\chi(1)} \cdot \overline{\chi(g_i)}\end{aligned}$$

是代数整数之和, 因此也是代数整数, 但有理代数整数就是通常的整数. □

定理 3.99. *若群 G 中存在元素个数为素数正幂次的共轭类, 则 G 不是单群.*

证明. 设 $g \in G$ 所在共轭类的阶为 p^n, 其中 p 是素数, $n \geqslant 1$. 则由列正交关系

$$0 = \frac{1}{p} \sum_{i=1}^{r} \chi_i(g)\chi_i(1) = \frac{1}{p} + \sum_{i=2}^{r} \chi_i(g) \cdot \frac{\chi_i(1)}{p}.$$

故一定存在 $2 \leqslant i \leqslant r$, 使得 $\chi_i(g) \cdot \frac{\chi_i(1)}{p}$ 不是代数整数, 所以 $p \nmid \chi_i(1)$ 且 $\chi_i(g) \neq 0$. 对于这个 i, 由于 $k_g = p^n$ 与 $\chi_i(1)$ 互素, 由贝祖 (Bézout) 等式, 故存在 $a, b \in \mathbb{Z}$, 使得

$$ak_g + b\chi_i(1) = 1.$$

由命题 3.97, 故 $\frac{\chi_i(g)}{\chi_i(1)} = ak_g \frac{\chi_i(g)}{\chi_i(1)} + b\chi_i(g)$ 是代数整数. 由引理 3.96, $|\chi_i(g)| = \chi_i(1)$, 即 $Z_i \neq \{1\}$. 根据引理 3.91, 当 G 为非交换单群时 $Z_i = \{1\}$. □

伯恩赛德定理的证明. 我们对 $a+b$ 作归纳. 若 $a+b=1$, 则 G 是素数阶群, 自然是可解群. 故设 $a+b \geqslant 2$.

设 Q 是 G 的西罗 q–子群. 若 $Q=1$, 则 G 是素数幂次群, 它不是单群. 若 $Q \neq 1$, 则 $Z(Q) \neq 1$. 令 $1 \neq g \in Z(Q)$, 则 $Q \leqslant Z_G(g)$. 故 $k_g = (G : Z_G(g)) = p^n$ 对某个 $n \leqslant a$ 成立. 若 $n=0$, 则 $g \in Z(G)$, G 不是单群; 若 $n>0$, 由上面定理, G 也不是单群. 故 G 有非平凡真子群 N. 由归纳假设, N 与 G/N 均可解, 故 G 也是可解群. □

3.6 诱导表示

3.6.1 诱导表示与诱导特征

在构建群 G 的特征标表时, 常常需要构造一些表示, 并通过求它们的内积得到不可约特征的关系式. 这些表示里, 有一部分是通过商群的不可约特征提升到群 G 得来, 但是商群往往是很少的 (比如非阿贝尔单群), 这样得到的表示常常不足以构建完整的特征标表. 诱导表示则通过子群的表示来构造新的表示.

设 H 是 G 的子群, T 是 H 的左陪集代表元系, 即有不交并

$$G = \bigsqcup_{t \in T} tH.$$

设 F 是域, 对于群 H 的 F–表示 V, 则 $F[G] \oplus_F V$ 是 F–线性空间, 维数等于 $|G| \cdot \dim_F V$. 视 V 为平凡 $F[G]$–模, 则 $F[G] \oplus_F V$ 上有 $F[G]$–模结构:

$$g(x \otimes v) = gx \otimes v.$$

令 Y 是 $F[G] \oplus_F V$ 的 F–子空间, 由

$$\{gh \otimes v - g \otimes hv \mid g \in G, h \in H, v \in V\}$$

生成. 由于对于 $x \in G$,

$$x(gh \otimes v - g \otimes hv) = (xg)h \otimes v - (xg) \otimes hv,$$

故 Y 是 $F[G] \oplus_F V$ 的 $F[G]$–子模.

定义 3.100. V 到 G 上的**诱导表示** (induced representation), 记为 $\mathrm{Ind}_H^G V$, 即商模 $(F[G] \oplus_F V)/Y$.

记 $g\otimes v$ 为 $g\otimes v\in F[G]\oplus_F V$ 在 $\mathrm{Ind}_H^G V$ 上的像.

引理 3.101. *作为 G 的 F–表示, $\mathrm{Ind}_H^G V$ 的维数等于 $(G:H)\dim_F V$, 且若 $\{e_1,\cdots,e_n\}$ 是 V 的一组 F–基, 则 $\{t\otimes e_i \mid t\in T, i=1,\cdots,n\}$ 是 $\mathrm{Ind}_H^G V$ 的一组基.*

证明. 设 $\{e_i\}_{i=1}^n$ 为 V 的一组基, 则 Y 是由

$$\{th\otimes e_i - t\otimes he_i \mid t\in T, h\in H, h\neq 1, i=1,\cdots,n\}$$

生成, 故它的维数 $\leqslant |T|\cdot(|H|-1)\dim_F V$. 所以

$$\dim_F \mathrm{Ind}_H^G V \geqslant (G:H)\dim_F V.$$

另一方面, 若 $g=th$, 则 $g\otimes v = th\otimes v = t\otimes(hv)$ 是 $t\otimes e_i$ 的线性组合. 故

$$\dim_F \mathrm{Ind}_H^G V \leqslant (G:H)\dim_F V.$$

所以等号成立, 且 $\{t\otimes e_i \mid t\in T, i=1,\cdots,n\}$ 是 $\mathrm{Ind}_H^G V$ 的一组基. □

注记. 也可以通过定义张量积 $F[G]\oplus_{F[H]} V$ 来得到 $\mathrm{Ind}_H^G V$. 这里张量积的定义需要用到 $(F[G],F[H])$–双模的性质.

定义 3.102. 设 U 是 G 的 F–表示 (即 $F[G]$–模). 视 U 为 $F[H]$–模 (即 H 的 F–表示), 记为 $\mathrm{Res}_H^G U$, 称为 U 在 H 上的**限制表示** (restriction).

定理 3.103 (弗罗贝尼乌斯互反律, Frobenius reciprocity law). *设 H 是 G 的子群. 设 U 是 $F[G]$–表示, V 为 $F[H]$–表示, 则作为 F–线性空间有同构*

$$\mathrm{Hom}_{F[H]}(V, \mathrm{Res}_H^G U) \cong \mathrm{Hom}_{F[G]}(\mathrm{Ind}_H^G V, U).$$

证明. 设 $\varphi\in \mathrm{Hom}_{F[H]}(V,\mathrm{Res}_H^G U)$. 考虑映射

$$f_\varphi: F[G]\times V\to U, \quad (g,v)\mapsto g\varphi(v),$$

这是 F–双线性映射, 故诱导 F–线性映射

$$\widetilde{\varphi}: F[G]\oplus_F V\to U, \quad g\otimes v\mapsto g\varphi(v).$$

由 φ 的性质知 $Y\subset \ker\widetilde{\varphi}$, 故诱导映射 $\mathit{\Gamma}(\varphi): \mathrm{Ind}_H^G V\to U, g\otimes v\mapsto g\varphi(v)$. 此映射保持 $F[G]$–结构. 我们得到映射

$$\mathit{\Gamma}: \mathrm{Hom}_{F[H]}(V,\mathrm{Res}_H^G U)\to \mathrm{Hom}_{F[G]}(\mathrm{Ind}_H^G V, U),\ \varphi\mapsto \mathit{\Gamma}(\varphi).$$

很容易看出 $\mathit{\Gamma}$ 是线性映射, 且若 $\mathit{\Gamma}(\varphi)=0$, 则 $\varphi=0$, 即 $\mathit{\Gamma}$ 为单射.

若 $\theta:\mathrm{Ind}_H^G V\longrightarrow U$ 是 $F[G]$–模同态, 令

$$\varphi: V\longrightarrow \mathrm{Res}_H^G U,\quad \varphi(v):=\theta(1\otimes v).$$

则 φ 是 $F[H]$–模同态, 且

$$\Gamma(\varphi)(g\otimes v)=g\varphi(v)=g\cdot\theta(1\otimes v)=\theta(g\otimes v).$$

即 $\Gamma(\varphi)=\theta$. 故 Γ 为满射. □

现在设 $F=\mathbb{C}$. 如 V 作为 $\mathbb{C}[H]$–模的特征为 φ, 我们记 φ^G 为 $\mathbb{C}[G]$–模 $\mathrm{Ind}_H^G V$ 的特征, 称为 φ 的**诱导特征** (induced character). 如 χ 是 $\mathbb{C}[G]$–模 U 的特征, 记 $\chi|_H$ 为 $\mathbb{C}[H]$–模 $\mathrm{Res}_H^G U$ 的特征, 称为 χ 在 H 上的**限制特征**.

定理 3.104. 设 H 是 G 的子群. 设 φ 是 $\mathbb{C}[H]$–模 V 的特征, χ 是 $\mathbb{C}[G]$–模 U 的特征. 则

$$(\varphi,\chi|_H)_H=(\varphi^G,\chi)_G.$$

证明. 由弗罗贝尼乌斯互反律, 及 $(\varphi,\chi|_H)_H=\dim_{\mathbb{C}}\mathrm{Hom}_{\mathbb{C}[H]}(V,\mathrm{Res}_H^G U)$, $(\varphi^G,\chi)_G=\dim_{\mathbb{C}}\mathrm{Hom}_{\mathbb{C}[G]}(\mathrm{Ind}_H^G V,U)$ 即得. □

命题 3.105. 设 $H\leqslant G$, T 是 H 的左陪集代表元系. 设 V 是 H 的复表示, 特征为 χ. 则

$$\chi^G(g)=\sum_{t\in T,\,t^{-1}gt\in H}\chi(t^{-1}gt).$$

证明. 令 $\{e_i\}_{i\in I}$ 为 V 的一组基, 则 $\{t\otimes e_i\mid t\in T, i\in I\}$ 是 $\mathrm{Ind}_H^G V$ 的一组基. 令 $\rho^G(g)$ 为线性变换 $\mathrm{Ind}_H^G V\to\mathrm{Ind}_H^G V$, $t\otimes v\mapsto gt\otimes v$. 则 $\chi^G(g)=\mathrm{tr}(\rho^G(g))$.

对于 $t\in T$, $g\in G$, 记 $gt=sh$, 其中 $s\in T$, $h\in H$. 则 $g(t\otimes V)=s\otimes hV\subseteq s\otimes V$.

若 $s\neq t$, 即 $t^{-1}gt\notin H$, 则 $\rho^G(g)(t\otimes V)\subseteq s\otimes V\neq t\otimes V$. 它不贡献 $\chi^G(g)$.

若 $s=t$, 即 $t^{-1}gt\in H$, 则

$$\rho^G(g)(t\otimes v)=g(t\otimes v)=gt\otimes v=t\cdot(t^{-1}gt)\otimes v=t\otimes(t^{-1}gt)v.$$

故 $g:t\otimes v\to t\otimes v$ 相当于 $t^{-1}gt:V\to V$. 它对 $\chi^G(g)$ 产生的贡献是 $\chi(t^{-1}gt)$. 综合起来故命题得证. □

推论 3.106. 设 $H\leqslant G$, 设 χ 为 H 的特征, $g\in G$. 则

$$\chi^G(g)=\frac{1}{|H|}\sum_{x\in G,\,x^{-1}gx\in H}\chi(x^{-1}gx).$$

证明. 若 $x=th, t\in T$ 而 $h\in H$, 则

$$x^{-1}gx=h^{-1}\ (t^{-1}gt)h.$$

则 $x^{-1}gx\in H$ 当且仅当 $t^{-1}gt\in H$. 此时它们在同一 H–共轭类中. 故

$$\begin{aligned}\chi^G(g)&=\sum_{t\in T,t^{-1}gt\in H}\chi(t^{-1}gt)\\&=\sum_{t\in T,t^{-1}gt\in H}\frac{1}{|H|}\sum_{x\in tH}\chi(x^{-1}gx)\\&=\frac{1}{|H|}\sum_{x\in G,x^{-1}gx\in H}\chi(x^{-1}gx).\end{aligned}$$

□

命题 3.107. 设 χ 是 $H\leqslant G$ 的特征. 对于 $g\in G$, 令 s 为 g 所在的 G 共轭类中 H 共轭类的个数. 若 $s=0$, 则 $\chi^G(g)=0$. 如 $s>0$, 设 l 为 g 所在的 G 共轭类元素个数, 设 $h_1,\cdots,h_s$ 为这 s 个 H 共轭类的代表元, 设 $k_1,\cdots,k_s$ 为共轭类中元素的个数. 则

$$\chi^G(g)=\sum_{i=1}^{s}\frac{|Z_G(g)|}{|Z_H(h_i)|}\chi(h_i)=\sum_{i=1}^{s}(G:H)\cdot\frac{k_i}{l}\chi(h_i).$$

证明. 如 $s=0$. 则不存在 $x\in G$, 使得 $x^{-1}gx\in H$, 由上面推论知 $\chi^G(g)=0$.

如 $s>0$. 令 $X_i=\{x\in G\mid x^{-1}gx\in H, x^{-1}gx与h_i共轭\}$. 则 $\coprod\limits_{i=1}^{s}X_i=\{x\in G\mid x^{-1}gx\in H\}$. 故

$$\begin{aligned}\chi^G(g)&=\frac{1}{|H|}\sum_{x\in G,x^{-1}gx\in H}\chi(x^{-1}gx)\\&=\frac{1}{|H|}\sum_{i=1}^{s}\sum_{x\in X_i}\chi(x^{-1}gx)\\&=\frac{1}{|H|}\sum_{i=1}^{s}|X_i|\cdot\chi(h_i).\end{aligned}$$

只要求出 $|X_i|$ 即可.

设 $t_i^{-1}gt_i=h_i$. 则对于 $c\in Z_G(g), h\in H, (ct_ih)^{-1}g(ct_ih)=h^{-1}h_ih$ 在 h_i 所在的 H–共轭类中, 故 $Z_G(g)t_iH\subset X_i$. 另一方面, 若 $x\in X_i$, 则存在 $h\in H$,

$$x^{-1}gx=h^{-1}h_ih=(t_ih)^{-1}g(t_ih).$$

故 $xh^{-1}t_i^{-1}\in Z_G(g)$. 所以 $x\in Z_G(g)t_iH$. 故我们得到 $X_i=Z_G(g)t_iH$. 因此

$$|X_i|=|Z_G(g)t_iH|=\frac{|Z_G(g)|\cdot|t_iHt_i^{-1}|}{|Z_G(g)\bigcap t_iHt_i^{-1}|}=\frac{|Z_G(g)|\cdot|H|}{|H\bigcap t_i^{-1}Z_G(g)t_i|}.$$

但 $t_i^{-1}Z_G(g)t_i = Z_G(t_igt_i^{-1}) = Z_G(h_i)$, $H\bigcap Z_G(h_i) = Z_H(h_i)$, 因此我们得到第一个等式. 第二个等式是由于 $|Z_G(g)| = \frac{|G|}{l}$, 而 $|Z_H(h_i)| = \frac{|H|}{k_i}$. 故命题得证. □

3.6.2 利用诱导特征计算特征标表

例3.108 ($G = S_4$). 取 $H = S_3$. 我们知 H 的特征标表为表 3.6. S_4 有 5 个共轭类, 2 个 1 维表示. 由

$$(\psi_1^G, \chi_1)_G = (\psi_1, \chi_1|_H)_H = 1, (\psi_1^G, \chi_2)_G = (\psi_1, \psi_2)_H = 0,$$

知 $\psi_1^G - \chi_1$ 的维数是 3, 且是 χ_3, χ_4, χ_5 的和. 故 $\psi_1^G - \chi_1 = \chi_4$ 或 χ_5, 不妨设为 χ_4. 由于没有 $h \in H$ 与 (12)(34) 或 (1234) 共轭, 故 $\chi_4((12)(34)) = \chi_4((1234)) = -1$.

表 3.6 S_3 的特征标表

	1 1	3 (12)	2 (123)
ψ_1	1	1	1
ψ_2	1	−1	1
ψ_3	2	0	−1

由于 (123) 所在的 G 共轭类有 8 个元素, 只包含 1 个 H 共轭类, 有 2 个元素. (12) 所在 G 共轭类阶为 6, 只包含 1 个 H 共轭类, 阶为 3. 则由命题 3.107,

$$\psi_1^G((123)) = 4 \cdot \frac{2}{8}\psi_1((123)) = \psi_1((123)) = 1,$$

故 $\chi_4((123)) = 0$;

$$\psi_1^G((12)) = 4 \cdot \frac{3}{6}\psi_1((12)) = 2,$$

故 $\chi_4((12)) = 1$. 这样 $\chi_2\chi_4 \neq \chi_4$, 故 $\chi_2\chi_4 = \chi_5$.

由 $\chi_2\chi_3 = \chi_3$ 知 $\chi_3((1234)) = \chi_3((12)) = 0$. 再由列正交关系知 $\chi_3((12)(34)) = 2$, $\chi_3((123)) = -1$. 这样我们就完成了 S_4 的特征标表 3.7.

表3.7 S_4 的特征标表

	1 1	3 (12)(34)	8 (123)	6 (12)	6 (1234)
χ_1	1	1	1	1	1
χ_2	1	1	1	−1	−1
χ_3	2	2	−1	0	0
χ_4	3	−1	0	1	−1
χ_5	3	−1	0	−1	1

例 3.109. 我们再由 $H=S_4$ 的特征标表来看 $G=S_5$ 的特征标表. S_5 有 7 个共轭类.

设 $\chi_1,\chi_2,\chi_3,\chi_4,\chi_5$ 由 S_4 的特征标表 3.8 给出. 对于 $g_2=(12)$, $g_3=(12)(34)$, $g_4=(123)$ 和 $g_6=(1234)$, 它们在 H 上均只有 1 个共轭类, 阶分别为 6, 3, 8 和 6. 故由命题 3.107, 可得

$$\begin{aligned}
\chi_i^G(g_2)&=5\cdot\frac{6}{10}\chi_i(g_2)=3\chi_i(g_2),\\
\chi_i^G(g_3)&=5\cdot\frac{3}{15}\chi_i(g_3)=\chi_i(g_3),\\
\chi_i^G(g_4)&=5\cdot\frac{8}{20}\chi_i(g_4)=2\chi_i(g_4),\\
\chi_i^G(g_6)&=5\cdot\frac{6}{30}\chi_i(g_6)=\chi_i(g_6).
\end{aligned}$$

由 $(\chi_1^G,\varphi_1)=1$, $(\chi_1^G,\chi_1^G)=2$, 知 $\chi_1^G-\varphi_1$ 为不可约特征. 不妨设为 φ_3. 由 $(\chi_1^G,\varphi_2)=1$ 而 $(\chi_2^G,\chi_2^G)=2$, 知 $\chi_2^G-\varphi_1$ 为不可约特征, 且经计算不是 φ_3, 不妨设为 φ_4.

表 3.8 $H=S_4$ 在 $G=S_5$ 中的诱导表示

	1 1	10 (12)	15 (12)(34)	20 (123)	20 (123)(45)	30 (1234)	24 (12345)
χ_1^G	5	3	1	2	0	1	0
χ_2^G	5	–3	1	2	0	–1	0
χ_3^G	10	0	2	–2	0	0	0
χ_4^G	15	3	–1	0	0	–1	0
χ_5^G	15	–3	–1	0	0	1	0

由

$$1+1+16+16+f_5^2+f_6^2+f_7^2=120,$$

知 $f_5^2+f_6^2+f_7^2=86$. 再由 $f_i\mid |G|$, 知 $f_i\neq 7$. 故 $f_5=5$, $f_6=5$, $f_7=6$.

由 $(\chi_3^G,\chi_3^G)=2$, 而 $(\chi_3^G,\varphi_3)=(\chi_3^G,\varphi_4)=0$, 知 $\chi_3^G=\varphi_5+\varphi_6$. 由 $\varphi_2\varphi_7=\varphi_7$ 知 $\varphi_7(g_2)=\varphi_7(g_5)=\varphi_7(g_6)=0$. 再由列正交关系知 $\varphi_5(g_2)=\pm1$, $\varphi_6(g_2)=\mp1$. 故 $\varphi_6=\varphi_2\varphi_5$. 从而得出 φ_5 与 φ_6 的值. 再由列正交关系即得 φ_7 的所有取值, 见表 3.9.

表 3.9 S_5 的特征标表

	1	10	15	20	20	30	24
	1	(12)	(12)(34)	(123)	(123)(45)	(1234)	(12345)
φ_1	1	1	1	1	1	1	1
φ_2	1	−1	1	1	−1	−1	1
φ_3	4	2	0	1	−1	0	−1
φ_4	4	−2	0	1	1	0	−1
φ_5	5	1	1	−1	1	−1	0
φ_6	5	−1	1	-1	−1	1	0
φ_7	6	0	−2	0	0	0	1

例 3.110 (二面体群). 设 G 是正 n 边形的二面体群 $D_n = \langle \sigma, \tau \mid \sigma^n = \tau^2 = 1, \tau\sigma\tau = \sigma^{-1} \rangle$. 它是 $2n$ 阶群, 有 1 个 n 阶正规子群 $H = \langle \sigma \rangle$, $T = \{1, \tau\}$ 是 H 的陪集代表元系.

如 n 是奇数, G 的共轭类为 $\{1\}$, $\{\sigma^i, \sigma^{n-i}\}_{1 \leqslant i \leqslant \frac{n-1}{2}}$, $\{\tau, \cdots, \tau\sigma^{n-1}\}$, 阶分别为 1, 2(共 $\frac{n-1}{2}$ 个) 和 n, 共 $\frac{n+3}{2}$ 个共轭类. 如 n 是偶数, G 的共轭类为 $\{1\}$, $\{\sigma^{\frac{n}{2}}\}$, $\{\sigma^i, \sigma^{n-i}\}_{1 \leqslant i < \frac{n}{2}}$, $\{\tau, \tau\sigma^2, \cdots, \tau\sigma^{n-2}\}$ 和 $\{\tau\sigma, \tau\sigma^3, \cdots, \tau\sigma^{n-1}\}$, 阶分别为 1, 1, 2(共 $\frac{n}{2} - 1$ 个), $\frac{n}{2}$ 和 $\frac{n}{2}$, 共 $\frac{n}{2} + 3$ 个共轭类.

令 $\zeta_n = \mathrm{e}^{\frac{2\pi \mathrm{i}}{n}}$. 我们知 H 的不可约特征是线性特征 $\chi^j (0 \leqslant j < n)$, 其中 $\chi^j(\sigma) = \zeta_n^j$. 对于 $0 \leqslant j < n$,

$$(\chi^j)^G(x) = \begin{cases} \zeta_n^{ij} + \zeta_n^{-ij}, & x = \sigma^i, \\ 0, & x = \tau\sigma^i. \end{cases}$$

当 n 为奇数, $1 \leqslant j \leqslant \frac{n-1}{2}$ 时; 或 n 为偶数, $1 \leqslant j \leqslant \frac{n}{2} - 1$ 时

$$((\chi^j)^G, (\chi^j)^G) = 1.$$

故 $(\chi^j)^G$ 是 D_n 的 2 维不可约特征.

对于线性特征, 若 n 为奇数, 则 G/H 为 2 阶群, 对应两个线性特征: 主特征 χ_1 及 χ_2, 这里 $\chi_2(\sigma^i) = 1$ 而 $\chi(\tau\sigma^i) = -1$. 若 n 为偶数, 则 $\langle \sigma^2 \rangle$ 是 G 的正规子群, $G/\langle \sigma^2 \rangle$ 同构于克莱因群 K_2, 它生成四个线性特征

$$\chi_1 : \sigma \mapsto 1, \tau \mapsto 1,$$

$$\chi_2 : \sigma \mapsto 1, \tau \mapsto -1,$$

$$\chi_3 : \sigma \mapsto -1, \tau \mapsto 1,$$

$$\chi_4 : \sigma \mapsto -1, \tau \mapsto -1.$$

我们构造的这些不可约特征两两不同, 个数恰好是 D_n 的共轭类个数, 故得到了 D_n 的所有不可约特征构成的集合: $\{\chi_1,\chi_2,\chi^j : 1\leqslant j\leqslant \frac{n-1}{2}\}$ (如 n 为奇数) 或者 $\{\chi_1,\chi_2,\chi_3,\chi_4,\chi^j : 1\leqslant j\leqslant \frac{n}{2}-1\}$ (如 n 为偶数). 由此自然写出 D_n 的特征标表, 我们不再赘述.

第三章习题

下面习题中我们都假设 F 是域, G 是有限群, A 是有限维含幺 F–代数, 所有的模都是有限生成的.

习题 3.1. 设 A 是 n 维 F–代数. 证明: A 可以嵌入为矩阵代数 $M_n(F)$ 的 F–子代数.

习题 3.2. (1) 证明: 群环 $F[G]\cong F[G]^{\rm op}$.

(2) 证明: 四元数体 $\mathbb{H}\cong\mathbb{H}^{\rm op}$.

(3) 给出一个环 R 的例子, 使得 $R\not\cong R^{\rm op}$.

习题 3.3. 设 A 和 B 是 F–代数, 证明: $(A\otimes_F B)^{\rm op}\cong A^{\rm op}\otimes_F B^{\rm op}$.

习题 3.4. 设 U 和 V 是有限生成 $F[G]$–模, 它们作为 F–线性空间的维数均是 n. 分别取定 U 和 V 的基, 则它们对应的表示即可视为群同态 $\rho: G\to {\rm GL}_n(F)$ 与 $\tau: G\to {\rm GL}_n(F)$. 证明: $U\cong V$ 当且仅当存在 $M\in {\rm GL}_n(F)$, 使得对任意 $g\in G$, $\tau(g)=M^{-1}\rho(g)M$.

习题 3.5. 证明命题 3.28.

习题 3.6. 对于正则表示 $F[G]$, 令 $N=F\sum\limits_g g=\{\sum\limits_g \lambda g|\lambda\in F\}$, $I=\{\sum\limits_g n_g g \mid \sum\limits_g n_g=0\}$.

(1) 证明: N 是 $F[G]$ 的子模, $N\cong F$, 且如果 $F[G]$ 的子模 M 同构与 F, 则 $M=N$.

(2) 证明: I 是 $F[G]$ 的子模, $F[G]/I\cong F$, 且如果 $F[G]$ 的子模 M 的商模 $F[G]/M\cong F$, 则 $M=I$.

(3) 如果 ${\rm char}\, F\mid |G|$, 证明 $N\subseteq I$, 并说明 I 不是 $F[G]$ 的直和项.

习题 3.7. 设 n 是正整数, B 是 A–模, U 是 B 的一个 n 维 F–子空间. 若 M 是任意 A–模, U 到 M 的任意 F–线性变换均可扩充为 B 到 M 的 A–模同态, 证明: $B\cong A^n$.

习题 3.8. 设 $T_n(F)$ 是上三角形 n 阶方阵构成的 F–代数. 试求 $T_n(F)$ 的最大幂零理想.

习题 3.9. 设 U 是 A–模. 则 U 的 n 维列向量空间 U^n 是 $M_n(A)$–模. 证明:

(1) U 是单 A–模当且仅当 U^n 是单 $M_n(A)$–模.

(2) 对任意 A–模 U 和 V, $\mathrm{Hom}_A(U,V) \cong \mathrm{Hom}_{M_n(A)}(U^n, V^n)$.

(3) 如果 M 是 $M_n(A)$–模, 则存在 A–模 U, $M \cong U^n$.

习题 3.10. 证明: A 是单 A–模当且仅当 A 是可除代数.

习题 3.11. 证明: M 是单 A–模当且仅当 M 是单 $A/\mathrm{Jac}(A)$–模, 此处 $\mathrm{Jac}(A)$ 指 A 的雅各布森根, 即 A 的最大幂零理想.

习题 3.12. 设 S 是单 $\mathbb{C}[G]$–模, U 是 1 维 $\mathbb{C}[G]$–模, 证明: $S \otimes U$ 也是单模.

习题 3.13. 证明: $\mathbb{C}$ 是唯一的可除单 $\mathbb{C}$–代数.

习题 3.14. 设 k 是域, V 是 k–线性空间, $T: V \to V$ 是线性变换, $m(x)$ 是 T 的最小多项式. 证明: 环 $k[x]/(m(x))$ 是半单环当且仅当线性变换 T 可对角化, 也就是说 $m(x)$ 是不同线性因子的乘积.

习题 3.15. 对于域 F, 设 $\mathrm{sgn}: S_n \to \{\pm 1\} \leqslant F$ 是符号映射. 令 $\mathrm{Sig}(F) = F$, 且对 $\gamma \in S_n$ 和 $a \in F$, 令 $\gamma a = \mathrm{sgn}(\gamma) a$, 这样 $\mathrm{Sig}(F)$ 构成 $F[S_n]$–模. 证明: $\mathrm{Sig}(F)$ 是 $F[S_n]$–模.

习题 3.16. 设 G 是有限群, k 与 K 分别是特征 p 与特征 q 的代数封闭域, 且 p 与 q 与 $|G|$ 互素. 证明:

(1) $k[G]$ 与 $K[G]$ 有相同数目的不可约分量.

(2) G 在 k 与 K 上的不可约表示有相同的次数.

习题 3.17. 设 U 是 $\mathbb{C}[G]$–模, 证明: U 是单模当且仅当它的对偶 U^* 是单模.

习题 3.18. 设 χ 是 G 的不可约特征, $\mu_{|G|}$ 是 $|G|$ 次单位根构成的群. 证明: $\{g \in G \mid \chi(g)/\chi(1) \in \mu_{|G|}\}$ 是 G 的正规子群.

下面习题中我们都假设 G 是有限群, $\mathfrak{X}$ 是 G 的特征标表, H 为 G 的子群, F 为域. 我们假设所有出现的 $F[G]$–模和 $F[H]$–模是有限生成的.

习题 3.19. 试求 $\mathfrak{X}$ 的行列式, 并证明 $\mathfrak{X}$ 中每行的和是非负整数.

习题 3.20. 设 G 的阶是奇数. 证明: 若 χ 是 G 的实值不可约特征, 则 $\chi = \chi_1$ 为主特征.

习题 3.21. 设 χ 是 2 维表示的特征, $x \in G$ 是 2 阶元. 证明: $\chi(x)$ 等于 2, 0 或者 -2. 试将此结论推广到 n 维表示.

习题 3.22. 决定正五边形的二面体群 $D_5 = \langle \sigma, \tau \mid \sigma^5 = \tau^2 = 1, \tau\sigma\tau = \sigma^{-1} \rangle$ 的特征标表.

习题 3.23. 决定对称群 S_5 的特征标表.

习题 3.24. 设 W 是 $F[G]$–模, 它由 $F[H]$–模 V 生成, 并设 $\dim_F W = (G:H)\dim_F V$. 证明: $W = \mathrm{Ind}_H^G V$.

习题 3.25. 设 g 是有限群 G 中的 m 阶元. 设 k 与 m 互素. 如果 g 与 g^k 在 G 的同一个共轭类里, 证明: 对于任意特征 χ, $\chi(g) \in \mathbb{Z}$.

习题 3.26. 设 $\rho: G \to \mathrm{GL}(V)$ 是 G 的复表示, 对应的特征是 ψ. 令 $W = \{v \in V \mid \rho(g)(v) = v\}$ 是 V 中所有 G–作用不动点构成的子空间. 证明: $\dim W = (\psi, \chi_1)$, 这里 χ_1 是主特征.

习题 3.27. 设 V 是 G 的复表示, ψ 是对应的特征. 设 $\mathcal{B}$ 是 V 的一组基, 且 G–作用保持 $\mathcal{B}$ 不变. 令 $\mathcal{B}_1, \cdots, \mathcal{B}_t$ 是 $\mathcal{B}$ 的轨道, V_i 是 $\mathcal{B}_i$ 生成的子空间. 令 $W = \{v \in V \mid \rho(g)(v) = v\}$ 是 V 中所有 G–作用不动点构成的子空间. 证明:

(1) 作为 G 的表示, $V = V_1 \oplus \cdots \oplus V_t$.

(2) 每个 V_i 有唯一一个 1 维子表示.

(3) $\dim W = t$.

习题 3.28. 证明: 作为 F–线性空间, 映射

$$\mathrm{Hom}_{F[H]}\left(\mathrm{Res}_H^G U, V\right) \to \mathrm{Hom}_{F[G]}\left(U, \mathrm{Ind}_H^G V\right), \quad \varphi \mapsto \left(u \mapsto \sum_{t \in T} t \otimes \varphi(t^{-1}u)\right)$$

是同构映射, 其中 T 是 H 关于 G 的左陪集代表元系.

习题 3.29. 设 p, q 为素数且 $p \equiv 1 \bmod q$. 证明存在唯一的 pq 阶非阿贝尔群 G, 并求它的特征标表.

习题 3.30. 设 S 是有限集并配备 G 的作用, 令 $\mathbb{C}[S]$ 为 S 生成的 $\mathbb{C}$–线性空间, ψ 为对应的特征. 设 S 的 G–轨道个数是 m. 证明: $(\psi, \chi_1)_G = m$.

习题 3.31. 定义函数 $\psi: G \to \mathbb{C}$, $\psi(g) = |\{(x, y) \in G \times G \mid [x, y] = xyx^{-1}y^{-1} = g\}|$. 证明:

$$\psi = \sum_{i=1}^{r} \frac{|G|}{\chi_i(1)} \chi_i.$$

故 ψ 是 G 的一个特征.

习题 3.32. 试将交错群 A_4 中所有不可约特征在 A_5 上的诱导特征分解为 A_5 上不可约特征之和的形式.

习题 3.33. 设 $x, y \in G$. 证明: x 与 y 共轭当且仅当对 G 的所有不可约特征 χ 均有 $\chi(x) = \chi(y)$.

习题 3.34. 设 G 是有限群, N 是 G 的正规子群, T 是 G 关于 N 的陪集表示. 设 χ 是 N 的不可约特征. 给定元素 $t \in T$, 定义 N 上的函数 $\chi_t(x) = \chi(t^{-1}xt)$. 证明:

(1) χ_t 是 N 的不可约特征.

(2) 诱导特征 χ^G 是 G 的不可约特征当且仅当 χ_t $(t \in T)$ 两两不同.

习题 3.35. 设 H 是 G 的指数为 2 的子群, $\rho : G \to \mathrm{GL}(V)$ 为 G 的表示. 令 $\rho' : G \to \mathrm{GL}(V)$ 为映射, 取值如下: 对于 $g \in H$, $\rho'(g) = \rho(g)$; 对于 $g \notin H$, $\rho'(g) = -\rho(g)$.

(1) 证明: ρ' 也是 G 的表示.

(2) 试确定 ρ, ρ' 与 $\rho|_H$ 的关系.

习题 3.36. 对于 $g \in G$, 证明: g 的中心化子 $Z_G(g)$ 的阶等于 $\sum\limits_{i=1}^{r} |\chi_i(g)|^2$.

习题 3.37. 设 $\rho : G \to \mathrm{GL}_n(\mathbb{C})$ 是表示. 证明:

(1) $\rho^* : G \to \mathrm{GL}_n(\mathbb{C})$, $g \mapsto \rho(g^{-1})^{\mathrm{T}}$ 是 G 的表示. 此表示称为 ρ 的**逆步表示** (contragredient representation).

(2) $\chi_{\rho^*}(g) = \overline{\chi_\rho(g)}$.

习题 3.38. 对于四元数群 $Q_8 = \langle \sigma, \tau \mid \sigma^4 = 1, \sigma^2 = \tau^2, \tau\sigma\tau^{-1} = \sigma^{-1} \rangle$, 证明: 存在表示 $\rho : Q \to \mathrm{GL}_2(\mathbb{C})$, 使得

$$\sigma \mapsto \begin{pmatrix} \mathrm{i} & 0 \\ 0 & -\mathrm{i} \end{pmatrix}, \quad \tau \mapsto \begin{pmatrix} 0 & 1 \\ -1 & 0 \end{pmatrix},$$

并证明 ρ 是不可约表示.

习题 3.39. 求 Q_8 的特征标表.

习题 3.40. 设有限域 $\mathbb{F}_5$ 上的矩阵群

$$G = \left\{ \begin{pmatrix} a & b \\ 0 & a^{-1} \end{pmatrix} \middle| \; a, b \in \mathbb{F}_5, a \neq 0 \right\},$$

子群

$$H = \left\{ \begin{pmatrix} a & 0 \\ 0 & a^{-1} \end{pmatrix} \middle| \; a \in \mathbb{F}_5^\times \right\}, \quad N = \left\{ \begin{pmatrix} 1 & b \\ 0 & 1 \end{pmatrix} \middle| \; b \in \mathbb{F}_5 \right\}.$$

(1) 求群 H 和群 N 的所有不可约特征.

(2) 求群 G 的所有不可约特征.

习题 3.41. 设 $\rho : G \to \mathrm{GL}(V)$ 和 $\rho' : G \to \mathrm{GL}(W)$ 是表示.

(1) 证明: $\rho \otimes \rho' : G \to \mathrm{GL}(V \otimes W)$, $(\rho \otimes \rho')g = \rho(g) \otimes \rho'(g)$ 是表示.

(2) 求 $\rho \otimes \rho'$ 的特征.

参考文献

[1] 冯克勤, 余红兵. 整数与多项式. 北京: 高等教育出版社, 施普林格出版社, 1999.

[2] 冯克勤, 李尚志, 查建国, 章璞. 近世代数引论. 合肥: 中国科学技术大学出版社, 2002.

[3] 欧阳毅, 申伊塃. 代数学I: 代数学基础. 北京: 高等教育出版社, 2016.

[4] 欧阳毅, 叶郁, 陈洪佳. 代数学II: 近世代数. 北京: 高等教育出版社, 2017.

[5] Alperin J L, Bell R B. Groups and Representations. Graduate Texts in Mathematics 162. Berlin, New York, Heidelberg: Springer, 1995.

[6] Artin M. Algebra. 2nd ed. Boston: Addison-Wesley, 2010. (中译本: 郭晋云译. 代数. 北京: 机械工业出版社, 2009.)

[7] Buchberger B. An Algorithm for Finding the Basis Elements of the Residue Class Ring of a Zero Dimensional Polynomial Ideal. Ph.D. dissertation, University of Innsbruck, 1965. English translation by Michael Abramson in Journal of Symbolic Computation, 2006, 41: 471-511.

[8] Buchberger B. An Algorithmic Criterion for the Solvability of a System of Algebraic Equations. Aequationes Mathematicae 1970, 4: 374 - 383. English translation by M. Abramson and R. Lumbert in Gröbner Bases and Applications (B. Buchberger, F. Winkler, eds.). London Mathematical Society Lecture Note Series 251, Cambridge University Press, 1998: 535-545.

[9] Cartan H, Ellenberg S. Homological Algebra. Princeton Mathematical Series 19. Princeton: Princeton University Press, 1999.

[10] Cox D, Little J, O'Shea D. Ideals, Varieties, and Algorithms: An Introduction to Computational Algebraic Geometry and Commutative Algebra. New York: Springer, 1990.

[11] Dummit D S, Foote R M. Abstract Algebra. 3rd ed. New York: John Wiley & Sons, Inc., 2003.

[12] Hungerford T W. Algebra. Graduate Texts in Mathematics 73. Berlin, New York, Heidelberg: Springer, 1980.

[13] Jacobson N. Basic Algebra I & II. 2nd ed. New York: W. H. Freeman and Co., 1985, 1989.

[14] Kostrikin A I. Exercises in Algebra: A Collection of Exercises in Algebra, Linear Algebra and Geometry. 2nd ed. Algebra, Logic and Applications Series, Vol. 6. Amsterdam: Gordon and Breach Publishers, 1996.

[15] Lang S. Algebra. 3rd ed. Graduate Texts in Mathematics 211. Berlin, New York: Springer, 2002.

[16] Rotman J J. Advanced Modern Algebra. 2nd ed. Providence: American Mathematical Society, 2003.

[17] Rotman J J. Advanced Modern Algebra. 3rd ed. Part 1, Graduate Studies in Mathematics, Vol. 165; Part 2, Graduate Studies in Mathematics, Vol. 180. Providence: American Mathematical Society, 2015.

[18] Rotman J J. An Introduction to Homological Algebra. 2nd ed. Universitext. Berlin, New York: Springer, 2008.

[19] Serre J-P. Linear Representations of Finite Groups. Graduate Texts in Mathematics 42. Berlin, New York: Springer, 1996.

[20] Van der Waerden B L. Algebra: Vol I. and II. Berlin, New York: Springer, 1991. (世界图书出版公司经典英文数学教材系列再版, 2007 年.)

[21] Weibel C. An Introduction to Homological Algebra. Cambridge Studies in Advanced Mathematics 38. Cambridge: Cambridge University Press, 1995.

符号说明

索 引

读者意见反馈

为收集对教材的意见建议，进一步完善教材编写并做好服务工作，读者可将对本教材的意见建议通过如下渠道反馈至我社。

咨询电话　400-810-0598

反馈邮箱　hepsci@pub.hep.cn

通信地址　北京市朝阳区惠新东街4号富盛大厦1座

高等教育出版社理科事业部

邮政编码　100029

防伪查询说明

用户购书后刮开封底防伪涂层，使用手机微信等软件扫描二维码，会跳转至防伪查询网页，获得所购图书详细信息。

防伪客服电话　(010)58582300

数字课程说明

1. 计算机访问 http://abook.hep.com.cn/1251847，或手机扫描二维码、下载并安装 Abook 应用。

2. 注册并登录，进入“我的课程”。

3. 输入封底数字课程账号(20位密码，刮开涂层可见)，或通过 Abook 应用扫描封底数字课程账号二维码，完成课程绑定。

4. 单击“进入课程”按钮，开始本数字课程的学习。

课程绑定后一年为数字课程使用有效期。受硬件限制，部分内容无法在手机端显示，请按提示通过计算机访问学习。

如有使用问题，请发邮件至 tianling@hep.com.cn。

扫描二维码
下载 Abook 应用